洪錦魁簡介

　　2023 年博客來 10 大暢銷華文作家，多年來唯一獲選的電腦書籍作者，也是一位跨越電腦作業系統與科技時代的電腦專家，著作等身的作家。

❑ DOS 時代他的代表作品是「IBM PC 組合語言、C、C++、Pascal、資料結構」。
❑ Windows 時代他的代表作品是「Windows Programming 使用 C、Visual Basic」。
❑ Internet 時代他的代表作品是「網頁設計使用 HTML」。
❑ 大數據時代他的代表作品是「R 語言邁向 Big Data 之路」。
❑ AI 時代他的代表作品是「機器學習 Python 實作」。
❑ 通用 AI 時代，國內第 1 本 ChatGPT、AI 職場、無料 AI 的作者。

　　作品曾被翻譯為簡體中文、馬來西亞文，英文，近年來作品則是在北京清華大學和台灣深智同步發行：

　　1：C、Java、Python、C#、R 最強入門邁向頂尖高手之路王者歸來
　　2：OpenCV 影像創意邁向 AI 視覺王者歸來
　　3：Python 網路爬蟲：大數據擷取、清洗、儲存與分析王者歸來
　　4：演算法邏輯思維 + Python 程式實作王者歸來
　　5：Python 從 2D 到 3D 資料視覺化
　　6：網頁設計 HTML+CSS+JavaScript+jQuery+Bootstrap+Google Maps 王者歸來
　　7：機器學習基礎數學、微積分、真實數據、專題 Python 實作王者歸來
　　8：Excel 完整學習、Excel 函數庫、AI 輔助學習 Excel VBA 應用王者歸來
　　9：Python 操作 Excel 最強入門邁向辦公室自動化之路王者歸來
　　10：Power BI 最強入門 – AI 視覺化 + 智慧決策 + 雲端分享王者歸來

　　他的多本著作皆曾登上天瓏、博客來、Momo 電腦書類，不同時期暢銷排行榜第 1 名，他的著作特色是，所有程式語法或是功能解說會依特性分類，同時以實用的程式範例做說明，不賣弄學問，讓整本書淺顯易懂，讀者可以由他的著作事半功倍輕鬆掌握相關知識。

Excel VBA
最強入門邁向頂尖高手之路
全彩印刷
上冊序

這本書是第 2 版，相較第 1 版，新增內容主要是「用 AI 協助我們設計 Excel VBA 程式，同時增加設計員工資料、庫存和客戶關係管理系統」，新增內容如下：

- 認識有哪些 AI 可以輔助學習 Excel VBA
- AI 輔助 Debug 程式
- AI 為程式增加註解
- AI 輔助學習 Excel 函數
- AI 輔助學習 Excel VBA 程式設計
- AI 輔助設計 Excel VBA 計算通話費用
- AI 輔助批量更新舊版「.xls」為新版的「.xlsx」
- AI 輔助批量更新舊版「.doc」為新版的「.docx」
- AI 輔助批量更新舊版「.ppt」為新版的「.pptx」
- AI 輔助批量執行 CSV 檔案和 Excel 檔案的轉換
- AI 輔助設計 Excel 圖表
- 用 Excel VBA 在 Excel 內設計聊天機器人
- 設計員工資料／庫存／客戶關係管理系統
- 其他細節修訂約 120 處

其實 AI 所設計的程式代表矽谷工程師的思維，細讀 AI 設計的程式，可以擴展自己的程式設計視野。

Excel 軟體本身不難，也是辦公室最常用的軟體之一，但是要更進一步學習 Excel VBA 則是有些困難，原因是市面上的 Excel VBA 書籍存在下列缺點：

1：沒有循序漸進解說。

2：最基礎的 Excel VBA 語法沒有解釋。

3：Excel VBA 語法沒有完整說明。

4：Excel 元件與 Excel VBA 語法關聯性解釋不完整。

5：冗長的文字敘述，缺乏淺顯易懂的實例解說。

6：Excel VBA 實例太少。

7：沒有完整的實例應用。

　　就這樣我決定撰寫一本相較於市面上最完整的 Excel VBA 書籍，整本書從最基礎開始說起，徹底解釋如何用 Excel VBA 操作所有的 Excel 元件。這本書 (上、下冊) 共有 41 個章節，其中 1-18 章是上冊，19-41 章是下冊，共使用約 885 個程式實例完整解說，上冊共有 18 章包含下列內容：

- 巨集觀念，從巨集到 VBA 之路
- 詳細解說 Visual Basic Editor 編輯環境
- VBA 運算子
- AI 輔助 Excel VBA 程式設計
- AI 輔助 Debug 程式
- AI 輔助更新 Excel 檔案
- 輸入與輸出
- 程式的條件控制
- 陣列
- 程式迴圈控制
- 建立自訂資料 Type、程序 Sub 與函數 Function
- 認識 Excel VBA 的物件屬性與方法
- 調用 Excel 函數
- Excel 的日期、時間、字串與數值函數
- Application、Workbook、Worksheet 物件
- Range 物件 – 參照、設定

下冊共有 23 章包含下列內容：

- Range 物件位址、格式化、操作與輸入
- 超連結 Hyperlinks
- 資料驗證 Validation
- 高效吸睛的報表 FormationConditions
- 數據排序與篩選 AutoFilter
- 樞紐分析表 PivotCaches

- 走勢圖 SparklineGroups
- 建立圖表 Charts
- 插入物件 Shapes
- Window 物件
- 工作表列印 PrintOut
- 活頁簿、工作表事件
- OnKey 與 OnTime 特別事件
- 使用者介面設計 – 表單控制項
- 快顯功能表設計 CommandBars
- 財務上的應用
- AI 輔助更新 Word/PowerPoint 檔案
- 在 Excel 內開發聊天機器人
- 專題 – 員工資料／庫存／客戶關係管理系統

寫過許多的電腦書著作,本書沿襲筆者著作的特色,內容是市面上最完整,程式實例最豐富,相信讀者只要遵循本書內容必定可以在最短時間精通 Excel VBA 設計,編著本書雖力求完美,但是學經歷不足,謬誤難免,尚祈讀者不吝指正。

洪錦魁 2024-03-20

jiinkwei@me.com

教學資源說明

教學資源有教學投影片。

如果您是學校老師同時使用本書教學,歡迎與本公司聯繫,本公司將提供教學投影片。請老師聯繫時提供任教學校、科系、Email、和手機號碼,以方便深智數位股份有限公司業務單位協助您。

臉書粉絲團

歡迎加入:王者歸來電腦專業圖書系列

歡迎加入:iCoding 程式語言讀書會 (Python, Java, C, C++, C#, JavaScript, 大數據 , 人工智慧等不限),讀者可以不定期獲得本書籍和作者相關訊息。

讀者資源說明

請至本公司網頁 https://deepwisdom.com.tw 下載本書程式實例。

目錄

第三章　我的第一個 VBA 程式

第四章　VBA 程式設計的基礎觀念

第五章　Excel VBA 的運算子

第六章　輸入與輸出

第七章　條件控制使用 If

第八章　陣列與程式迴圈控制

第九章　建立自定資料、程序與函數

第十章　Excel VBA 的物件、物件屬性與方法

第十一章　Excel VBA 調用 Excel 函數

第十二章　Excel VBA 的日期與時間函數

第十三章 Excel VBA 的字串與數值函數

第十四章　Application 物件

第十五章　Workbooks 物件

第十六章　Worksheet 物件

第十七章　Range 物件－參照儲存格區間

第十八章　Range 物件 – 設定儲存格的格式

附錄 A　常數 / 關鍵字 / 函數索引表

附錄 B　RGB 色彩表

下冊

第一章

巨集

在使用 Excel 期間，可能您會經常使用系列相同的步驟，您可以將這些相同的系列步驟儲存成一個巨集，未來於需要時，只要執行這個巨集即可執行一系列巨集所代表的動作。例如：多個表格要使用相同的表格格式、將表格的薪資單據轉成個人薪資單據，… 等，需要重複的工作均是使用巨集的好時機。

有兩種方法可以建立巨集：

1：　使用內建的巨集記錄器，本書將從此開始說明。

2：　使用 Visual Basic 編輯程式建立 VBA 碼，這也是本書的內容重點。

本章筆者將介紹使用巨集記錄器編輯巨集的方法，未來則逐步介紹撰寫 Excel VBA 程式的方法。

1-0 　建議閱讀書籍

1-0-1　Excel 完整學習邁向最強職場應用王者歸來

建議讀者在閱讀此書之前有 Excel 基礎知識，下列是筆者的 Excel 書籍，這本書也曾經登上博客來暢銷排行榜第一名，歡迎參考。

1-0-2 Excel 函數庫最完整職場 / 商業應用王者歸來

建議讀者在閱讀此書之前有 Excel 函數知識，下列是筆者的 Excel 函數庫書籍，歡迎參考。

1-1 先前準備工作

假設有一個活頁簿 ch1_1.xls 檔案，此檔案包含期中考、期末考、學期成績等 3 個工作表，其內容分別如下：

	A	B	C	D	E	F	G	H
1								
2		微軟高中期中考成績表						
3		座號	姓名	國文	數學	英文	總分	平均
4		1	洪錦魁	85	87	92	264	88
5		2	洪冰雨	93	90	84	267	89
6		3	洪星宇	87	99	93	279	93
7								

期中考　期末考　學期成績　⊕

	A	B	C	D	E	F	G	H
1								
2		微軟高中期末考成績表						
3		座號	姓名	國文	數學	英文	總分	平均
4		1	洪錦魁	81	90	84	255	85
5		2	洪冰雨	94	91	85	270	90
6		3	洪星宇	89	97	90	276	92
7								

期中考　期末考　學期成績　⊕

	A	B	C	D	E	F	G	H
1								
2		微軟高中學期成績表						
3		座號	姓名	國文	數學	英文	總分	平均
4		1	洪錦魁	83	88.5	88	259.5	86.5
5		2	洪冰雨	93.5	90.5	84.5	268.5	89.5
6		3	洪星宇	88	98	91.5	277.5	92.5
7								

期中考　期末考　學期成績　⊕

1-2 建立巨集

假設我們欲為期中考工作表建立下列巨集格式。

1： 將期中考工作表 B2 儲存格內容格式化成 16 點，粗體字。

2： 將 B2 儲存格列內容置中放在 B2:H2 間。

3： 為 B3:H6 儲存格加上格線，同時資料置中對齊。

若是將上述巨集程式儲存後，未來您可以直接將此巨集應用在期末考及學期成績工作表內，如此可以很便利的設定期中考、期末考和學期成績等 3 個工作表有相同資料格式。

接下來筆者將直接以實例講解建立巨集的步驟。

實例一：為 ch1_1.xls 檔案的期中考工作表，建立下列格式的巨集。

　　A：將期中考工作表 B2 儲存格內容格式化成 16 點，粗體字。

　　B：將 B2 儲存格列內容置中放在 B2:H2 間。

　　C：為 B3:H6 儲存格加上格線，同時資料置中對齊。

1： 假設目前視窗內容如下：

2： 執行檢視 / 巨集 / 錄製巨集。

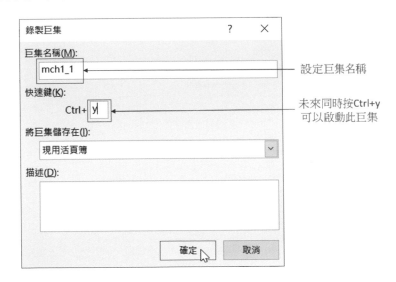

3： 出現錄製巨集對話方塊，請執行下列設定。

（圖）錄製巨集對話方塊

4： 按確定鈕，可返回 Excel 視窗。

5： 點選常用索引標籤，選取 B2:H2 儲存格區間，將字型大小設為 16，按粗體鈕，同時按跨欄置中對齊鈕，下列是執行結果。

6： 選取 B3:H6 儲存格區間，按框線鈕，同時選擇所有框線。

7： 再按置中鈕。

8： 執行檢視 / 巨集 / 停止錄製。

9： 如此就算整個錄製巨集工作已完成。

10：執行檔案 / 另存新檔指令，出現另存新檔對話方塊，請在存檔類型選 Excel 啟用巨
集的活頁簿，再輸入欲存檔名 ch1_2。

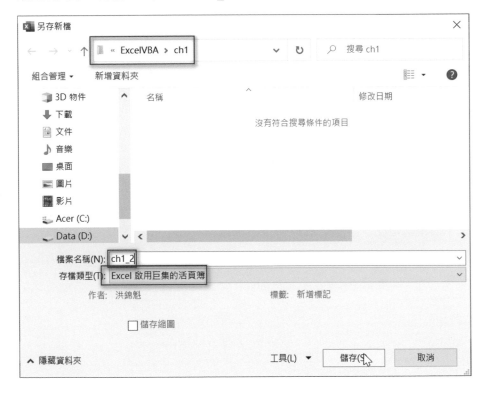

11：按儲存鈕後，可以得到下列結果。

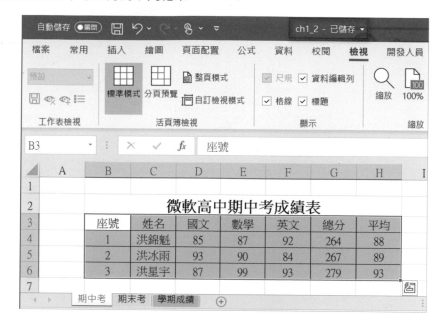

> 註　含巨集的 Excel 檔案延伸檔名是 xlsm。

1-3　執行巨集

前一節筆者建立了巨集，本節筆者將以實例講解應如何將巨集應用在期末考、學期成績工作表內。

基本上可以使用兩種方法將巨集應用在工作表內。

方法 1

執行檢視 / 巨集 / 檢視巨集指令，細節待會說明。

方法 2

如果先前有設定快速鍵，則使用快速鍵。

實例一：以方法 1 將 1-2 節所建立的巨集應用在期末考工作表內。

1：　首先切換至期末考工作表。

2：　執行檢視 / 巨集 / 檢視巨集指令，可以看到巨集對話方塊。

3：　選好欲應用的巨集後，按執行鈕，可以得到前一節所建立的巨集實際應用在期末考工作表的結果。

實例二：以方法 2 將 1-2 節所建立的巨集應用在學期成績工作表內。

1： 由 1-2 節實例一的步驟 3 得知，同時按 Ctrl + y 鍵，可啟動此巨集，首先切換至學期成績工作表。

	A	B	C	D	E	F	G	H
1								
2		微軟高中學期成績表						
3		座號	姓名	國文	數學	英文	總分	平均
4		1	洪錦魁	83	88.5	88	259.5	86.5
5		2	洪冰雨	93.5	90.5	84.5	268.5	89.5
6		3	洪星宇	88	98	91.5	277.5	92.5
7								

期中考 ｜ 期末考 ｜ 學期成績 ⊕

2： 同時按 Ctrl + y 鍵，可以得到將巨集應用在學期成績工作表的結果。

	A	B	C	D	E	F	G	H
1								
2				微軟高中學期成績表				
3		座號	姓名	國文	數學	英文	總分	平均
4		1	洪錦魁	83	88.5	88	259.5	86.5
5		2	洪冰雨	93.5	90.5	84.5	268.5	89.5
6		3	洪星宇	88	98	91.5	277.5	92.5
7								

期中考 ｜ 期末考 ｜ 學期成績 ⊕

為了保存上述執行結果，可將上述執行結果存至 ch1_3.xlsm 活頁簿內，當以延伸檔案名稱 xlsm 儲存時，表示未來此檔案含有巨集功能。

註 儲存時在存檔類型選 Excel 啟用巨集的活頁簿。

1-4 巨集的儲存

在 1-2 節實例一的步驟 3 錄製巨集對話方塊內的將巨集儲存在欄位，可設定儲存巨集的位置，如下所示：

❑ 個人巨集活頁簿 (Personal Macro Workbook)

此時巨集是存在 Personal.xls 活頁簿檔案內，如果電腦內沒有這個檔案，系統將自動建立這個檔案。

　　這個活頁簿一個重大的特色是，它位於啟動 (startup) 資料夾，未來只要執行 Excel，將立即載入此檔案。

　　同時若將巨集存放在此活頁簿另一個特性是，您可以將此活頁簿的巨集應用在目前所編的其它活頁簿內。

❑　新的活頁簿 (New Workbook)

　　若選此項，將建立一個新的活頁簿，然後巨集將存放在此活頁簿內，未來如果您要應用此巨集時，必須記得先開啟此活頁簿。

❑　現用活頁簿 (This Workbook)

　　將巨集存放在目前這個活頁簿內，如此，未來只有此活頁簿被開啟時，才可以使用此巨集，如果所建立的巨集主要是為了目前活頁簿而建立，則可以使用這個選項，這也是本書實例的選項。

　　常聽人說巨集病毒，巨集病毒就是以現用活頁簿方式儲存。

1-5　巨集病毒

1-5-1　點選啟用巨集

　　對 Excel 檔案而言，特別要小心的是巨集病毒，這是一個藏身在巨集中的病毒，若不小心感染則會導致一系列檔案感染，接著就是硬碟的災難。為了保護您的檔案，每當開啟含有巨集的 Excel 檔案時會發出警告。例如：若是開啟 ch1_3.xlsm 檔案，將看到下列畫面。

點選才可以使用巨集

有關更進一步的巨集與安全設定，可參考下列步驟。

1：　執行檔案 / 選項。

2：　點選信任中心。

3：　按信任中心鈕。

4：　點選巨集設定。

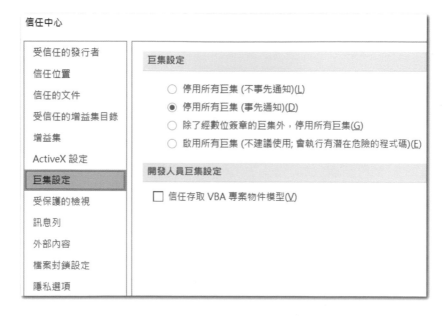

預設是點選停用所有巨集（事先通知），這是預設的設定，功能是每當開啟 ch1_3.xlsm，會出現本節第一個畫面，必須點選啟用內容鈕，才可以使用此檔案的巨集，這個功能主要是多一層保護電腦不感染巨集病毒。

1-5-2　開啟檔案啟用巨集後

1-5-1 節筆者講解開啟 ch1_3.xlsm，同時點選啟用內容鈕，當你信任此巨集後，Excel 會記得你已經信任此巨集，未來再度開啟 ch1_3.xlsm 時，會直接跳過此詢問，可以直接使用。

1-6　檢視巨集

請在 Excel 視窗同時開啟 ch1_1.xlsx、ch1_2.xlsm 和 ch1_3.xlsm 等 3 個 Excel 檔案。

1-6-1　在 ch1_1.xlsx 視窗環境檢視巨集

如果在 ch1_1.xlsx 檔案視窗執行檢視 / 巨集 / 檢視巨集。

可以看到下列巨集對話方塊。

　　由於 ch1_1.xlsx 檔案內沒有巨集，所以在巨集存放在欄位選擇現用活頁簿時看不到巨集。如果在巨集存在，欄位選擇所有開啟的活頁簿時，可以看到分別屬於 ch1_2.xlsm 和 ch1_3.xlsm 檔案的 ch1_2.xlsm!mch1_1 和 ch1_3.xlsm!mch1_1 巨集。

1-6-2　在 **ch1_2.xlsm** 視窗環境檢視巨集

　　如果在 ch1_2.xlsm 檔案視窗執行檢視 / 巨集 / 檢視巨集，可以看到下列巨集對話方塊。

　　由於 ch1_2.xlsx 檔案內有巨集，所以在巨集存放在欄位選擇現用活頁簿時看檔案自身的巨集 mch1_1，同時因為是自身的巨集所以省略檔案名稱。如果在巨集存放在欄位選擇所有開啟的活頁簿時，可以看到 ch1_2.xlsm(以 mch1_1 顯示) 和 ch1_3.xlsm 檔案的巨集。

1-6-3　在 **ch1_3.xlsm** 視窗環境檢視巨集

　　如果在 ch1_3.xlsm 檔案視窗執行檢視 / 巨集 / 檢視巨集，可以看到下列巨集對話方塊。

　　由於 ch1_3.xlsx 檔案內有巨集,所以在巨集存放在欄位選擇現用活頁簿時看檔案自身的巨集 mch1_1,同時因為是自身的巨集所以省略檔案名稱。如果在巨集存放在欄位選擇所有開啟的活頁簿時,可以看到 ch1_2.xlsm 和 ch1_3.xlsm(以 mch1_1 顯示) 檔案的巨集。

1-7 巨集的引用

　　所設計的巨集除了可以供自身檔案使用外,也可以供其他檔案使用。

實例一:開啟 ch1_1.xlsx 檔案,應用 ch1_2.xlsm 的 mch1_1 巨集,因為要使用 ch1_2.xlsm 的巨集所以 ch1_2.xlsm 檔案必須同時開啟。

1: 在 ch1_1.xlsx 視窗環境執行檢視 / 巨集 / 檢視巨集。出現巨集對話方塊,請在巨集存放於欄位選擇所有開啟的活頁簿,然後在巨集名稱欄位選擇 ch1_2.xlsm 的巨集 ch1_2.xlsm!mch1_1 如下所示:

2： 按確定鈕，可以得到下列結果。

	A	B	C	D	E	F	G	H
1								
2		\multicolumn{7}{c}{微軟高中期中考成績表}						
3		座號	姓名	國文	數學	英文	總分	平均
4		1	洪錦魁	85	87	92	264	88
5		2	洪冰雨	93	90	84	267	89
6		3	洪星宇	87	99	93	279	93

　　筆者將上述存入 ch1_4.xlsx 檔案內，請留意是以 xlsx 延伸檔案儲存，這表示這個檔案未來不含巨集功能，這和 1-3 節末端筆者以 ch1_3.xlsm 檔案儲存時觀念是不一樣的，ch1_3.xlsm 是含巨集的檔案。

1-8 巨集的管理

1-8-1 檢視巨集的快速鍵

簡單的說快速鍵就是快速執行巨集的功能按鍵,請開啟 ch1_3.xlms,在 ch1_3.xlsx 視窗環境執行檢視 / 巨集 / 檢視巨集,出現巨集對話方塊。

若是按選項鈕,可以看到巨集選項對話方塊,在快速鍵欄位可以看到這個巨集的快速鍵,目前是 Ctrl + y,這是 1-2 節實例步驟 3 建立的快速鍵。

　　Excel 視窗的編輯環境也有快速鍵功能，如果你設的巨集快速鍵與 Excel 軟體的快速鍵功能相同，那麼原先 Excel 的快速鍵功能將被你所設定的巨集功能取代，原功能將不再執行。例如：原先 Excel 視窗的 Ctrl + c 快速鍵功能是複製功能，如果你將上述功能設為 Ctrl + c，則若是按 Ctrl + c 原先複製功能將被巨集的格式化成績表單取代，所以設定快速鍵時必須要小心。

1-8-2　編輯巨集的快速鍵

　　巨集的快速鍵功能設定完成後，也可以在巨集選項對話方塊內編輯或稱修改，下列是修改實例。

實例一：將快速鍵改為 Ctrl + Shift + Y。

1：　將插入點放在巨集選項對話方塊的快速鍵欄位，同時按 Shift + Y。

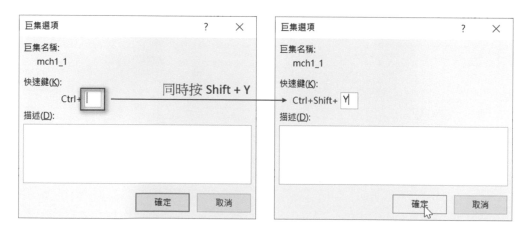

2：　可以得到快速鍵已經改為 Ctrl + Shift + Y 了，請按確定鈕，可以返回巨集對話方塊。

　　筆者將上述執行結果存入 ch1_5.xlsm。

1-8-3　刪除巨集

　　一個含有巨集的檔案，也可以將此檔案內的巨集刪除。

實例一：刪除 ch1_5.xlsm 內的巨集 mch1_1。

1： 請開啟 ch1_5.xlms，在 ch1_5.xlsx 視窗環境執行檢視 / 巨集 / 檢視巨集，出現巨集對話方塊。

2： 選取 mch1_1，按刪除鈕。

3： 請按確定鈕，就可以將巨集功能刪除。

實例二：將已經刪除的巨集的結果存入 ch1_6.xlsx 檔案內。

1： 延續 ch1_5.xlsm 檔案視窗，執行檔案 / 另存新檔。

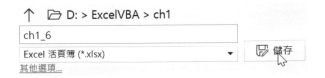

2：　上述輸入 ch1_6，然後選擇 Excel 活頁簿 (*.xlsx)，請按儲存鈕。

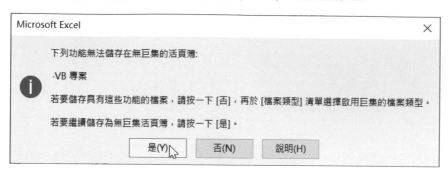

3：　請按是鈕，就可以將不含巨集的檔案存入 ch1_6.xlsx。

第二章

從巨集到 VBA 之路

2-1 開發人員索引標籤

Excel 在預設情況是不顯示開發人員索引標籤的，若想使用 VBA 碼設計更進一步的巨集，則必須先設定 Excel 視窗顯示開發人員索引標籤，其步驟如下：

1： 執行檔案 / 選項。

2： 出現 Excel 選項對話方塊，選自訂功能區，然後設定開發人員框。

3： 按確定鈕，可以在 Excel 視窗看到開發人員索引標籤，下列是選此索引標籤的結果。

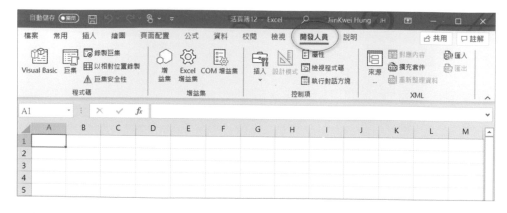

在上述視窗點執行開發人員 / 程式碼 /Visual Basic 可以看到下列畫面：

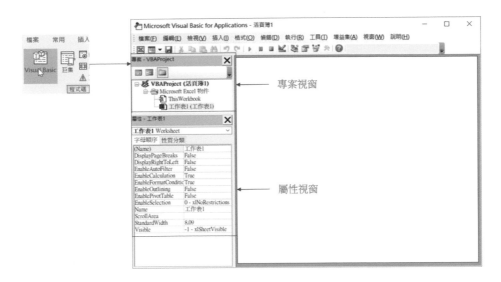

專案視窗 (Project)：包含一系列的專案或模組，有時也可以看到表單 (Form) 或類別模型 (Class Module) 在此筆者暫不介紹這兩個物件。

屬性視窗 (Property)：列出所選物件的屬性，隨著在專案視窗內選擇不同的物件，此屬性視窗將顯示不同的內容。

現在先不介紹上述視窗，未來有需要時會作解說，這一章將繼續介紹錄製巨集的更進一步知識。

2-2 在開發人員索引標籤建立巨集

開發人員索引標籤提供更完整的巨集功能，這一節將用更完整實例解說建立巨集。

2-2-1 建立員工地址資料條

有一個員工資料表 ch2_1.xlsx 如下：

	A	B	C
1	員工編號	姓名	地址
2	A001	陳新華	台北市民生路1000號
3	A004	周湯家	新北市泰山區工專路84號
4	A010	李家佳	新竹縣竹東鎮朝陽路16號
5	A012	陳嘉許	台北市忠誠路1020號
6	A015	張進一	台北市忠孝東路999號

　　假設現在想要拆解上述表格，將每個員工資料分別列印，如下所示：

A001	陳新華	台北市民生路1000號
	...	
A015	張進一	台北市忠孝東路999號

2-2-2　建立員工地址巨集

　　想要拆解員工地址表格，將每個員工資料分別列印，須使用以相對位置錄製，細節可以參考下列實例。

實例一： 建立員工地址條巨集。

1：　將作用儲存格放在 A2。

2：　執行開發人員 / 程式碼 / 錄製巨集。

3：　出現錄製巨集對話方塊，巨集名稱欄位輸入員工地址。

4： 按確定鈕。

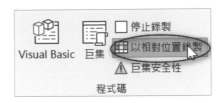

5： 執行開發人員 / 程式碼 / 以相對位置錄製。未來以相對位置錄製將以深灰色為底色，這也表示此功能是在開啟狀態。

6： 將滑鼠游標放在 A2 儲存格，按一下滑鼠右鍵開啟快顯功能表，然後執行插入指令。

7： 出現插入對話方塊，在插入欄選擇整列。

8： 按確定鈕，可以得到 A2:C2 儲存格區有含底色，接下來要將底色刪除，請選取 A2:C2。

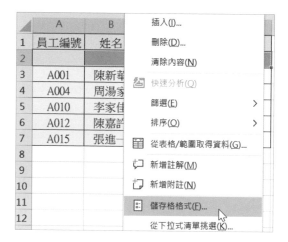

9： 按一下滑鼠右鍵開啟快顯功能表，然後執行儲存格格式指令。

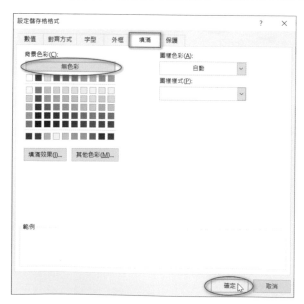

10：出現設定儲存格格式對話方塊，請選擇填滿頁次，然後在背景色彩欄選擇無色彩。

11：按確定鈕，可以得到下列結果。

	A	B	C
1	員工編號	姓名	地址
2			
3	A001	陳新華	台北市民生路1000號
4	A004	周湯家	新北市泰山區工專路84號
5	A010	李家佳	新竹縣竹東鎮朝陽路16號
6	A012	陳嘉許	台北市忠誠路1020號
7	A015	張進一	台北市忠孝東路999號

12：執行開發人員 / 程式碼 / 停止錄製。

上述就算是建立員工地址巨集完成了。

2-2-3　應用員工地址巨集

實例一：應用員工地址巨集。

1：　將作用儲存格放在 A4 儲存格。

2：　執行開發人員 / 程式碼 / 巨集。

3：　出現巨集對話方塊，請選擇員工地址巨集。

4：　按執行鈕可以得到下列結果。

	A	B	C
1	員工編號	姓名	地址
2			
3	A001	陳新華	台北市民生路1000號
4			
5	A004	周湯家	新北市泰山區工專路84號
6	A010	李家佳	新竹縣竹東鎮朝陽路16號
7	A012	陳嘉許	台北市忠誠路1020號
8	A015	張進一	台北市忠孝東路999號

　　只要不斷的重複上述步驟就可以將所有員工地址資料分離，現在執行檔案 / 另存新檔，將上述檔案存入 ch2_2.xlms。讀者在閱讀本書時可以開啟此檔案，自行參考上述步驟建立員工地址條。

2-3 建立薪資條的巨集

　　這一節講舉一個比上一個功能稍多的實例，但是略有不同的巨集。

2-3-1　建立薪資條

　　有一個薪資檔案 ch2_3.xlsx 如下：

	A	B	C	D	E	F	G	H
1	深智數位薪資表							
2	員工編號	姓名	底薪	獎金	加班費	健保費	勞保費	薪資金額
3	A001	陳新華	56000	3000	0	-800	-600	57600
4	A004	周湯家	49000	2000	0	-600	-500	49900
5	A010	李家佳	46000	2000	0	-600	-500	46900
6	A012	陳嘉許	43000	0	0	-600	-500	41900
7	A015	張進一	38000	0	0	-600	-500	36900

　　由薪資資料表格建立薪資條，基本觀念是為每一個員工建立下列資料：

員工編號	姓名	底薪	獎金	加班費	健保費	勞保費	薪資金額
A001	陳新華	56000	3000	0	-800	-600	57600

...

員工編號	姓名	底薪	獎金	加班費	健保費	勞保費	薪資金額
A015	張進一	38000	0	0	-600	-500	36900

2-3-2　建立薪資條巨集

　　對於一個表格而言，要將每一筆資料切割建立薪資條，這時須使用相對位置錄製巨集。

實例一：錄製建立薪資條的巨集。

1： 將作用儲存格放在 A4

2： 執行開發人員 / 程式碼 / 錄製巨集。

3： 出現錄製巨集對話方塊，巨集名稱欄位輸入薪資條。

4： 按確定鈕。

5： 執行開發人員 / 程式碼 / 以相對位置錄製。

註　如果以相對位置是灰色底，表示目前是以相對位置錄製。

6:　接下來是執行一遍製作一筆薪資條，首先在第 4 列上方插入 2 個空白列。請將滑鼠游標放在 A4，按一下滑鼠右鍵，開啟快顯功能表，執行插入指令。

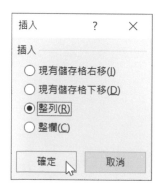

7:　出現插入對話方塊，選擇整列。

8:　按確定鈕，可以插入一列，請再執行一次可以插入第 2 列，如下所示。

	A	B	C	D	E	F	G	H
1				深智數位薪資表				
2	員工編號	姓名	底薪	獎金	加班費	健保費	勞保費	薪資金額
3	A001	陳新華	56000	3000	0	-800	-600	57600
4								
5								
6	A004	周湯家	49000	2000	0	-600	-500	49900
7	A010	李家佳	46000	2000	0	-600	-500	46900
8	A012	陳嘉許	43000	0	0	-600	-500	41900
9	A015	張進一	38000	0	0	-600	-500	36900

9： 將 A2:H2 儲存格內容複製到 A5:H5 儲存格。

	A	B	C	D	E	F	G	H
1				深智數位薪資表				
2	員工編號	姓名	底薪	獎金	加班費	健保費	勞保費	薪資金額
3	A001	陳新華	56000	3000	0	-800	-600	57600
4								
5	員工編號	姓名	底薪	獎金	加班費	健保費	勞保費	薪資金額
6	A004	周湯家	49000	2000	0	-600	-500	49900
7	A010	李家佳	46000	2000	0	-600	-500	46900
8	A012	陳嘉許	43000	0	0	-600	-500	41900
9	A015	張進一	38000	0	0	-600	-500	36900

10： 接下來是要將 A4:B4 的儲存格底色改為無色，請選取 A4:B4 儲存格，將滑鼠游標移至此儲存格區間，按一下滑鼠右鍵開啟快顯功能表，執行儲存格格式指令。

	A			E	F	G	H
1			插入(I)...		薪資表		
2	員工編號		刪除(D)...	加班費	健保費	勞保費	薪資金額
3	A001		清除內容(N)	0	-800	-600	57600
4			快速分析(Q)				
5	員工編號		篩選(E)	加班費	健保費	勞保費	薪資金額
6	A004		排序(O)	0	-600	-500	49900
7	A010		從表格/範圍取得資料(G)...	0	-600	-500	46900
8	A012		新增註解(M)	0	-600	-500	41900
9	A015		新增附註(N)	0	-600	-500	36900
10							
11			儲存格格式(F)...				

11： 出現設定儲存格格式對話方塊，選取填滿頁次，選擇無色彩。

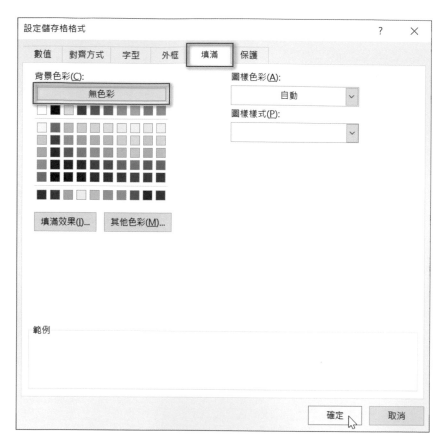

12：按確定鈕。

13：執行開發人員 / 程式碼 / 停止錄製。

14：可以得到下列結果。

	A	B	C	D	E	F	G	H
1	深智數位薪資表							
2	員工編號	姓名	底薪	獎金	加班費	健保費	勞保費	薪資金額
3	A001	陳新華	56000	3000	0	-800	-600	57600
4								
5	員工編號	姓名	底薪	獎金	加班費	健保費	勞保費	薪資金額
6	A004	周湯家	49000	2000	0	-600	-500	49900
7	A010	李家佳	46000	2000	0	-600	-500	46900
8	A012	陳嘉許	43000	0	0	-600	-500	41900
9	A015	張進一	38000	0	0	-600	-500	36900

將上述執行結果以巨集方式存入 ch2_4.xlsm，如下所示：

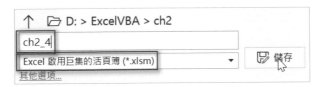

2-3-3 應用薪資條巨集

實例一：使用薪資條巨集建立薪資條。

1： 目前視窗顯示 ch2_4.xlsm 含巨集的活頁簿。

2： 將作用儲存格放在 A7。

3： 執行開發人員 / 程式碼 / 巨集。

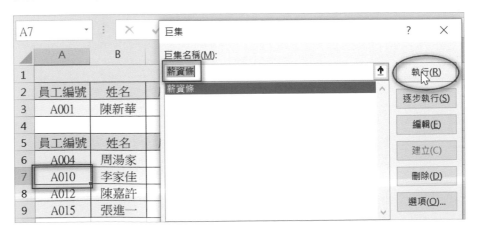

4： 巨集名稱**選擇**薪資條，按執行鈕，可以得到下列結果。

	A	B	C	D	E	F	G	H
1				深智數位薪資表				
2	員工編號	姓名	底薪	獎金	加班費	健保費	勞保費	薪資金額
3	A001	陳新華	56000	3000	0	-800	-600	57600
4								
5	員工編號	姓名	底薪	獎金	加班費	健保費	勞保費	薪資金額
6	A004	周湯家	49000	2000	0	-600	-500	49900
7								
8	員工編號	姓名	底薪	獎金	加班費	健保費	勞保費	薪資金額
9	A010	李家佳	46000	2000	0	-600	-500	46900
10	A012	陳嘉許	43000	0	0	-600	-500	41900
11	A015	張進一	38000	0	0	-600	-500	36900

筆者將上述執行結果存入 ch2_5.xlsm，讀者可以自行開啟練習，為所有薪資表建立薪資條。

2-4 使用功能鈕執行巨集

2-4-1 建立巨集功能鈕

從前面學習我們了解可以在巨集對話方塊點選巨集名稱按執行鈕執行巨集，或是使用快速鍵執行巨集。另外，我們也可以為巨集建立功能鈕，讓這個功能鈕含有巨集功能，未來可以按此功能鈕執行巨集功能。

實例一：使用 ch2_5.xlsm 建立薪資條的功能鈕。

1： 開啟 ch2_5.xlsm 視窗。

2： 執行開發人員 / 控制項 / 插入 / 按鈕 (表單控制項)。

3： 接者可以使用滑鼠在工作表上建立一個功能鈕，繪好後將跳出指定巨集對話方塊。

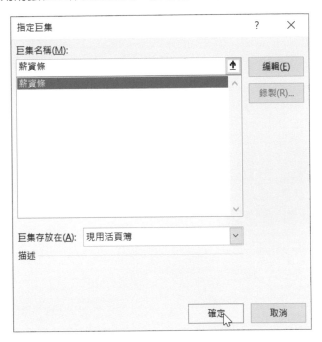

4： 請選擇薪資條，然後按確定鈕。

5： 這時可以看到按鈕 1，這個按鈕其實就可以執行薪資條巨集了。當此按鈕在被選取狀態，可以按一下滑鼠右鍵執行編輯文字指令，可以編輯按鈕名稱。

	A	B	C	D	E	F	G	H	I	J	K
1				深智數位薪資表							
2	員工編號	姓名	底薪	獎金	加班費	健保費	勞保費	薪資金額			
3	A001	陳新華	56000	3000	0	-800	-600	57600		按鈕 1	
4											✂ 剪下(T)
5	員工編號	姓名	底薪	獎金	加班費	健保費	勞保費	薪資金額			複製(C)
6	A004	周湯家	49000	2000	0	-600	-500	49900			貼上(P)
7											
8	員工編號	姓名	底薪	獎金	加班費	健保費	勞保費	薪資金額			編輯文字(X)
9	A010	李家佳	46000	2000	0	-600	-500	46900			組成群組(G)
10	A012	陳嘉許	43000	0	0	-600	-500	41900			順序(R)
11	A015	張進一	38000	0	0	-600	-500	36900			指定巨集(N)
12											

6：　下列是將**按鈕 1** 名稱改為薪資條。

	A	B	C	D	E	F	G	H	I	J
1				深智數位薪資表						
2	員工編號	姓名	底薪	獎金	加班費	健保費	勞保費	薪資金額		
3	A001	陳新華	56000	3000	0	-800	-600	57600		薪資條
4										
5	員工編號	姓名	底薪	獎金	加班費	健保費	勞保費	薪資金額		
6	A004	周湯家	49000	2000	0	-600	-500	49900		
7										
8	員工編號	姓名	底薪	獎金	加班費	健保費	勞保費	薪資金額		
9	A010	李家佳	46000	2000	0	-600	-500	46900		
10	A012	陳嘉許	43000	0	0	-600	-500	41900		
11	A015	張進一	38000	0	0	-600	-500	36900		

2-4-2　執行巨集功能鈕

實例一：執行薪資條功能鈕。

1：　將作用儲存格放在 A10 儲存格。

	A	B	C	D	E	F	G	H	I	J
1				深智數位薪資表						
2	員工編號	姓名	底薪	獎金	加班費	健保費	勞保費	薪資金額		
3	A001	陳新華	56000	3000	0	-800	-600	57600		薪資條
4										
5	員工編號	姓名	底薪	獎金	加班費	健保費	勞保費	薪資金額		
6	A004	周湯家	49000	2000	0	-600	-500	49900		
7										
8	員工編號	姓名	底薪	獎金	加班費	健保費	勞保費	薪資金額		
9	A010	李家佳	46000	2000	0	-600	-500	46900		
10	A012	陳嘉許	43000	0	0	-600	-500	41900		
11	A015	張進一	38000	0	0	-600	-500	36900		

2：　按一下薪資條鈕。

	A	B	C	D	E	F	G	H	I	J
1				深智數位薪資表						
2	員工編號	姓名	底薪	獎金	加班費	健保費	勞保費	薪資金額		
3	A001	陳新華	56000	3000	0	-800	-600	57600		薪資條
4										
5	員工編號	姓名	底薪	獎金	加班費	健保費	勞保費	薪資金額		
6	A004	周湯家	49000	2000	0	-600	-500	49900		
7										
8	員工編號	姓名	底薪	獎金	加班費	健保費	勞保費	薪資金額		
9	A010	李家佳	46000	2000	0	-600	-500	46900		
10										
11	員工編號	姓名	底薪	獎金	加班費	健保費	勞保費	薪資金額		
12	A012	陳嘉許	43000	0	0	-600	-500	41900		
13	A015	張進一	38000	0	0	-600	-500	36900		

筆者將上述執行結果存入 ch2_6.xlsm。

我們使用數位相機拍照，照片是用 jpg 或 png 格式儲存在記憶體內。前面說明了建立巨集的方式，讀者可能會想了解巨集是如何存放。

2-5-1　巨集是使用 VBA 程式碼儲存

其實巨集是使用 VBA 程式碼儲存，在 ch2_5.xlsm 巨集檔案內，請執行開發人員 /程式碼 / 巨集，可以看到巨集對話方塊。

目前選項是薪資條，請按編輯鈕，可以得到巨集的 VBA 程式碼。

2-5-2　巨集的註解

請參考 2-3-2 節建立薪資條巨集步驟 3，在錄製巨集對話方塊，可以看到描述欄位，在此欄位的輸入就是 VBA 巨集的註解，筆者輸入如下：

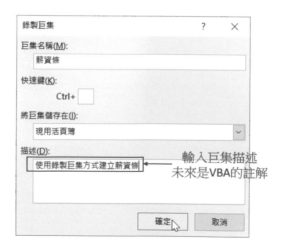

上述請按確定鈕，其他錄製巨集步驟請參考 2-3-2 節，筆者將上述執行結果存入 ch2_7.xlsm。請參考 2-5-1 節執行開發人員 / 程式碼 / 巨集，可以看到巨集對話方塊。請選取薪資條，接著按編輯鈕可以得到巨集的 VBA 程式碼，在此程式碼可以看到巨集的註解。

2-5-3　巨集其實就是 VBA 程式碼

其實巨集所錄製的就是 Excel 的 VBA 程式碼，程式碼的內容不同，當然會有不同的巨集功能。而本書的重點就是教讀者使用 VBA 設計巨集，也就是使用 VBA 控制和操作 Excel。

2-5-4　巨集功能的限制

巨集雖然好用，但是仍有一些限制，例如：

1： 設定工作表控制項的屬性無法記錄在 VBA 程式碼內。

2： 設定保護工作表時，所輸入的密碼無法在 VBA 程式碼內紀錄。

3： 選取儲存格或是捲動 Excel 視窗捲軸等動作，皆會被記錄在程式碼哪，也因此有時會產生多餘的程式碼。

4： VBA 程式碼常可以表達迴圈或條件判斷，這些功能無法用巨集錄製表達。

從上述巨集的限制可以知道，巨集有時雖然好用，但是學習 VBA 更是建立高效率操作 Excel 數據的王道。

第三章

我的第一個 VBA 程式

3-1 認識 VBA

VBA 全名是 Visual Basic for Application，這是美國微軟公司設計的一種程式語言，簡單易學但是功能強大，主要功能是用來擴充 Office 應用程式功能的開發工具。

在前面的內容我們已經了解可以使用巨集 (其實就是 VBA 程式碼) 簡化必須重複執行的工作，這樣可以加速平常的工作。此外，我們也可以使用 VBA 為 Office 設計新功能，… 等。

這一本書重點是針對將 VBA 應用在 Excel。

3-2 VBE

VBE 的全名是 Visual Basic Editor，中文可以翻譯為 Visual Basic 編輯器，撰寫 VBA 程式碼就是在此環境內編輯與執行，這個視窗的全名就是 Microsoft Visual Basic for Application。

在 2-5 節筆者有說明在巨集對話方塊，選了一個巨集，再按編輯鈕可以進入 VBE 環境，在那一節筆者列出了 VBA 程式碼，其實整個視窗就是 VBE 環境，在此環境我們可以編寫自己的 VBA 程式碼。

VBA 程式設計師最常用，也是最簡單進入 VBE 的方式就是，在 Excel 視窗執行開發人員 / 程式碼 /Visual Basic。

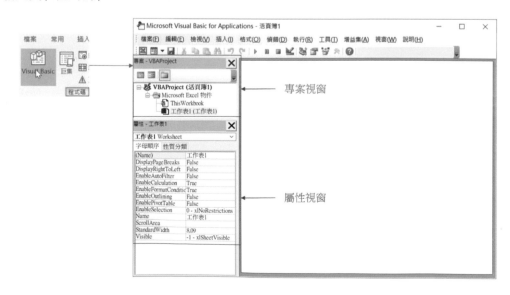

3-2-1　專案視窗

上述左邊是最簡單的專案視窗，第一行 VBAProject 就是目前預設的專案名稱，由於此專案尚未存入任何檔案，所以顯示活頁簿 1，這也是說明目前 Excel 所開啟的檔案名稱是尚未命名的活頁簿 1。如果你的 Excel 同時開啟了多個視窗，則可以在此看到多個專案名稱，例如：若是 Excel 同時開啟了 ch2_6.xlsm，可以參考上述右邊的圖。

在每個專案名稱左邊可以看到 ✚ 符號，表示未展開底下物件，可以點選展開底下物件。

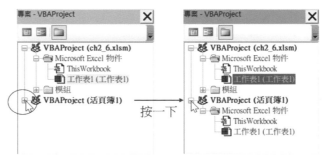

有時候你所設計的 VBA 專案所處理的數據比較複雜，你的專案視窗可以看到表單、模組和物件類別模組，如下所示：

所以可以知道新的 Excel 檔案只有 Microsoft Excel 物件，上述表單、模組和物件類別模組皆是設計 VBA 時，因需要加上去的。

Microsoft Excel 物件：列出活頁簿與工作表，工作表 1 是預設的工作表名稱。

模組：這就是巨集程式碼儲存的地方，也可以說我們未來設計 VBA 程式碼保存的地方。

表單：如果你的 VBA 程式碼需使用互動介面，或是出現對話方塊，就是使用這個功能設計。

物件類別模組：可用於建立與巨集功能相關的類別與物件。

3-2-2　屬性視窗

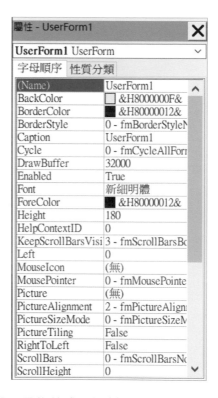

在這個視窗可以查閱所屬物件或是控制項的物件，例如：字型 (Font)、前景顏色 (ForeColor)、背景顏色 (BackColor)、大小 (Height、Width)，… 等資訊的地方。

3-2-3 程式碼視窗

程式碼視窗主要是儲存 VBA 程式碼的地方，在專案視窗中的每一個物件皆會有一個程式碼視窗，下列是活頁簿 1 的 Module1(程式碼) 視窗。

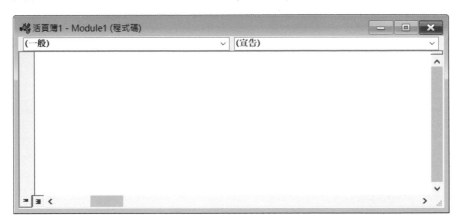

3-2-4 區域變數視窗

預設是不顯示，可以執行檢視 / 區域變數視窗顯示此視窗。

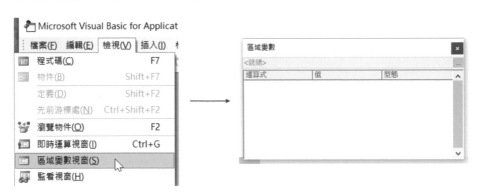

這個視窗可以自動顯示所有宣告變數的目前程序和變數的值，由於讀者尚未了解 VBA 語法，如果筆者現在使用實例解說讀者也不易瞭解，因此將在 8-8 節，當說明更多語法後再作解說。

3-2-5 即時運算視窗

預設是不顯示，可以執行檢視 / 即時運算視窗顯示此視窗。

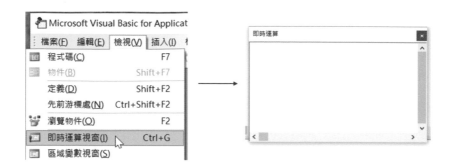

在即時運算視窗輸入指令可以在 Excel 視窗即時看到執行結果，常用在測試感覺有疑問或是新撰寫的程式碼。下列是在 A1:A3 儲存格輸入 " 王者歸來 " 的實例。

註　6-4 節起會有一系列實例。

3-3 認識 VBA 程序基礎架構

VBA 其實就是由程序所組成，程序的型態有 3 種。

```
Sub ... End Sub
Function ... End Function
Property ... End Property
```

3-3-1 巨集名稱就是程序名稱

現在檢視 2-5-1 節的薪資條 VBA 程式碼，可以看到下列重點：

```
Sub 薪資條 ( )
    …
    …
End Sub
```

Sub … End Sub 其實是一個程序,薪資條是此程序的名稱,從上述我們可以得到原來巨集名稱在 VBA 內部就是一個程序名稱,這也是最常用的程序。

3-3-2 其他程序

除了 Sub … End Sub 外,VBA 還有 Function … End Function 和 Property … End Property 等程序,未來將在需要時用實例解說。

3-4 撰寫 VBA 程式

簡單的說 VBA 程式碼就是可以完成一個 Excel 任務的程式,這一節將從 0 開始教導讀者設計第一個 VBA 程式。基本步驟如下:

1: 建立模組 Module。

2: 建立程序,為程序建立名稱,這也是未來的巨集名稱。

3: 輸入 VBA 程式碼。

4: 執行所設計的 VBA 程式。

下列將分成各小節說明。

3-4-1 建立模組視窗

首先我們必須建立一個模組 Module,請執行插入 / 模組。

可以看到程式碼視窗,此視窗左上角也會標註所屬的活頁簿名稱,和物件名稱 (Module 1)。

程式碼所屬檔案

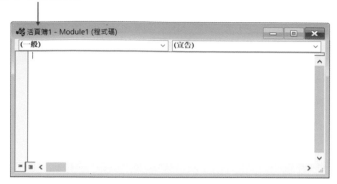

3-4-2　建立程序

　　假設目前顯示活頁簿 1 – Module 1(程式碼) 視窗，接著必須在模組內建立程序，請執行插入 / 程序，可以在活頁簿 1 – Module 1(程式碼) 視窗建立程序，首先可以看到新增程序對話方塊，請在型態和有效範圍使用預設，名稱欄位則是 Sub 的程序名稱 (也可以想成巨集名稱)。此例，筆者建立程序名稱是 hi_vba。

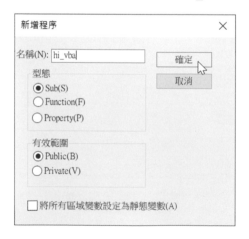

　　請按確定鈕，可以得到我們成功的建立一個程序名稱了。

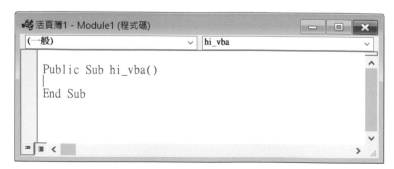

3-4-3 輸入程式碼

輸入程式碼其實就是將程式碼輸入在 Sub 和 End Sub 之間，下列是建立一個 VBA 碼產生對話方塊，內容是 "Hi! VBA" 的實例。

在 VBA 程式設計中，兩個雙引號包夾的文字稱字串，上述字串是 Hi! VBA。

上述筆者使用了 MsgBox ("Hi VBA") 指令，MsgBox( ) 是一個輸出函數，如果你輸入是 msgbox( ) 在按 Enter 鍵後，VBA 也將自動轉成 MsgBox( )，這個函數可以跳出一個對話方塊輸出資料，此例所輸出的資料就是雙引號的字串，未來章節筆者會做更詳細的解說。

> **註** 使用 MsgBox 也可以省略小括號，寫成 MsgBox "Hi VBA"，本書在前面幾章實例皆加上括號，目的是將輸出資料框起來，當讀者熟悉後，就逐步不加上括號了，6-5 節會有更完整的說明。

3-4-4 執行 VBA 程式

3-4-4-1 在 VBE 環境執行

在 VBE 視窗環境點選執行 / 執行 Sub 或 UserForm（或是按 F5 鍵）。

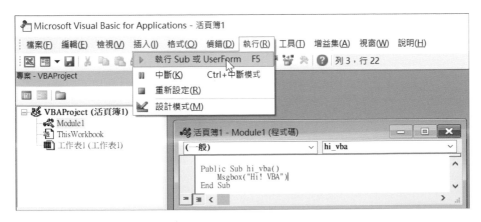

可以得到下列結果，出現對話方塊顯示 "Hi! VBA" 內容。

3-4-4-2 在 Excel 視窗執行

執行開發人員 / 程式碼 / 巨集，出現巨集對話方塊，在巨集名稱選擇 hi_vba。

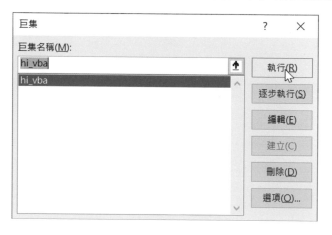

請按執行鈕，可以得到與上一小節相同的結果，上述執行結果存入 ch3_1.xlsm 檔案內。

第四章

VBA 程式設計的基礎觀念

簡單的說 VBA 就是一種程式語言，這一章將說明這個程式語言的變數、常數和基礎語法。

4-1 VBA 的資料類型

檢視 Excel 儲存格的內容，可以看到各式資料如下：

	A	B	C	D	E	F	G	H	I
1					深智數位薪資表				
2	員工編號	姓名	到職日期	底薪	獎金	加班費	健保費	勞保費	薪資金額
3	A001	陳新華	2021/5/1	56000	3000	0	-800	-600	57600

要設計 VBA 程式，首先要了解 VBA 的資料類型，可以參考下表。

資料類型	長度與中文資料說明	資料或範圍
Boolean	2 個位元組	True 或 False
Byte	1 個位元組	0 到 255
Integer	2 個位元組，整數	-32768 到 32767
Long	4 個位元組，長整數	-2147483648 到 2147483647
LongLong	8 個位元組 64 位元的，長整數	-9223372036854775808 到 9223372036854775807(64 位元系統有效)
Single	4 個位元組 單精度浮點數	-3.402823E38 到 -1.401298E-45(負數值) 1.401298E-45 至 3.402823E38(正數值)
Double	8 個位元組 雙精度浮點數	-1.79769313486231E308 到 -4.94065645841247E-324(負數值) 4.94065645841247E-324 到 1.79769313486232E308(正數值)
Decimal	14 個位元組 小數型	+/-179228162514264337593543950335(沒有小數點) +/-7.9228165251426433759354395033(小數點有 28 位) +/-0.0000000000000000000000000001(最小非 0 數字)
String	10 個位元組 + 字串長度 變數長度	變數長度，0 到約 2 億
String	字串長度，固定長度	1 到約 65400
Variant	16 位元組，數字變數	數字型：任何可以達到 Double 範圍的數值
Variant	22 個位元組 + 字串長度 字串變數	字元型：與可變長度 String 相同範圍

資料類型	長度與中文資料說明	資料或範圍
Date	8 個位元組，日期	100 年 1 月 1 日到 9999 年 12 月 31 日
Currency	8 個位元組，貨幣	-922337203685477.5808 到 922337203685477.5807
Object	4 個位元組	任何物件參考，例如：Workbook … 等
使用者定義	元素所需數字	每個元素範圍與其資料類型相同

4-2　變數與常數

設計 VBA 時儲存資料的容器有下列 3 種：

1： 物件，例如：活頁簿、工作表或儲存格的資料。

2： 變數：程式在處理資料時，必須有暫時儲存資料，這時可以用變數，在程式運算過程，變數內容會時時更動。

3： 常數：通常固定或不會被修改的資料可以使用常數儲存，例如：程式內如果有計算圓周率 3.14159，可以將此數值定義為常數。此外：VBA 也內建了許多常數，例如：Color 顏色常數、Date 日期常數，…，等，未來會作實例解說。

4-3　定義變數

4-3-1　變數命名規則

變數的命名規則如下：

1： 變數名稱的第一個字必須是英文字母或中文字，不可以使用數字或其他符號。例如：ABC、abc、底薪，…，等皆是合法的變數名稱。例如：9A、$data，…，等皆是不合法的變數名稱。

2： 變數長度不可以超過 255 個字元。

3： 變數名稱是由英文字母、中文字、數字或底線 (_) 所組成。

4： 變數名稱不可以有句點 (.)、空格、或資料類型字元 @、%、$、&、! 。

4-3-2　宣告一般變數

為了要計算資料所以要建立變數，可以使用下列語法宣告變數。

Dim 變數 As 資料類型

有關資料類型可以參考 4-1 節，例如：下列是宣告 counter 為整數變數，宣告 mystr 為字串變數的實例：

Dim counter As Integer
Dim mystr As String

經由 4-1 節整數內容可以知道，counter 是整數變數，未來 counter 的內容是在 -32768 到 32767 之間。mystr 則是被宣告為字串變數。

VBA 也允許一列定義多個變數，各定義間使用逗號 (,) 隔開，例如：

Dim bb as Integer, cc as String, dd as Date

上述定義 bb 是整數 Integer，cc 是字串 String，dd 是日期 Date。在宣告變數時，如果沒有為變數定義資料類型，則此變數將是 Variant 類型。

Dim x, y, z As Integer

上述 x 和 y 是 Variant 類型，z 是 Integer 整數。下列是中文名稱當作變數的實例。

Dim 客戶 As String
Dim 日期 As Date
Dim 月份 As Byte

4-3-3　宣告物件變數

Excel 的物件有許多，下列是常見的物件：

Application 物件：代表 Excel 的應用程序。

Workbook 物件：表示活頁簿。

Worksheet 物件：表示工作表。

Range 物件：表示儲存格。

Chart 物件：表示圖表。

　　宣告物件變數與一般變數相同，下列是分別設定活頁簿物件 wb、工作表物件 ws 和儲存格物件 rng 的實例：

```
Dim wb As Workbook
Dim ws As Worksheet
Dim rng As Range
```

4-3-4　淺談 Variant 類型的變數

　　Variant 類型的變數最大特色是，可以儲存任意類型的資料，如果你設定 Variant 變數是儲存整數，則此變數未來就是當作整數處理，可依此類推。此外，使用 Variant 變數還有一個有優點是，當針對 Byte、Integer 或 Single 之一的 Variant 變數運算時，如果運算結果超出原資料值的範圍區間時，Variant 會自動將資料提升到較大的資料型態。讀者可能會想如果 Variant 類型的變數這麼好用，為何不將所有變數皆設為 Variant 即可？

　　原因是將變數設為 Variant 雖然好用，但是比較佔用記憶體空間，觀念如下：

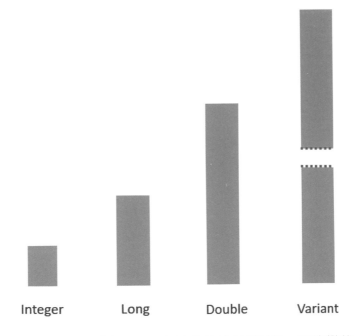

Integer　　　Long　　　Double　　　Variant

　　所以為了可以節省記憶體資源，一般還是依據資料屬性，宣告變數時選擇適合的資料類型。

4-3-5　簡略的資料類型符號

資料類型簡略表示符號如下：

Integer：%

Long：&

Single：!

Double：#

String：$

Currency：@

下列是將 x, y, z 宣告為整數。

Dim x%, y%, z as Integer

下列是將 strName 宣告為字串。

Dim strName$

4-3-6　**Public/Private/Static**

除了使用 Dim，也可以使用 Public/Private/Static 宣告變數，如下所示：

Public 變數 As 資料類型
Private 變數 As 資料類型
Static 變數 As 資料類型

Public 宣告的變數是全域變數，這種變數可以在專案的所有程序內使用，如果宣告變數時沒有特別指名 Public 或 Private 或 Static 則所宣告的變數皆是 Public 變數。Private 宣告的變數是私域變數，只有相同的模組才可以使用。Static 宣告的變數是靜態變數，這種變數會保留呼叫該程序的值。下列是宣告實例：

Public counter As Integer
Private counter As Integer
Static counter As Integer

使用 VBA 設計程式時，可以將程式大小分成下列 3 種：

1： 單一程序：一般是應用在簡單的程式，在這簡單的程序中使用 Dim 或 Static 定義變數時，只有這個簡單程序指令可以呼叫使用，這類變數又稱區域變數。

2： 單個模組：單個模組是由多個程序組成，當第一個程序使用 Dim 或 Private 宣告變數時，該模組所有程序皆可以使用，這類變數又稱模組變數。

3： 所有模組：一個大型專案可以含有多個模組，當一個模組的第一個程序使用 Public 宣告變數時，所有模組的程序皆可以使用，這類變數又稱全域變數。

4-3-7　變數顯示宣告

變數經過 Dim、Public、Private、Static 宣告，這類變數宣告稱變數顯示宣告。

4-3-8　變數隱式宣告

VBA 允許變數可以不經宣告使用，這時的資料類型是 Variant，這種不經宣告直接使用稱變數隱式宣告。

程式實例 ch4_1.xlsm：隱式宣告變數的實例，下列 x 變數是隱式宣告。

Excel VBA是沒有列號這是筆者另外加上主要是方便閱讀

```
1  Public Sub ch4_1()
2      x = "Hello! VBA"
3      MsgBox (x)
4  End Sub
```

4-3-9　Option Explicit

如果在程序前加上 Option Explicit 宣告，這時會強制所有的變數在使用前必須宣告該變數的資料類型，否則會造成程式編譯時的錯誤。

在 VBE 視窗可以執行工具 / 選項，可以看到選項對話方塊。

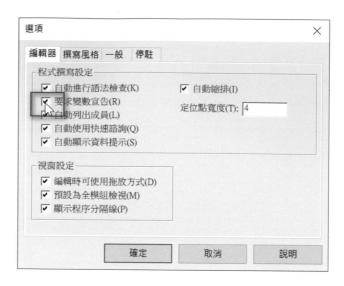

在程式撰寫設定欄位若是設定要求變數宣告，未來開啟模組撰寫程式時，首先可以看到 Option Explicit 宣告，這是告知變數在使用前必須宣告。

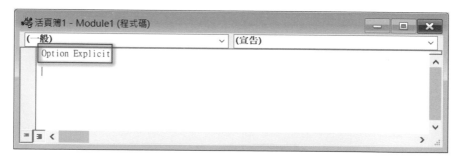

註　需要注意的是，上述方法只能在以後建立的模組才會自動增加 Option Explicit 字串，已經存在的模組無法自動增加此字串，這時必須手動宣告。

程式實例 ch4_2.xlsm：沒有經過 Dim 宣告直接使用變數 x，將發生編譯錯誤。

若是使用 Dim 宣告，但是未定義變數資料類型，這類變數不算是隱式宣告，所以可以正常執行。

程式實例 ch4_3.xlsm：Dim 宣告變數但是不指定類型。

```
1  Option Explicit
2  Public Sub ch4_3()
3     Dim x
4     x = "Hello! VBA"
5     MsgBox (x)
6  End Sub
```

執行結果 與 ch4_1.xlsm 相同。

4-3-10 資料類型的轉換

在設計 VBA 程式時，有時候需要執行不同資料間的轉換，例如：我們可能需要將數值資料轉成字串資料、將字串資料轉成數值資料、將浮點數資料轉成整數或是將整數轉成浮點數，…，等。下列是 VBA 資料類型的轉換函數。

函數名稱	回傳資料類型	實例	執行結果
CBool(expression)	Boolean	CBool(10 = 10)	True
CByte(expression)	Byte	CByte(123.45678)	123
CInt(expression)	Integer	CInt(1234.5678)	1235(四捨五入)
CLng(expression)	Long	CLng(12345.45)	12345
CSng(expression)	Single	CSng(777.1234567)	777.1235
CDbl(expression)	Double	CDbl(777.1234567)	777.1234567
CStr(expression)	String	CStr(123.5)	"123.5"
CVar(expression)	Variant	CVar(123 & "456")	"123456"
CDate(expression)	Date	CDate("July 1,2022")	2022/7/1
CCur(expression)	Currency	CCur(123.45*2)	246.9

讀者先有上述概念，下一節筆者就會有實例解說。

4-4 變數賦值

4-4-1 字串連接

在進入這一節主題前，筆者先介紹字串連結符號 + 或 &，這個符號可以將字串連接。假設 x = "Taipei"，y = "101"，下列是字串連接實例：

```
str1 = x + y
str2 = x & y
```

上述執行後 str1 和 str2 結果皆是 Taipei101，下列幾節會有實例解說。

4-4-2 最初化變數值

當定義好變數後，VBA 會自動給變數一個初值，觀念如下：

1： 數值型變數：初值是 0。

2： 字串型變數：初值是空字串。

3： 布林值變數：初值是 False。

程式實例 ch4_4.xlsm：顯示定義好變數的初值，下列使用 + 符號連結字串。

```
1  Public Sub ch4_4()
2      Dim b As Boolean
3      Dim xInt As Integer
4      Dim yStr As String
5      MsgBox ("布林變數預設值 ： " + CStr(b))
6      MsgBox ("整數變數預設值 ： " + CStr(xInt))
7      MsgBox ("字串變數預設值 ： " + yStr)
8  End Sub
```

執行結果

MsgBox( ) 函數的第一個參數是一個變數，上述程式是將兩個字串使用加法符號結合成一個字串變數內容，因為加號右邊分別是布林值 (第 5 列) 或整數值 (第 6 列)，所以先使用 CStr( ) 函數，將參數 (相當於 4-3-10 節的 expression) 轉成字串。

註 1：如果宣告變數時未指名資料型態，則此變數沒有最初化預設值。

註 2：第 5、6 列省略 CStr 函數也可以得到相同的結果。

4-4-3　為一般變數賦值

為一般變數賦值意義就是將資料存入變數，假設變數是 x，假設值是 y，語法如下：

　[Let] 一般變數 = 變數內容

上述語法等號左邊有中括號 [Let]，中括號在語法應用中代表內部的 Let 可以省略，所以假設變數是 x，內容是 y，可以寫成：

　Let x = y

或

　x = y

程式實例 ch4_5.xlsm：使用上述兩種方法為變數賦值。

```
1  Public Sub ch4_5()
2      Dim x As String
3      Let x = "明志科技大學"
4      MsgBox (x)
5      x = "明志工專"
6      MsgBox (x)
7  End Sub
```

執行結果

4-4-4　為物件賦值

在 VBA 中工作表、活頁簿，…，等皆算是物件，為物件賦值時須使用 Set 關鍵字，語法如下：

　Set 物件變數 = 物件內容

為物件賦值時 Set 關鍵字不可省略。

程式實例 ch4_6.xlsm：列出目前的活頁簿名稱，下列使用 & 符號連接兩個字串。

```
1  Public Sub ch4_6()
2      Dim wb As Workbook
3      Set wb = ThisWorkbook
4      MsgBox ("目前活頁簿名稱是 : " & wb.Name)
5  End Sub
```

執行結果

上述第 2 列筆者定義 wb 是活頁簿的物件變數，第 3 列定義 wb 是目前活頁簿物件，第 4 列 wb 物件使用 "." 連接活頁簿 Name 屬性可以得到目前活頁簿名稱，所以上述執行後可以列出目前活頁簿名稱。

這一節只是使用活頁簿物件 Workbook，讓讀者了解 Set 關鍵字的用法，第 15 章筆者會用一整個章節解說活頁簿物件 Workbook。

4-5　VBA 的常數

VBA 內建常數有許多，這一節將說明宣告常數的方法，同時也介紹 Color 常數與鍵盤控制字元常數，未來章節還會針對主題分別解說。

4-5-1　宣告常數

在程序設計過程，如果某一個數值是固定未來不會變更，可以使用 Const 關鍵字將此變數宣告為常數，例如：下列是將 PI 宣告為常數，此常數值的內容是 3.14259。

　　Const PI As Single = 3.14159

也可以省略使用下列方式宣告。

　　Const PI = 3.14159

下列是將 DM 宣告為深智數位的常數。

Const DM As String = " 深智數位 "

程式實例 ch4_7.xlsm：宣告數值常數與字串常數的應用。

```
1  Public Sub ch4_7()
2      Const PI As Single = 3.14159
3      Const DM = "深智數位"
4      MsgBox (PI)
5      MsgBox (DM)
6  End Sub
```

執行結果

4-5-2 VBA 內建常數

VBA 內部有提供許多內建常數，常看到的內建常數一般是以 vb 或 xl 開頭，其中 VBA 物件庫的常數是用 vb 開頭，下列是 Color 常數表。

常數	色彩
vbBlack	黑色
vbRed	紅色
vbGreen	綠色
vbYellow	黃色
vbBlue	藍色
vbMagenta	洋紅色
vbCyan	青色
vbWhite	白色

上述顏色常數可以使用 Interior.Color 屬性引用，未來筆者會因應章節內容解說更多 VBA 物件庫的常數。

程式實例 ch4_8.xlsm：設定儲存格的背景顏色。

```
1   Public Sub ch4_8()
2       Range("A1:E1").Interior.Color = vbYellow
3       Range("A3:E3").Interior.Color = vbGreen
4       Range("A5:E5").Interior.Color = vbBlue
5   End Sub
```

執行結果

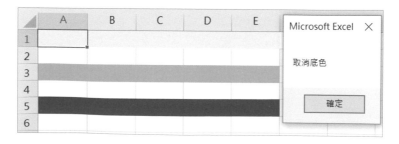

　　上述程式我們學到了有關儲存格新的觀念，也就是可以使用 Range 物件定義儲存格，上述 Range("A1:E1") 代表 A1:E1 的儲存格區間，此儲存格區間物件加上 .Interior.Color 屬性，相當於可以設定儲存格內部的底色。

　　Microsoft Excel 物件程式庫列舉常數是使用 xl 開頭，例如：xlNone 代表無，此功能可以取消儲存格的底色設定。註：筆者將在 9-5 節說明列舉常數的觀念。

程式實例 ch4_9.xlsm：擴充設計 ch4_8.xlsm，當按確定鈕後可以取消 A3:E3 的底色設定。

```
1   Public Sub ch4_9()
2       Range("A1:E1").Interior.Color = vbYellow
3       Range("A3:E3").Interior.Color = vbGreen
4       Range("A5:E5").Interior.Color = vbBlue
5       MsgBox ("取消底色")
6       Range("A3:E3").Interior.ColorIndex = xlNone
7   End Sub
```

執行結果 下列是剛開始執行畫面。

上述按確定鈕後，可以得到下列結果。

上述程式第 6 列有一個新的屬性 Range("A3:E3").Interior.ColorIndex，將這個屬性設為 xlNone，可以取消 A3:E3 的底色設定。有關 Interior.ColorIndex 的所有索引所代表的顏色，筆者未來在 ch8_26.xlsm 會列出相關色彩索引。

4-5-3 鍵盤控制字元常數

鍵盤字元常用的常數如下表。

常數	字元	說明
vbBack	Chr(8)	退一格字元
vbTab	Ch(9)	Tab 字元
vbLf	Ch(10)	換列字元
vbCr	Ch(13)	回最左邊字元
vbCrLf	Ch(10) + Ch(13)	換列後回到最左邊

程式實例 ch4_10.xlsm：控制換列輸出的實例。

```
1  Public Sub ch4_10()
2      Dim x As Integer, y As Integer, z As Integer
3      x = 1
4      y = x + 1
5      z = y + 1
6      MsgBox (x & vbCrLf & y & vbCrLf & z)
7  End Sub
```

執行結果

```
Microsoft Excel    ×

   1
   2
   3

        確定
```

4-6 儲存格資料設定使用 Range 和 Cells 屬性

在更進一步介紹 VBA 語法前，筆者想更進一步講解讀取與設定 Excel 儲存格的方法。與儲存格有關的是 Range 物件，此物件內有 Range 屬性與 Cells 屬性，特別是 Range 物件相關內容有許多，未來筆者將用一整個章節說明，這裡筆者將講解最基礎的儲存格設定相關知識，以便未來幾章講解 VBA 語法時，可以應用這些知識，不致讓語法成為空談。

4-6-1　Range 物件基礎

4-5-2 節我們在 Range( ) 物件內的參數是儲存格區間，也可以讓參數指定特定的儲存格，例如：Range("A1") 代表 A1 儲存格，Range("B5") 代表 B5 儲存格。

4-6-2　設定與取得儲存格內容使用 Range 物件的 Value 屬性

對於 Range 物件而言，此物件有 Range 屬性，當 Range 屬性單獨存在時我們也可以將此屬性稱物件，此屬性物件底下有 Value 屬性，這個屬性可以建立儲存格的內容，整個語法如下：

Range(" 儲存格位址 ").Value = 內容

程式實例 ch4_11.xlsx：設定在 A1 儲存格內容是 Excel VBA，同時使用 MsgBox( ) 輸出儲存格的內容。

```
1  Public Sub ch4_11()
2      Range("A1").Value = "Excel VBA"
3      msg = Range("A1").Value
4      MsgBox (msg)
5  End Sub
```

執行結果

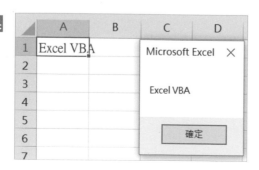

程式實例 ch4_12.xlsm：使用完整定義物件方式，重新設計上述實例。

```
1  Public Sub ch4_12()
2      Dim obj As Range
3      Set obj = Range("A1")
4      obj.Value = "Excel VBA"
5      msg = obj.Value
6      MsgBox (msg)
7  End Sub
```

執行結果 與 ch4_11.xlsm 相同。

程式實例 ch4_13.xlsm：將 A1:E3 儲存格區間設為 50。

```
1  Public Sub ch4_13()
2      Range("A1:E3").Value = 50
3  End Sub
```

執行結果

	A	B	C	D	E
1	50	50	50	50	50
2	50	50	50	50	50
3	50	50	50	50	50

其實 Range 物件預設的屬性是 Value，所以上述程式如果省略 Value 屬性，VBA 會認定這是 Value 屬性。

程式實例 ch4_14.xlsm：使用省略 Value 屬性，重新設計 ch4_13.xlsm。

```
1  Public Sub ch4_14()
2      Range("A1:E3") = 50
3  End Sub
```

執行結果 與 ch4_13.xlsm 相同。

儘管上述省略 Value 程序可以正常執行，不過如果讀者不是很熟練，筆者不建議採用省略屬性方式建立儲存格內容。

4-6-3 設定與取得儲存格內容使用 Cells 屬性

Cells 屬性也可以用於設定與取得儲存格的內容，此物件語法如下：

```
Cells(row, col) = 儲存格內容                    ' 設定儲存格內容
value = Cells(row, col)                         ' 取得儲存格內容
```

Cells( ) 第一個參數是列 (row)，第二個參數是行 (column，也可稱欄)，這種儲存格內容設定與取得方式簡單好用，其實吸引更多 Excel VBA 程式設計師採用。

程式實例 ch4_15.xlsm：建立星期資訊，同時列出 Cells(1,4) 的內容。

```
1   Public Sub ch4_15()
2       Cells(1, 1) = "Sunday"
3       Cells(1, 2) = "Monday"
4       Cells(1, 3) = "Tuesday"
5       Cells(1, 4) = "Wednesday"
6       Cells(1, 5) = "Thursday"
7       Cells(1, 6) = "Friday"
8       Cells(1, 7) = "Saturday"
9       msg = Cells(1, 4)
10      MsgBox (msg)
11  End Sub
```

執行結果

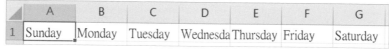

如果要指定儲存格區間，可以使用 2 個 Cells( ) 當作 Range( ) 的參數，可以參考下列實例。

程式實例 ch4_16.xlsm：使用 2 個 Cells( ) 當作 Range( ) 的參數重新設計 ch4_13.xlsm。

```
1   Public Sub ch4_16()
2       Range(Cells(1, 1), Cells(3, 5)).Value = 50
3   End Sub
```

執行結果　與 ch4_13.xlsm 相同。

4-7 程式註解

4-7-1 使用單引號

如果設計一個大型程式，時間一久很容易會忘記各變數代表的意義，或是各程序的功能以及目的。所以適時為程式碼加上註解，是一個優秀程式設計師的良好習慣，下列是使用註解的好時機：

❑ 所有程序的開頭，在此可以描述此程序的功能，輸入或輸出的用途。

❑ 重要變數，指出此變數的功能。

❑ 程序內重要內容碼的細節，列出重要內容碼是如何運作。

VBA 適用單引號標記註解，單引號右邊的文字是註解，單引號可以放在程式敘述句的右邊，也可以單獨佔據一列。在 2-5-2 節的巨集註解，其實就是註解單獨佔據一列。

程式實例 ch4_17.xlsm：為 ch4_12.xlsm 加上註解的應用。

```
1  Public Sub ch4_17()
2  ' 使用定義 Range 物件，然後列出 A1 儲存格的內容
3      Dim obj As Range                  ' 宣告物件 obj
4      Set obj = Range("A1")
5      obj.Value = "Excel VBA"           ' 設定物件變數內容
6      msg = obj.Value
7      MsgBox (msg)
8  End Sub
```

執行結果 與 ch4_12.xlsm 相同。

4-7-2 使用 Rem 標記註解

除了可以使用單引號當作註解外，如果是程式碼開頭的註解，可以使用 Rem 關鍵字。

程式實例 ch4_18.xlsm：使用 Rem 標記註解，重新設計 ch4_17.xlsm，請參考第 2 列。

```
1  Public Sub ch4_18()
2  Rem 使用定義 Range 物件，然後列出 A1 儲存格的內容
3      Dim obj As Range                  ' 宣告物件 obj
4      Set obj = Range("A1")
5      obj.Value = "Excel VBA"           ' 設定物件變數內容
6      msg = obj.Value
7      MsgBox (msg)
8  End Sub
```

執行結果 與 ch4_12.xlsm 相同。

4-8 一列有多個程式碼

為了方便閱讀，原則上一列程式存放一道程式碼，Excel VBA 也允許一列有多道程式碼，此時可以在一道程式碼右邊加上冒號 ":"。

程式實例 ch4_19.xlsm：一列程式存放多道程式碼，請參考第 3 列有 3 道程式碼，另外，讀者須留意下列第 2 列的宣告，x、y、z 因為沒有定義資料類型，所以是 Variant 資料類型，total 則是整數 Integer。

```
1   Public Sub ch4_19()
2       Dim x, y, z, total As Integer
3       x = 5: y = 10: z = 15
4       MsgBox (x + y + z)
5   End Sub
```

執行結果

> **註**　VBA 語法接受，一列有多個程式碼，但不建議使用。

由這一節可知冒號相當於可以標記程式碼結束，所以也可以將 Rem 標記註解放在冒號右邊。

程式實例 ch4_20.xlsm：使用冒號 + Rem 的標記註解方式重新設計 ch4_18.xlsm。

```
1   Public Sub ch4_20()
2   Rem 使用定義 Range 物件，然後列出 A1 儲存格的內容
3       Dim obj As Range:                Rem 宣告物件 obj
4       Set obj = Range("A1")
5       obj.Value = "Excel VBA":         Rem 設定物件變數內容
6       msg = obj.Value
7       MsgBox (msg)
8   End Sub
```

執行結果 與 ch4_12.xlsm 相同。

4-9 程式碼內縮與可讀性分析

有一個程式 ch4_21.xlsm，程式內容如下：

```
1  Public Sub ch4_21()
2  Rem 使用定義 Range 物件，然後列出 A1 儲存格的內容
3  Dim obj As Range:                    Rem 宣告物件 obj
4  Set obj = Range("A1")
5  obj.Value = "Excel VBA":             Rem 設定物件變數內容
6  msg = obj.Value
7  MsgBox (msg)
8  End Sub
```

上述程式雖然可以運作，但是對於未來加上條件控制、迴圈控制或含多個程序的程式而言，上述將所有程式碼從最左邊開始會不易閱讀。這也是筆者先前所有程序的程式碼皆有內縮，一般是內縮 4 個字元，在編輯程式時，如果按 Tab 鍵可以產生內縮 4 個字元的效果。

4-9-1 控制 Tab 鍵的縮排量

在 VBE 視窗執行工具 / 選項，會出現選項對話方塊，請選擇編輯器頁次，可以看到定位點寬度欄位，這就是按 Tab 鍵時滑鼠游標移動的內縮距離。

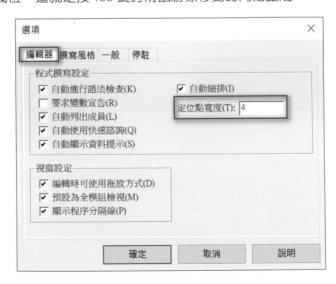

讀者可以由此欄位更改按 Tab 鍵時，滑鼠游標移動距離。

4-9-2　程式碼可讀性分析

在 VBE 的程式碼視窗預設的字型大小是 9 點字，在前一小節的選項視窗，如果選擇撰寫風格頁次，可以看到大小欄位顯示 9，讀者可以在此自行調整自行大小，或是在此對話方塊調整前景顏色、背景顏色、…，等。

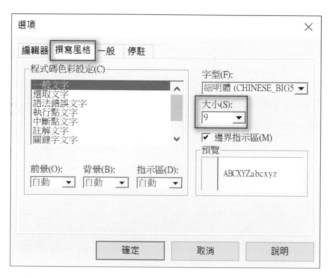

4-9-3　編輯 / 縮排功能

VBE 視窗也有提供程式碼的縮排功能，請選取要縮排的程式碼，再執行編輯 / 縮排，如下所示：

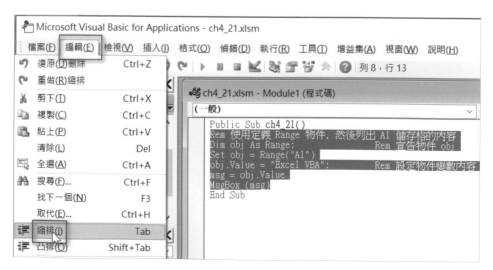

取消選取後，可以得到下列縮排結果。

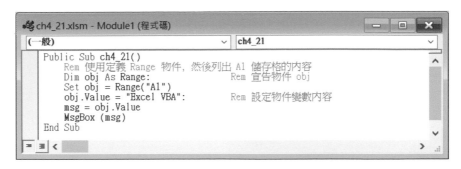

筆者將結果存入 ch4_22.xlsm，含縮排的程式將比較容易閱讀，下列是筆者舉了 ch8_27.xlsm 的內容，下方左邊讀者可以看到程式擁擠閱讀困難，下方右邊讀者可以看到程式結構清楚易閱讀。

```
1  Public Sub ch8_27()
2  Dim i As Integer
3  For i = 2 To 6
4  Select Case Cells(i, 2)
5  Case Is >= 90
6  Cells(i, 3) = "A"
7  Case Is >= 80
8  Cells(i, 3) = "B"
9  Case Is >= 70
10 Cells(i, 3) = "C"
11 Case Is >= 60
12 Cells(i, 3) = "D"
13 Case Else
14 Cells(i, 3) = "F"
15 End Select
16 Next i
17 End Sub
```

```
1  Public Sub ch8_27()
2      Dim i As Integer
3      For i = 2 To 6
4          Select Case Cells(i, 2)
5              Case Is >= 90
6                  Cells(i, 3) = "A"
7              Case Is >= 80
8                  Cells(i, 3) = "B"
9              Case Is >= 70
10                 Cells(i, 3) = "C"
11             Case Is >= 60
12                 Cells(i, 3) = "D"
13             Case Else
14                 Cells(i, 3) = "F"
15         End Select
16     Next i
17 End Sub
```

4-10 單個程式碼太長分成數列顯示

VBA 原則上某一列程式碼允許有 255 個字元長，如果程式碼長度超出此長度就必須為此程式碼分列處理。筆者經驗在設計程式時，如果一列超出 70 個字元就可以考慮將該列程式碼分列顯示。或有時候函數參數太多若是將每個參數分列顯示，也可以讓程式碼更簡潔易懂。

將一列程式碼分成跨列顯示語法是在程式碼右邊加上空格和一個底線 (_)。

程式實例 ch4_23.xlsm：將程式碼跨列顯示的實例，這個程式是 ch5_12.xlsm 的分解，讀者可以先不理會尚未講解的語法部分，專注在第 8 ~ 10 列，這是 ch5_12.xlsm 的第 8 列。

```
1  Public Sub ch4_23()
2      Dim x, y As Integer
3      Dim a, b As Integer
4      x = 5
5      y = 8
6      a = x And y
7      b = x Or y
8      MsgBox ("a = x And y = " & _
9              a & vbCrLf & _
10             "a = x And y = " & b)
11  End Sub
```

執行結果　可以參考 ch5_12.xlsm。

註　上述第 2 和 3 列定義，有關 x 和 a 是會被定義成 Variant。此外，第 10 列的「a = x」應該是「b = x」，這是故意錯誤。未來要讓 4-12-3 節，ChatGPT 作 Debug 解釋使用。讀者可以專注在第 8 和 9 列末端的空白和底線 (_)。

4-11　檢查函數

4-11-1　IsEmpty( ) 檢查是否空值

筆者在 4-4-2 節說明宣告變數為一個指定類型的資料後，會有預設的初值，但是宣告變數時不指定資料類型，則此變數是空值。IsEmpty( ) 函數可以檢查此變數是不是空值。

程式實例 ch4_24.xlsm：檢查變數是不是空值。

```
1  Public Sub ch4_24()
2      Dim x
3      Dim y As Integer
4      MsgBox (IsEmpty(x) & vbCrLf & _
5              IsEmpty(y) & vbCrLf)
6  End Sub
```

執行結果

4-11-2　Null 和 IsNull( ) 函數

Null 是 Excel VBA 的關鍵字，意義是無效值，在程式設計時有時候可以將變數先宣告為 Null，等到需要時再設定此變數的值。

程式實例 ch4_25.xlsm：Null 與 IsNull( ) 函數的檢視。

```
1  Public Sub ch4_25()
2      Dim x
3      Dim y
4      y = Null
5      MsgBox (IsNull(x) & vbCrLf & _
6              IsNull(y) & vbCrLf)
7  End Sub
```

執行結果

4-11-3　IsNumeric( ) 檢查是否數值

IsNumeric( ) 函數可以檢查此變數內容是不是數值資料。

程式實例 ch4_26.xlsm：檢查此變數內容是不是數值資料。

```
1  Public Sub ch4_26()
2      Dim x As Integer
3      Dim y As Single
4      Dim z As String
5      MsgBox (IsNumeric(x) & vbCrLf & _
6              IsNumeric(y) & vbCrLf & _
7              IsNumeric(z))
8  End Sub
```

執行結果

從上述執行結果可以得到整數與浮點數是數值資料，字串不是數值資料。

4-11-4　IsObject( ) 檢查變數是不是物件

IsObject( ) 函數可以檢查此變數內容是不是物件資料。

程式實例 ch4_27.xlsm：檢查此變數內容是不是物件資料。

```
1   Public Sub ch4_27()
2       Dim x As Integer
3       Dim y
4       Dim z As Range
5       MsgBox (IsObject(x) & vbCrLf & _
6               IsObject(y) & vbCrLf & _
7               IsObject(z) & vbCrLf)
8   End Sub
```

執行結果

4-12　AI 輔助學習 Excel VBA

目前 3 大 AI 聊天機器人，OpenAI 公司的 ChatGPT、Microsoft 公司的 Copilot 和 Google 公司的 Gemini，皆有提供功能可以輔助我們學習 Excel VBA，協助的範圍如下：

❏ 基本概念和語法

- 解釋 VBA 的基本概念，如變數、數據類型、條件語句、迴圈等。
- 提供 VBA 語法的具體範例和解釋。

❏ 實際範例

- 根據你的需求提供具體的 VBA 範例，例如：讀取和寫入 Excel 工作表數據、如何使用迴圈處理範圍內的數據等。
- 演示如何使用 VBA 函數進行數據分析和處理。

❏ 錯誤處理和調試

- 解釋如何在 VBA 中進行錯誤處理，以及如何使用調試工具來查找和修復程式碼中的錯誤。

❏ 最佳實踐

- 提供編寫高效、可讀且易於維護的 VBA 程式碼的建議和技巧。
- 講解如何組織和結構化你的 VBA 專案，以便於未來的擴展和維護。

❏ 解答疑問

- 回答你對於 VBA 程式設計的具體疑問。
- 提供解決特定問題或實現特定功能的建議和解決方案。

本書雖然是以 ChatGPT 為實例，其觀念也可以應用在 Copilot 與 Gemini。

4-12-1　認識指令 Dim - 定義變數的用法

下列是詢問 ChatGPT 有關 Dim 的用法。

 您
請說明**Dim**的用法

ChatGPT

在 Excel VBA 中，`Dim`（Dimension）關鍵字用於聲明變數，指定其數據類型，並在記憶體中為其分配空間。使用 `Dim` 來聲明變數是 VBA 編程中的基礎，有助於增強程式碼的可讀性和減少錯誤。

基本用法

```vba
Dim 變數名 As 數據類型
```

- **變數名**：你希望給變數的名稱。變數命名應遵循 VBA 的命名規則，如不能以數字開頭，避免使用特殊字符和保留字。
- **數據類型**：指定變數的類型，如 Integer、String、Double 等。這確定了變數可以儲存的數據的類型和範圍。

範例

1. **聲明一個整數類型的變數：**

```vba
Dim score As Integer
```

這行代碼聲明了一個名為 `score` 的變數，其數據類型為整數（Integer）。

2. **聲明一個字符串類型的變數：**

```vba
Dim name As String
```

這行代碼聲明了一個名為 `name` 的變數，其數據類型為字符串（String）。

若是繼續往下捲動，可以看到更多解釋。

4-12-2　認識 MsgBox( ) 函數的用法

下列是詢問 ChatGPT 有關 MsgBox( ) 的用法。

 您
請說明MsgBox( )的用法

ChatGPT

在 Excel VBA 中，`MsgBox` 函數是一種非常實用的內置函數，用於顯示一個對話框，向用戶展示信息、警告或提問，並可根據需要提供不同的按鈕（如"確定"、"取消"、"是"、"否"等）。`MsgBox` 也可以返回一個值，用於判斷用戶點擊了哪個按鈕。

基本用法

```vba
MsgBox(prompt, [buttons], [title], [helpfile], [context])
```

- **prompt**：必需。要在消息框中顯示的文本字符串。
- **[buttons]**：可選。數字，用於指定顯示哪些按鈕以及消息框的圖標類型。
- **[title]**：可選。字符串，指定消息框的標題。如果省略，應用程序的名稱將用作標題。
- **[helpfile]**：可選。當提供幫助按鈕時，指定一個幫助文件。
- **[context]**：可選。當提供幫助文件時，指定幫助文件中的主題ID。

按鈕和圖標

`buttons` 參數通過組合不同的常數來控制消息框的外觀和行為。這包括按鈕的類型（如 `vbYesNo` 或 `vbOKCancel`），消息框的圖標（如 `vbInformation` 或 `vbCritical`），以及默認按鈕（如 `vbDefaultButton2`）等。

返回值

`MsgBox` 函數根據用戶點擊的按鈕返回一個整數值，可以用於條件語句中，以決定程序的後續執行流程。

4-12-3　解釋與 Debug 程式

ChatGPT 也可以協助我們解釋與 Debug 程式，ch4_28.xlsm 內容如下：

```
1  Public Sub ch4_28()
2      Dim x, y As Integer
3      Dim a, b As Integer
4      x = 5
5      y = 8
6      a = x And y
7      b = x Or y
8      MsgBox ("a = x And y = " & _
9              a & vbCrLf & _
10             "a = x And y = " & b)
11 End Sub
```

上面框起來是有問題的部分，筆者讓 ChatGPT 來 Debug 此程式。

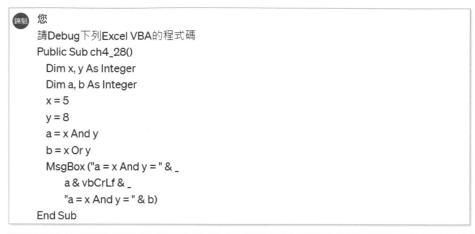

您

請Debug下列Excel VBA的程式碼
```vba
Public Sub ch4_28()
  Dim x, y As Integer
  Dim a, b As Integer
  x = 5
  y = 8
  a = x And y
  b = x Or y
  MsgBox ("a = x And y = " & _
      a & vbCrLf & _
      "a = x And y = " & b)
End Sub
```

ChatGPT

從您提供的Excel VBA程式碼來看，存在一個小錯誤在於`MsgBox`函數中消息的字符串拼接部分。具體地，錯誤在於消息中的第二行應該描述`b = x Or y`的結果，但是錯誤地重複了`a = x And y`。下面是修改後正確的程式碼：

```vba
Public Sub ch4_28()
    Dim x, y As Integer
    Dim a, b As Integer
    ' 由於只有最後一個變量被聲明為特定類型，前面的x, y在這裡默認為Variant，這不會影響
    ' 正確聲明方式應該是：
    ' Dim x As Integer, y As Integer
    ' Dim a As Integer, b As Integer
    x = 5
    y = 8
    a = x And y
    b = x Or y
    MsgBox ("a = x And y = " & _
            a & vbCrLf & _
            "b = x Or y = " & b) ' 修改這裡，從"a = x And y =" 更正為 "b = x
End Sub
```

此外，有一點需要注意的是變量宣告的方式。在VBA中，如果您在一行中聲明多個變量並嘗試為它們指定類型，只有最後一個變量會被賦予那個類型，前面的變量會被默認為`Variant`類型，這可能不是您所期望的。為了避免這種情況，您應該為每個變量單獨指定類型，如上面註釋中所示。

上述可以看到 ChatGPT 完整指出錯誤，同時說明了原因。註：上述 ChatGPT 敘述中的名詞「變量」是大陸用語，台灣稱「變數」。

4-12-4　增加程式註解

 您

請用上述修正過的程式,宣告部分也要修正,然後增加註解

 ChatGPT

根據您的要求，我將修正變量宣告部分，使每個變量都明確指定類型，並加上詳細註解來解釋程式碼的每個部分。這樣的修改將提高程式碼的清晰度和效率。

```
1  Public Sub ch4_28()
2      ' 明確宣告x和y為Integer類型，這樣做可以避免x和y被默認為Variant類型，
3      ' 從而提高程式的運行效率。Integer類型用於存儲整數。
4      Dim x As Integer, y As Integer
5
6      ' 同樣地，明確宣告a和b為Integer類型，用於存放後續進行位元運算的結果。
7      Dim a As Integer, b As Integer
8
9      ' 為x和y賦予初始值，這裡x為5，y為8。
10     x = 5
11     y = 8
12
13     ' 使用And運算子進行位元與(AND)運算。這意味著對x和y的二進制表示進行AND運算，
14     ' 只有在相同位置的位都為1時，結果位才為1，否則為0。
15     ' 例如，5(101) AND 8(1000) 的結果是 0(0000)。
16     a = x And y
17
18     ' 使用Or運算子進行位元或(OR)運算。這意味著對x和y的二進制表示進行OR運算，
19     ' 只要在相同位置的位中有一個為1，結果位就為1。
20     ' 例如，5(101) OR 8(1000) 的結果是 13(1101)。
21     b = x Or y
22
23     ' 顯示一個消息框來展示變量a和b的計算結果。
24     ' 這裡修正了原始程式碼中的錯誤，正確地顯示了"a = x And y"的結果，以及"b = x Or y"的結果
25     MsgBox ("a = x And y = " & a & vbCrLf & "b = x Or y = " & b)
26 End Sub
```

這段修正後的程式碼通過明確的變量宣告和詳細的註解，提高了可讀性和執行效率。透過這樣的修正，我們更好地理解了每一行程式碼的目的，以及它們是如何共同工作來達到期望的結果。

　　上述 ChatGPT 成功的協助我們修正了錯誤的程式，同時增加了完整的註解，上述修正後的程式放在 ch4_29.xlsm。

註 資料夾的 ch4_29( ) 是手動更改的結果。

第五章

Excel VBA 的運算子

5-1 算術運算子

VBA 的算數運算子 (operator) 可以參考下表，下列是假設 x = 10, y = 2 的結果。

運算子	說明	公式	結果	優先順序
^	乘冪 (次方)	x ^ y	100	1
*	乘法	x * y	20	2
/	除法	x / y	5	2
\	整數除法	x \ y	5	3
Mod	餘數	x Mod y	0	4
+	加法	x + y	12	5
-	減法	x- y	8	5

碰上優先順序相同，則從左到右運算。

程式實例 ch5_1.xlsm：算數運算子的應用。

```
1  Public Sub ch5_1()
2      Dim x As Integer, y As Integer
3      Dim z As Single
4      x = 10
5      y = 2
6      z = x ^ y
7      MsgBox ("x ^ y = " & CStr(z))        ' CStr()是轉成字串其實可以省略
8      z = x * y
9      MsgBox ("x * y = " & z)
10     z = x / y
11     MsgBox ("x / y = " & z)
12     z = x \ y
13     MsgBox ("x \ y = " & z)
14     z = x Mod y
15     MsgBox ("x Mod y = " & z)
16     z = x + y
17     MsgBox ("x + y = " & z)
18     z = x - y
19     MsgBox ("x - y = " & z)
20  End Sub
```

執行結果

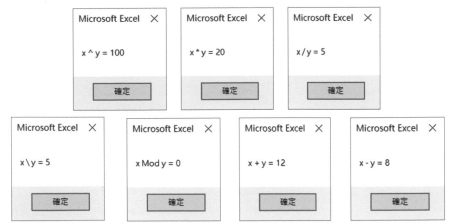

5-2 字串運算子

字串運算的運算子主要是做字串的連接,可以使用 &,或是加法 + 符號也可以做字串連接。

程式實例 ch5_2.xlsm:字串結合的應用。

```
1   Public Sub ch5_2()
2       Cells(1, 1) = "明志"
3       Cells(2, 1) = "工專"
4       Cells(3, 1) = Cells(1, 1) + Cells(2, 1)
5       Cells(4, 1) = Cells(1, 1) & Cells(2, 1)
6   End Sub
```

執行結果

	A	B
1	明志	
2	工專	
3	明志工專	
4	明志工專	

5-3　比較運算子

5-3-1　傳統比較運算子

比較運算子常用在比較 2 個數值或是字串，如果符合會回傳布林值 (Boolean) True，如果不符合會回傳布林值 (Boolean)False。下列是假設 x = 10, y = 2 的結果。

運算子	說明	公式	結果
=	等於	x = y	False
<>	不等於	x <> y	True
>	大於	x > y	True
<	小於	x < y	False
>=	大於等於	x >= y	True
<=	小於等於	x <= y	False

程式實例 ch5_3.xlsm：比較運算子的應用。

```
1   Public Sub ch5_3()
2       Dim x As Integer, y As Integer
3       Dim z As Boolean
4       x = 10
5       y = 2
6       z = x = y
7       MsgBox ("x = y = " & CStr(z))        ' 其實可以省略 CStr()
8       z = x <> y
9       MsgBox ("x <> y = " & z)
10      z = x > y
11      MsgBox ("x > y = " & z)
12      z = x < y
13      MsgBox ("x < y = " & z)
14      z = x >= y
15      MsgBox ("x >= y = " & z)
16      z = x <= y
17      MsgBox ("x <= y = " & z)
18  End Sub
```

執行結果　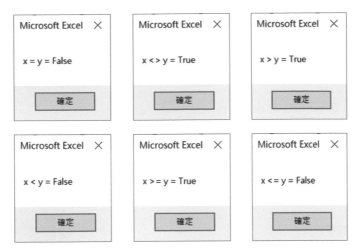

5-3-2　Is 運算子

Is 運算子也可以算是比較運算子，主要是比較左右兩物件是否相同，語法如下：

result = object1 Is object2

如果 object1 和 object2 是相同物件回傳 True，否則回傳 False。

程式實例 ch5_4.xlsm：使用 Is 比較兩物件是否相同。

```
1   Public Sub ch5_4()
2       Dim obj1 As Range, obj2 As Range, obj3 As Range
3       Dim result1 As Boolean, result2 As Boolean
4       Set obj1 = Range("A1")
5       Set obj2 = obj1
6       Set obj3 = Range("A1:A2")
7       result1 = obj1 Is obj2
8       result2 = obj1 Is obj3
9       MsgBox ("obj1 = obj2 : " & result1 & vbCrLf & "obj1 = obj3 : " & result2)
10  End Sub
```

執行結果　

5-3-3　Like 運算子

Excel VBA 中的 Like 運算子用於比較字串，判斷一個字串是否符合特定的模式。它非常適合處理包含某種模式或結構的內文字串，比如執行簡單的通配符匹配。

Like 運算子語法如下：

result = string Like pattern

如果字串 (string) 符合模式 (pattern) 回傳 True，否則回傳 False。下表是字元與其相符的專案。

欲比較模式的字元	符合字串的專案
?	任何單一字元
*	0 到多個字元或是說任意數量的字串
#	任何單一 0 到 9
字元	[charlist]，字元在 charlist
字元	[!charlist]，字元不在 charlist

程式實例 ch5_5.xlsm：Like 運算子的應用。

```
1   Public Sub ch5_5()
2       Dim check As Boolean
3       check = "a5a" Like "a#a"                ' True
4       MsgBox (check)
5       check = "aK9b" Like "a[A-M]#[!e-f]"     ' True
6       MsgBox (check)
7       check = "a*k" Like "a [*]k"             ' False
8       MsgBox (check)
9       check = "B" Like "!A-Z]"                ' False
10      MsgBox (check)
11  End Sub
```

執行結果

5-4　邏輯運算子

邏輯運算子主要是可以做邏輯運算，有 6 個邏輯運算子分別如下：

And：AND 運算

Or：OR 運算

Not：NOT 運算

Xor：XOR 運算

Eqv：Eqv 運算

Imp：Imp 運算

5-4-1　And 運算子

And 運算子語法如下：

> result = expression1 And expression2

下列是邏輯運算子 And 的圖例說明。

And	True	False
True	True	False
False	False	False

相當於必須兩個 expression 是 True 結果是 True，其他條件是 False。

程式實例 ch5_6.xlsm：And 運算子的應用。

```
1   Public Sub ch5_6()
2       Dim x As Integer, y As Integer, z As Integer
3       Dim a As Boolean, b As Boolean
4       x = 5
5       y = 10
6       z = 15
7       a = x > y And y > z
8       b = x < y And y < z
9       MsgBox ("a = " & a & vbCrLf & "b = " & b)
10  End Sub
```

執行結果

5-4-2　Or 運算子

Or 運算子語法如下：

result = expression1 Or expression2

下列是邏輯運算子 Or 的圖例說明。

Or	True	False
True	True	True
False	True	False

相當於只要一個 expression 是 True 結果是 True，兩個 exppression 是 False 則是 False。

程式實例 ch5_7.xlsm：Or 運算子的應用。

```
1  Public Sub ch5_7()
2      Dim x As Integer, y As Integer, z As Integer
3      Dim a As Boolean, b As Boolean
4      x = 5
5      y = 10
6      z = 15
7      a = x > y Or y < z
8      b = x < y Or y < z
9      MsgBox ("a = " & a & vbCrLf & "b = " & b)
10  End Sub
```

執行結果

5-4-3　Not 運算子

Not 運算子語法如下：

result = Not expression

下列是邏輯運算子 Not 的圖例說明。

Not	True	False
	False	True

如果 expression 是 True 則結果是 False，如果 expression 是 False 結果是 True。

程式實例 ch5_8.xlsm：Not 運算子的應用。

```
1   Public Sub ch5_8()
2       Dim x As Integer, y As Integer, z As Integer
3       Dim a As Boolean, b As Boolean
4       x = 5
5       y = 10
6       z = 15
7       a = Not x > y
8       b = Not y < z
9       MsgBox ("a = " & a & vbCrLf & "b = " & b)
10  End Sub
```

執行結果

Microsoft Excel　✕

a = True
b = False

確定

5-4-4　Xor 運算子

Xor 運算子語法如下：

result = expression1 Xor expression2

下列是邏輯運算子 Xor 的圖例說明。

Xor	True	False
True	False	True
False	True	False

如果 expression1 和 expression2 是相同則結果是 False，如果 expression1 和 expression2 是不同則結果是 True。

程式實例 ch5_9.xlsm：Xor 運算子的應用。

```
1   Public Sub ch5_9()
2       Dim x As Integer, y As Integer, z As Integer
3       Dim a As Boolean, b As Boolean
4       x = 5
5       y = 10
6       z = 15
7       a = x > y Xor y > z
8       b = x < y Xor y > z
9       MsgBox ("a = " & a & vbCrLf & "b = " & b)
10  End Sub
```

執行結果

```
Microsoft Excel      ×

a = False
b = True

        確定
```

5-4-5　Eqv 運算子

Eqv 運算子其實是執行邏輯等價運算，語法如下：

result = expression1 Eqv expression2

下列是邏輯運算子 Eqv 的圖例說明。

Eqv	True	False
True	True	False
False	False	True

如果 expression1 和 expression2 是相同則結果是 True，如果 expression1 和 expression2 是不同則結果是 False。

程式實例 ch5_10.xlsm：Eqv 運算子的應用。

```
1  Public Sub ch5_10()
2      Dim x As Integer, y As Integer, z As Integer
3      Dim a As Boolean, b As Boolean
4      x = 5
5      y = 10
6      z = 15
7      a = x > y Eqv y > z
8      b = x < y Eqv y > z
9      MsgBox ("a = " & a & vbCrLf & "b = " & b)
10 End Sub
```

執行結果

5-4-6　Imp 運算子

Imp 運算子其實是執行邏輯運算，一般來說應用比較少。在軟體測試和驗證的過程中，Imp 可能用於確定如果某個條件成立，則另一個條件也必須成立的邏輯關係。此運算子的語法如下：

result = expression1 Imp expression2

如果 expression1 是 True 和 expression2 是 False 相同則結果是 False，其他情況結果是 True。Imp 若是執行位元運算時，結果可以參考下表。

experssion1 的位元	expression2 的位元	結果位元
True	True	True
True	False	False
False	True	True
False	False	True

程式實例 ch5_11.xlsm：Imp 運算子的應用。

```
1   Public Sub ch5_11()
2       Dim x As Integer, y As Integer, z As Integer
3       Dim check As Boolean
4       x = 2
5       y = 4
6       z = 6
7       check = x < y Imp y < z
8       MsgBox (check)
9       check = x < y Imp y > z
10      MsgBox (check)
11      check = x > y Imp y < z
12      MsgBox (check)
13      check = x > y Imp y > z
14      MsgBox (check)
15  End Sub
```

執行結果

5-5　邏輯運算子的位元運算

　　將邏輯運算子當作位元運算時，數字會被拆解為 2 進位，然後每個位元做計算，如果是 True 該位元是 1，否則是 0。例如：下列是 5 和 8 的二進位值的位元計算 (用 8 個位元說明)。

$$5 = 00000101$$
$$8 = 00001000$$
$$5 \text{ And } 8 = 00000000$$

$$5 = 00000101$$
$$8 = 00001000$$
$$5 \text{ Or } 8 = 00001101$$

程式實例 ch5_12.xlsm：And 和 Or 運算子的位元計算。

```
1   Public Sub ch5_12()
2       Dim x As Integer, y As Integer
3       Dim a As Integer, b As Integer
4       x = 5
5       y = 8
6       a = x And y
7       b = x Or y
8       MsgBox ("a = x And y = " & a & vbCrLf & "b = x And y = " & b)
9   End Sub
```

執行結果

程式實例 ch5_13.xlsm：Eqv 運算子的位元計算。

```
1  Public Sub ch5_13()
2      Dim x As Integer, y As Integer, z As Integer
3      x = 1
4      y = 2
5      z = x Eqv y
6      MsgBox ("z = x Eqv y = " & z)
7  End Sub
```

執行結果

上述結果是負值，因為對於 1 與 2 的二進位表示法最左邊位元 (也稱符號位元) 是 0，因為兩個皆是 0，所以經過 Eqv 運算結果是 1，所以造成這是負數。

5-6 運算子的優先順序

一道指令如果很長，究竟那一道指令先執行，除了括號內先執行，其他執行順序如下：

算數運算子
字串運算
比較運算子
邏輯運算子

下表是再細分的優先順序，值越大優先順序越低。

優先順序	類別	名稱	符號
1	括號	括號	( )
2	算數運算子	乘冪	^
3	算數運算子	負號	-
4	算數運算子	乘法 / 除法	*, /
5	算數運算子	整數除法	\
6	算數運算子	求餘數	Mod
7	算數運算子	加法 / 減法	+,-
8	字串運算	字串連接	&, +
9	比較運算子	優先次序相同	=, <>, >, <, >=, <=, Is, Like
10	邏輯運算子		Not
11	邏輯運算子		And
12	邏輯運算子		Or
13	邏輯運算子		Xor
14	邏輯運算子		Eqv
15	邏輯運算子		Imp

第六章

輸入與輸出

設計程式最基本的工作是輸入與輸出，這一章將講解這方面的知識。

6-1　讀取儲存格的內容和將資料輸出到儲存格

在 4-6-3 節筆者介紹了讀取儲存格的內容，然後也講解了輸出資料到儲存格，其實我們在設計 VBA 時，也可以將儲存格的內容當作是輸入，然後將結果輸出到儲存格。

程式實例 ch6_1.xlsm：計算第一季業績總和，同時將計算結果放在 A6。

```
1  Public Sub ch6_1()
2      Dim total As Long
3      Dim x1 As Long, x2 As Long, x3 As Long
4      x1 = Cells(3, 3)
5      x2 = Cells(4, 3)
6      x3 = Cells(5, 3)
7      total = x1 + x2 + x3
8      Cells(6, 3) = total
9  End Sub
```

執行結果

	A	B	C
1			
2		深智業績表	
3		一月	88000
4		二月	96000
5		三月	102600
6		小計	

→

	A	B	C
1			
2		深智業績表	
3		一月	88000
4		二月	96000
5		三月	102600
6		小計	286600

讀者測試這個程式時，可以先刪除 C6 儲存格內容，可以得到上方左圖，再執行此程式可以得到上方右圖。

6-2　資料輸入 InputBox( ) 函數

在前面幾節筆者使用了 MsgBox( ) 說明以對話方塊輸出資料的方式，這一節將說明以 InputBox( ) 讀取輸入資料的方式，所讀取的資料是字串，如果想要讀取整數，可以使用轉換函數 CInt( )。但是 Excel 本身對於數值型的字串也可以當作整數處理，所以不使用 CInt( ) 轉換也可以。

6-2-1　InputBox( ) 的語法

InputBox( ) 函數的語法如下：

InputBox(prompt, [title], [default], [xpos],[ypos], [helpfile, context])

- prompt：必要，顯示對話方塊訊息，一般是提示訊息告知使用者輸入的訊息。這個訊息可以是單列或多列，如果是多列可以使用歸位字元 (Chr(13)) 和換列字元 (Chr(10))，這也是我們前面章節所使用的 vbCrLf 常數，細節可參考 ch4_10. xlsm 實例。

- title：選用，這是對話方塊的標題，如果省略則顯示應用程式 Microsoft Excel。

- default：選用，這是輸入欄的預設文字，如果省略則輸入欄是空白。

- xpos：選用，如果省略則對話方塊是位於水平置中，可由這個欄位設定水平位置，單位是 Twip。

- ypos：選用，如果省略則對話方塊是位於垂直上方 1/3 位置，可由這個欄位設定垂直位置，單位是 Twip。

- helpfile：選用，如果有這個延伸檔名是 hlp 的說明檔，則對話方塊會有說明鈕，這個說明檔案可以使用 HELP+Manual 分享軟體建立。

- context：選用，數字內容會指派至適當的說明主題。

6-2-2　簡單輸入字串資料實例

程式實例 ch6_2.xlsm：輸入畢業學校，同時輸出的應用。註：第 8 列也可以省略小括號，直接使用 MsgBox school。

```
1  Public Sub ch6_2()
2      Dim msg As String, Title As String
3      Dim Default As String, school As String
4      msg = "請輸入你畢業的學校"
5      Title = "ch6_2"
6      Default = "大學"
7      school = InputBox(msg, Title, Default)
8      MsgBox (school)
9  End Sub
```

執行結果　下列是直接按確定鈕，輸出預設 default 的結果。

下列是輸入明志工專的結果,再按確定鈕的結果。

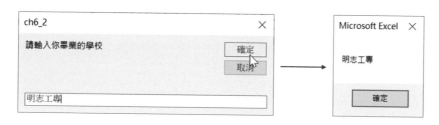

6-2-3 InputBox 輸入數值資料實例

程式實例 ch6_3.xlsm:輸入年終獎金月數,同時輸出總年終獎金應用。

```
1   Public Sub ch6_3()
2       Dim msg As String, Title As String, Default As String
3       Dim salary As Long, total As Long
4       Dim months As String
5       salary = 50000
6       msg = "請輸入年終獎金月數 ?"
7       Title = "ch6_3"
8       Default = "0"
9       months = InputBox(msg, Title, Default)
10      total = salary * CSng(months)
11      MsgBox ("年終獎金總金額 : " & total)
12  End Sub
```

執行結果

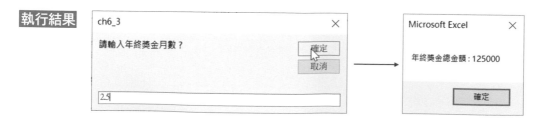

上述第 9 列 InputBox( ) 函數所讀取的資料 months 是字串,所以第 10 列須使用
CSng( ) 函數將字串轉成單精度浮點數,也可以使用 Val( ) 函數將字串轉成數值資料。

筆者使用 ch6_3_1.xlsm 測試，如果第 4 列將 months 改為單精度浮點數，第 10 列取消使用 CSng( )，程式也可以正常執行。

```
1   Public Sub ch6_3_1()
2       Dim msg  As String, Title As String, Default As String
3       Dim salary As Long, total As Long
4       Dim months As Single
5       salary = 50000
6       msg = "請輸入年終獎金月數 ?"
7       Title = "ch6_3"
8       Default = "0"
9       months = InputBox(msg, Title, Default)
10      total = salary * months
11      MsgBox ("年終獎金總金額 : " & total)
12  End Sub
```

另外，ch6_3_2.xlsm 則是將 ch6_3.xlsm 的第 10 列的 CSng( ) 函數改為 Val( ) 函數，程式可以正常執行。

```
1   Public Sub ch6_3_2()
2       Dim msg As String, Title As String, Default As String
3       Dim salary As Long, total As Long
4       Dim months As String
5       salary = 50000
6       msg = "請輸入年終獎金月數 ?"
7       Title = "ch6_3"
8       Default = "0"
9       months = InputBox(msg, Title, Default)
10      total = salary * Val(months)
11      MsgBox ("年終獎金總金額 : " & total)
12  End Sub
```

註　筆者上述實例強調，字串與整數、浮點數間的轉換，這是一般程式語言的做法。可是 Excel 對於數值型的字串，會當作數字處理，所以取消上述 Val( )、CSng( ) 也可以順利執行。

6-2-4　InputBox( ) 函數含有說明鈕

程式實例 ch6_4.xlsm：重新設計 ch6_2.xlsm，使用 InputBox( ) 建立輸入對話方塊時，此對話方塊有說明鈕。

```
1   Public Sub ch6_4()
2       Dim msg As String, Title As String
3       Dim Default As String, school As String
4       msg = "請輸入你畢業的學校"
5       Title = "ch6_4"
6       school = InputBox(msg, Title, , , , "HELP.HLP", 10)
7       MsgBox (school)
8   End Sub
```

執行結果

筆者輸入

6-3 輸出資料 MsgBox( )

MsgBox( ) 函數提供以對話方塊方式輸出資料，前面幾個章節筆者已經使用多次這個函數了，這一節將對此函數做完整解說。

6-3-1 基本語法

MsgBox( ) 函數的語法如下：

MsgBox(prompt, [buttons], [title], [helpfile, context])

- prompt：必要，以字串方式顯示對話方塊訊息，一般是提示訊息告知使用者輸入的訊息。這個訊息可以是單列或多列，如果是多列可以使用歸位字元 (Chr(13)) 和換列字元 (Chr(10))，這也是我們前面章節所使用的 vbCrLf 常數，細節可參考 ch4_10.xlsm 實例。

- buttons：選用，如果省略則使用預設 0(vbOKOnly)，對話方塊會只出現確定鈕，更多細節可以參考 6-3-2 節。

- title：選用，這是對話方塊標題，如果省略則顯示應用程式 Microsoft Excel。

- helpfile：選用，如果有這個延伸檔名是 hlp 的說明檔，則對話方塊會有說明鈕，這個說明檔案可以使用 HELP+Manual 分享軟體建立。

- context：選用，數字內容會指派至適當的說明主題。

6-3-2　按鈕 buttons 參數設定

buttons 參數設定可以參考下表。

按鈕類型與數量		
常數	值	說明
vbOKOnly	0	僅顯示確定鈕
vbOKCancel	1	顯示確定和取消按鈕
vbAbortRetryIgnore	2	顯示中止、重試和略過鈕
vbYesNoCancel	3	顯示是、否和取消鈕
vbYesNo	4	顯示是和否鈕
vbRetryCancel	5	顯示重試和取消鈕

圖示		
常數	值	說明
vbCritical	16	顯示嚴重訊息圖示
vbQuestion	32	顯示警告查詢圖示
vbExclamation	48	顯示警告訊息圖示
vbInformation	64	顯示資訊訊息圖示

按鈕預設		
常數	值	說明
vbDefaultButton1	0	預設值是第一個按鈕
vbDefaultButton2	256	預設值是第二個按鈕
vbDefaultButton3	512	預設值是第三個按鈕
vb DefaultButton4	768	預設值是第四個按鈕

雜項設定		
常數	值	說明
vbApplicationModal	0	使用者必須回應訊息，程式才可繼續
vbSystemModal	4096	所有應用程式暫停直到使用者回應
vbMsgBoxHelpButton	16384	新增說明訊息方塊
vbMsgBoxSetForeground	65536	指定訊息方塊作為前景視窗
vbMsgBoxRight	524288	文字靠右對齊
vbMsgBoxRtIReading	1048576	在希伯來語和阿拉伯語，文字從右到左

6-3-3 MsgBox( ) 的傳回值

常數	值	說明
vbOK	1	確定
vbCancel	2	Cancel
vbAbort	3	中止
vbRetry	4	重試
vbIgnore	5	Ignore
vbYes	6	是
vbNo	7	否

程式實例 ch6_5.xlsm：MsgBox( ) 函數簡單應用，顯示是和否鈕的應用。

```
1  Public Sub ch6_5()
2      Dim msg As String, title As String
3      msg = "是否繼續 ?"
4      title = "ch6_5"
5      response = MsgBox(msg, vbYesNo, title)
6      MsgBox (response)
7  End Sub
```

執行結果

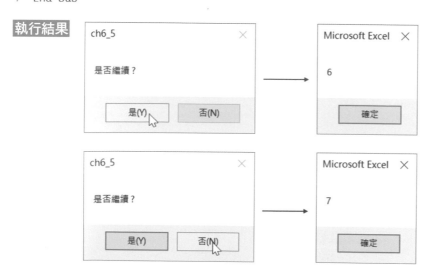

上述第 5 列當 MsgBox 有回傳值時，就一定要有括號，其它沒有回傳值，則括號可以省略，這個觀念可以應用在未來許多 VBA 的函數。此外，第 6 列因為筆者尚未介紹條件控制，所以只能輸出 MsgBox( ) 函數的回傳值，若是參考 6-3-3 節的表可以知道 6 代表按了是鈕，7 代表按了否鈕。

程式實例 ch6_6.xlsm：擴充程式實例 ch6_5.xlsm，增加資訊訊息圖示和將預設按鈕設為第 2 個按鈕。

```
1   Public Sub ch6_6()
2       Dim msg As String, title As String
3       msg = "是否繼續 ?"
4       title = "ch6_6"
5       response = MsgBox(msg, vbYesNo + vbInformation + vbDefaultButton2, title)
6       If response = vbYes Then
7           MsgBox ("你按 是 鈕")
8       Else
9           MsgBox ("你按 否 鈕")
10      End If
11  End Sub
```

執行結果

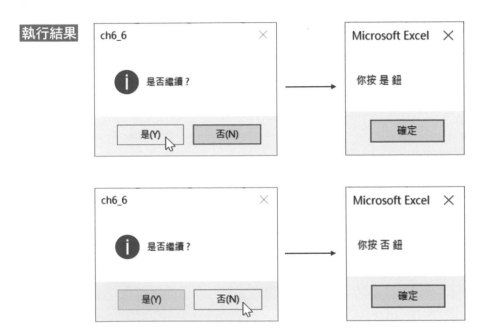

上述第 6～9 列是條件控制，嚴格的說應該在下一章筆者介紹 IF 條件控制時再舉上述實例，不過這個指令應該算是單純，所以筆者先介紹此指令。IF 指令主要是當讀者按是鈕執行第 7 列輸出你按是鈕，當讀者按否鈕執行第 9 列輸出你按否鈕。如果讀者無法適應，筆者用了尚未講解的指令，建議讀者可以讀完第 7 章再來看此實例。

6-4 即時運算視窗

在設計 VBA 的程式偵測過程，可以使用即時運算視窗，監看程式的執行過程，同時執行檢視 / 即時運算視窗，可以在 VBE 環境看到即時運算視窗。

如果想要在即時運算視窗輸出，可以使用 Debug 物件，然後搭配 Print 屬性。

程式實例 ch6_7.xlsm：重新設計 ch6_6.xlsm，在即時運算視窗輸出所按的鈕。

```
1   Public Sub ch6_7()
2       Dim msg As String, title As String, help As String
3       Dim Style, ctxt
4       msg = "是否繼續 ?"
5       title = "ch6_6"
6       Style = vbYesNo + vbInformation + vbDefaultButton2
7       help = "DEMO.HLP"
8       ctxt = 1000
9       response = MsgBox(msg, Style, title, help, ctxt)
10      If response = vbYes Then
11          Debug.Print ("你按 是 鈕")
12      Else
13          Debug.Print ("你按 否 鈕")
14      End If
15  End Sub
```

執行結果

6-5 MsgBox 輸出靠右對齊

若是想讓輸出靠右對齊，須在 MsgBox 函數第 2 個參數的 buttons 按鈕設定使用 vbMsgBoxRight 關鍵字，可以參考下列實例。

程式實例 ch6_8.xlsm：使用 MsgBox( ) 函數執行輸出時，以靠右對齊方式輸出。

```
1  Public Sub ch6_8()
2      Dim output As Integer
3      output = MsgBox("我最懷念的學生生活" & vbCrLf & _
4                      "明志工專" & vbCrLf & _
5                      "現今的明志科技大學", vbMsgBoxRight)
6  End Sub
```

執行結果

上述實例也可以改為不用回傳值，也就是取消第 2 列，然後簡化 MsgBox 沒有傳回值方式設計。

程式實例 ch6_9.xlsm：重新設計 ch6_8.xlsm，不用傳回值。

```
1  Public Sub ch6_9()
2      MsgBox "我最懷念的學生生活" & vbCrLf & _
3              "明志工專" & vbCrLf & _
4              "現今的明志科技大學", vbMsgBoxRight
5  End Sub
```

執行結果 與 ch6_8.xlsm 相同。

有關呼叫函數使用括號或是呼叫函數不使用括號，更多相關的觀念筆者會在第 9 章建立自定的程序 (Sub) 與函數 (Function) 中的 9-2-13 節與 9-3-10 節做說明。

第七章

條件控制使用 If

一個程式如果是按部就班從頭到尾，中間沒有轉折，其實是無法完成太多工作。程式設計過程難免會需要轉折，這個轉折在程式設計的術語稱流程控制，本章將完整講解有關 If 敘述的流程控制。

另外，與程式流程設計有關的關係運算子與邏輯運算子已經在第 5 章做說明，這些是 If 敘述流程控制的基礎。

7-1　If ... Then 敘述

7-1-1　單列的 If ... Then 敘述

對於單列的 If … Then 敘述而言，相當於將程式碼寫在 Then 右邊。如果條件符合，執行 Then 右邊的程式碼，此敘述基本語法如下：

If (條件判斷) Then 程式碼區塊

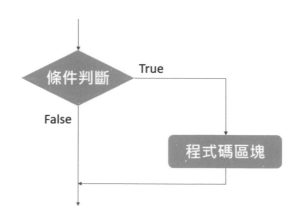

上述相當於條件為 True，執行程式碼區塊，否則跳開往下執行。

程式實例 ch7_1.xlsm：當輸入小於 20 歲時，輸出 " 你年齡太小須滿 20 歲才可以購買菸酒 "。

```
1  Public Sub ch7_1()
2      Dim msg As String, title As String, rule As String
3      Dim age As Integer
4      msg = "請輸入年齡？"
5      title = "ch7_1"
6      age = InputBox(msg, title)
7      rule = "你年齡太小須滿20歲才可以購買菸酒"
8      If age < 20 Then MsgBox rule
9  End Sub
```

執行結果

上述輸入 18，所以輸出 " 你年齡太小須滿 20 歲才可以購買菸酒 "。上述雖然簡單，但是筆者不鼓勵，建議程式碼在下一列表達。

7-1-2 多列的 If ⋯ Then ⋯ End If 敘述

此敘述基本語法如下：

```
If ( 條件判斷 ) Then
        程式碼區塊
End If
```

上述表達方式，程式碼區塊可以有多列內容，當以多列表達條件式時，此條件運算式末端必須加上 End If 敘述。

程式實例 ch7_2.xlsm：使用 If ⋯ then ⋯ End If 重新設計 ch7_1.xlsm。

```
1   Public Sub ch7_2()
2       Dim msg As String, title As String, rule As String
3       Dim age As Integer
4       msg = "請輸入年齡 ? "
5       title = "ch7_2"
6       age = InputBox(msg, title)
7       rule = "你年齡太小須滿20歲才可以購買菸酒"
8       If age < 20 Then
9           MsgBox rule
10      End If
11  End Sub
```

執行結果 與 ch7_1.xlsm 相同。

7-2 If ... Then ... Else … End If

程式設計時更常用的功能是條件判斷為 True 時執行某一個程式碼區塊,當條件判斷為 False 時執行另一段程式碼區塊,此時可以使用 If … Then … Else… End If 敘述,它的語法格式如下:

```
If ( 條件判斷 ) Then
        程式碼區塊 1
Else
        程式碼區塊 2
End If
```

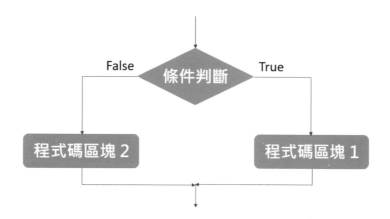

程式實例 ch7_3.xlsm:擴充設計前一個程式,當輸入大於或等於 20 歲時,輸出 " 歡迎購買菸酒 " 。

```
1   Public Sub ch7_3()
2      Dim msg As String, title As String
3      Dim age As Integer
4      msg = "請輸入年齡 ? "
5      title = "ch7_3"
6      age = InputBox(msg, title)
7      rule1 = "你年齡太小須滿20歲才可以購買菸酒"
8      rule2 = "歡迎購買菸酒"
9      If age < 20 Then
10         MsgBox rule1
11     Else
12         MsgBox rule2
13     End If
14  End Sub
```

執行結果　

註　對於 If … Then … Else … End If，也可以用單列表達，這時語法如下：

　　If (條件判斷) Then 程式碼區塊 1 Else 程式碼區塊 2

　　坦白說上述語法有一點太擠了，不容易閱讀，所以筆者沒有單獨章節說明，下列是此種語法的實例。

程式實例 ch7_4.xlsm：使用單列表達 If … Then … Else … End If，重新設計 ch7_3. xlsm。

```
1   Public Sub ch7_4()
2       Dim msg As String, title As String
3       Dim age As Integer
4       msg = "請輸入年齡 ? "
5       title = "ch7_4"
6       age = InputBox(msg, title)
7       rule1 = "你年齡太小須滿20歲才可以購買菸酒"
8       rule2 = "歡迎購買菸酒"
9       If age < 20 Then MsgBox rule1 Else MsgBox rule2
10  End Sub
```

執行結果　與 ch7_3.xlsm 相同。

7-3　多個條件判斷 If ... Then ... Elseif … Else … End If

　　這是一個多重判斷，程式設計時需要多個條件作比較時就比較有用，例如：在美國成績計分是採取 A、B、C、D、F … 等，通常 90-100 分是 A，80-89 分是 B，70-79 分是 C，60-69 分是 D，低於 60 分是 F。若是使用 VBA 可以用這個敘述，很容易就可以完成這個工作。這個敘述的基本語法如下：

　　If (條件判斷 1) Then
　　　　程式碼區塊 1
　　Elseif (條件判斷 2) Then

```
          程式碼區塊 2
      Elseif ( 條件判斷 3) Then
          程式碼區塊 3
       …
      Else
          程式碼區塊 n
      End If
```

　　上述觀念是，如果條件判斷 1 是 True 則執行程式碼區塊 1，然後離開條件判斷。否則檢查條件判斷 2，如果是 True 則執行程式碼區塊 2，然後離開條件判斷。如果條件判斷是 False 則持續進行檢查；上述 Elseif 的條件判斷可以不斷擴充，如果所有條件判斷是 False 則執行程式碼 n 區塊。下列流程圖是假設只有 2 個條件判斷說明這個 if … elif … else 敘述。

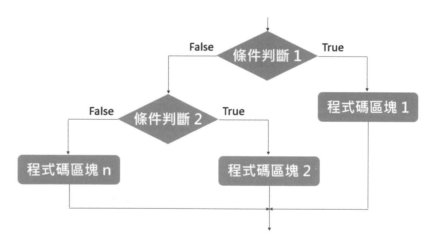

程式實例 ch7_5.py：請輸入數字分數，程式將回應 A、B、C、D 或 F 等級。

```
1   Public Sub ch7_5()
2       Dim msg As String, title As String
3       Dim sc As Integer
4       title = "ch7_5"
5       msg = "請輸入分數 ？ "
6       sc = InputBox(msg, title)
7       If sc >= 90 Then
8           MsgBox "成績 A"
9       ElseIf sc >= 80 Then
10          MsgBox "成績 B"
11      ElseIf sc >= 70 Then
12          MsgBox "成績 C"
13      ElseIf sc >= 60 Then
```

```
14          MsgBox "成績 D"
15      Else
16          MsgBox "成績 F"
17      End If
18  End Sub
```

執行結果

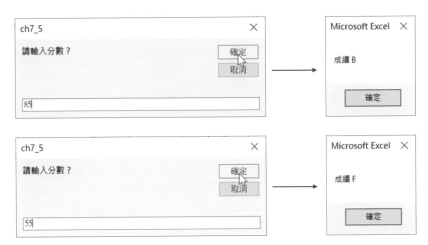

7-4　多層條件 If 判斷

　　所謂的多層條件判斷是指 If 敘述內有 If 敘述，下列將以一個實例解說，讀者可以仔細了解多層條件判斷的用法。

程式實例 ch7_6.xlsm：溫度如果大於或等於 0 度，則比較溫度是否大於或等於 30 度，如果是則輸出 " 天氣很熱 "。溫度如果小於 0 度，則比較溫度是否小於或等於 -10 度，如果是則輸出 " 天氣酷寒 "。

```
1   Public Sub ch7_6()
2       Dim msg, title As String
3       Dim temperature As Single
4       title = "ch7_6"
5       msg = "請輸入溫度 ? "
6       temperature = InputBox(msg, title)
7       If temperature >= 0 Then
8           If temperature >= 30 Then MsgBox "天氣很熱"
9       Else
10          If temperature <= -10 Then MsgBox "天氣酷寒"
11      End If
12  End Sub
```

執行結果

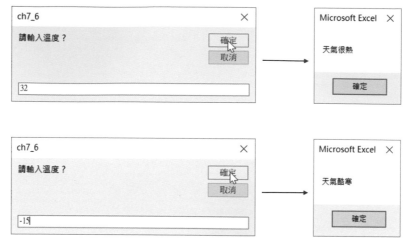

上述第 7 ~ 11 列是外層 If，第 8 和 10 列是內層 If。

7-5 Select Case 敘述

Select Case 主要是改良 7-3 節的多個條件判斷，他的語法如下：

```
Select Case index
    Case 值 1
        程式碼區塊 1
    Case 值 2
        程式碼區塊 2
    …
    Case Else
        程式碼區塊 n
End Select
```

在上述語法中 index 可以是變數或是表達式，由這個變數或表達式的值判斷應該執行那一個 Case，如果全部不符合就執行 Case Else 的程式碼區塊 n。在上述語法中，值 1、值 2、…等，可以是下列格式。

1： 常數，例如：5。或是字串，例如：" 名稱 "。

2： 數據範圍，例如：3 To 9。

3： 滿足某個條件 >、>=、<、<=、=、<> 的 Is 關係表達式。

程式實例 ch7_7.xlsm：使用 Select Case 重新設計 ch7_5.xlsm。

```
1   Public Sub ch7_7()
2       Dim msg As String, title As String
3       Dim sc As Integer
4       title = "ch7_7"
5       msg = "請輸入分數 ？ "
6       sc = InputBox(msg, title)
7       Select Case sc
8           Case Is >= 90
9               MsgBox "成績 A"
10          Case Is >= 80
11              MsgBox "成績 B"
12          Case Is >= 70
13              MsgBox "成績 C"
14          Case Is >= 60
15              MsgBox "成績 D"
16          Case Else
17              MsgBox "成績 F"
18      End Select
19  End Sub
```

執行結果 與 ch7_5.xlsm 相同。

上述第 8、10、12、14 列可以看到 Is，Is 是關鍵字，用於比較運算，產生邏輯 True 或 False 的結果，由此結果再判斷是否執行下一列指令。

若是將上述程式與 ch7_5.xlsm 比較，讀者應該感覺上述程式比較容易理解。

程式實例 ch7_8.xlsm：在 Select Case 內使用 xx To xx 取代 Is >= xx 敘述，重新設計 ch7_7.xlsm，讀者可以參考第 8、10、12 和 14 列。

```
1   Public Sub ch7_8()
2       Dim msg As String, title As String
3       Dim sc As Integer
4       title = "ch7_8"
5       msg = "請輸入分數 ？ "
6       sc = InputBox(msg, title)
7       Select Case sc
8           Case 90 To 100
9               MsgBox "成績 A"
10          Case 80 To 89
11              MsgBox "成績 B"
12          Case 70 To 79
13              MsgBox "成績 C"
14          Case 60 To 69
15              MsgBox "成績 D"
16          Case Else
17              MsgBox "成績 F"
18      End Select
19  End Sub
```

執行結果　與 ch7_5.xlsm 相同。

程式實例 ch7_9.xlsm：輸入表現然後列出可以獲得的獎金，這個程式更重要的是對於值 1、值 2、…等，使用常數、數值範圍與條件式觀念設計，方便讀者體會 Select Case 的內涵。

```
1   Public Sub ch7_9()
2       Dim msg As String, title As String
3       Dim performance As Integer, bonus As Long
4       title = "ch7_9"
5       msg = "請輸入表現 ? 10代表最好, 0代表最差"
6       performance = InputBox(msg, title)
7       Select Case performance
8           Case 10
9               bonus = 50000
10              MsgBox "獎金 " & bonus
11          Case 7 To 9
12              bonus = 35000
13              MsgBox "獎金 " & bonus
14          Case 4, 5, 6
15              bonus = 25000
16              MsgBox "獎金 " & bonus
17          Case Is < 4
18              bonus = 1000
19              MsgBox "獎金 " & bonus
20          Case Else
21              MsgBox "輸入錯誤"
22      End Select
23  End Sub
```

執行結果

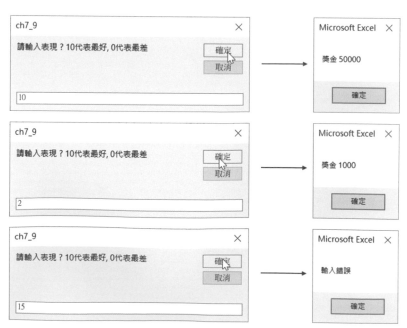

7-6 Choose

這是一個函數，可以從清單的參數回傳一個值，此函數語法如下：

Choose(index, value1, [value2, … value_n])

在上述參數中 index 和 value1 是必須的，value2, … value_n 則是選用，如果 index 是 1 則回傳 value1，如果 index 是 2 則回傳 value2，可以依此類推。

程式實例 ch7_10.xlsm：輸入 1 – 4 之間的值，然後回傳春季、夏季、秋季、冬季，如果輸入其他值則回傳輸入錯誤，此程式也設定了預設值是 1。

```
1  Public Sub ch7_10()
2      Dim index As Integer
3      index = InputBox("請輸入 1 - 4 之間的值", "ch7_10", "1")
4      If index >= 1 Or index <= 4 Then
5          MsgBox Choose(index, "春季", "夏季", "秋季", "冬季")
6      Else
7          MsgBox "輸入錯誤"
8      End If
9  End Sub
```

執行結果

7-7 Switch( )

Switch( ) 是一個選擇函數，每一組評估運算式皆有一個回應的值，因為 Select Case 已經很好用了，所以目前比較少使用，基本語法如下：

Switch(expression1, value1, [expression2, value2, …])

expression1：必要，這是評估的運算式。

value1：必要，如果是 expression1 則回傳此值。

experssion2 或更多：選用，這是評估的運算式。

value2 或更多：選用，依據評估的運算式回傳的值。

程式實例 ch7_11.xlsm：依據輸入回應首都名稱。

```
1   Public Sub ch7_11()
2       Dim country As String
3       Dim city As String
4
5       country = InputBox("請輸入國家 : ", "ch7_11")
6       city = Switch(country = "日本", "東京", _
7                     country = "美國", "華盛頓", _
8                     country = "英國", "倫敦")
9       rtn = MsgBox(country & " 首都是 " & city, vbOKOnly, "ch7_11")
10  End Sub
```

執行結果

第八章

陣列與程式迴圈控制

8-1　認識陣列

在 Excel VBA 中，陣列 (array) 是一種非常有用的數據結構，基本觀念是由一系列相同類型元素所組成，允許您在單一變數名下儲存多個值。陣列可以是一維的，也可以是多維的，如二維或三維等。使用陣列可以有效地處理大量數據，進行數據分析，或者在 Excel 工作表中進行複雜的操作。如果現在我們要設計班上同學的成績表，班上有 50 位同學，可能需要設計 50 個變數，這是一件麻煩的事。如果學校單位要設計所有學生的資料庫，學生人數有 1000 人，需要 1000 個變數，這似乎是不可能的事。應用陣列資料型態，可以只用一個變數，解決這方面的問題，要存取時可以用陣列名稱加上索引值即可，這也是本節的主題，下列是陣列示意圖。

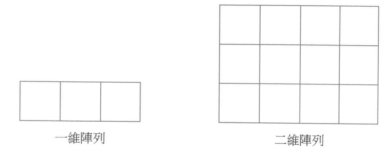

一維陣列　　　　　　　　　二維陣列

註　Excel VBA 的 Variant 資料型態也支援使用不同的資料類型建立陣列，可以參考 8-1-3 節。

8-1-1　宣告一維陣列

宣告陣列語法如下：

> Dim 陣列名稱 (陣列上限與下限) As 資料類型

下列是宣告一個 dayExpense 整數的陣列變數，長度是 10。

> Dim dayExpense(9) As Integer

因為陣列預設是從索引 0 開始，所以上述是宣告索引 0 到索引 9 的陣列變數 dayExpense，也就是說陣列的第一筆元素索引值是 0，第二筆元素索引值是 1，其他依此類推。一旦定義了陣列，就可以使用索引來存取或修改陣列中的元素，如果要設定陣列變數內容，可以使用小括號加上索引值，可以參考下列實例：

dayExpense(0) = 100	' 將第一個元素設定為 100
Dim expense As Integer	' 設定整數變數 expense
expense = dayExpense(0)	' 讀取第一個元素的值到變數 expense
dayExpense(i) = data	

程式實例 ch8_1.xlsm:基本陣列的操作,輸出陣列索引 1 的內容。

```
1  Public Sub ch8_1()
2      Dim dayExpense(9) As Integer
3      dayExpense(0) = 200
4      dayExpense(1) = 250
5      dayExpense(2) = 300
6      MsgBox dayExpense(1)
7  End Sub
```

執行結果

上述執行後第 2 與 5 列的變數的記憶體畫面分別如下,所以執行第 6 列後可以得到 250。

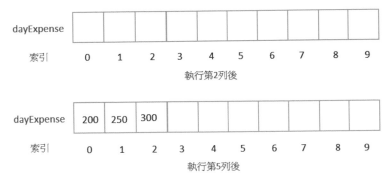

讀者可以試著更改第 6 列的索引為 0 或 2,可以體會基本陣列的操作。

8-1-2 變更索引下限

Excel VBA 索引的下限預設是 0,如果要變更索引下限為 1,可以使用下列方式:

```
Option Base 1                    ' 必須放在模組第一列
Dim dayExpense(10) As Integer
```

對於上述陣列變數而言，內容是從索引 1 到索引 10。

程式實例 ch8_2.xlsm：使用 Option Base 定義陣列索引下限。

```
1  Option Base 1
2  Public Sub ch8_2()
3      Dim dayExpense(10) As Integer
4      dayExpense(1) = 200
5      dayExpense(2) = 250
6      dayExpense(3) = 300
7      MsgBox dayExpense(1)
8  End Sub
```

執行結果

此外，也可以使用下列語句設定索引下限與上限，從 1 到 10。

Dim dayExpense(1 to 10) As Integer

程式實例 ch8_3.xlsm：使用不同方式定義索引下限，重新設計 ch8_2.xlsm。

```
1  Public Sub ch8_3()
2      Dim dayExpense(1 To 10) As Integer
3      dayExpense(1) = 200
4      dayExpense(2) = 250
5      dayExpense(3) = 300
6      MsgBox dayExpense(1)
7  End Sub
```

執行結果　與 ch8_2.xlsm 相同。

8-1-3　Variant 資料類型的陣列

我們也可以將資料宣告為 Variant 類型的陣列，此類的陣列可以存放不同的資料。下列兩種宣告方式意義一樣。

Dim myData As Variant

或

Dim myData

程式實例 ch8_4.xlsm：Variant 資料類型的陣列，一個陣列有不同資料類型。

```
1  Public Sub ch8_4()
2      Dim myData(5) As Variant
3      myData(0) = 99
4      myData(1) = "台北"
5      myData(2) = "2021/10/15"
6      MsgBox myData(0)
7      MsgBox myData(1)
8      MsgBox myData(2)
9  End Sub
```

執行結果

對於 Variant 資料而言，VBA 有提供 Array( ) 函數，可以用直接輸入一系列資料方式建立一個陣列，可以參考下列實例。

程式實例 ch8_5.xlsm：重新設計 ch8_4.xlsm，使用 Array( ) 函數定義陣列資料。

```
1  Public Sub ch8_5()
2      Dim myData As Variant
3      myData = Array(99, "台北", "2021/10/15")
4      MsgBox myData(0)
5      MsgBox myData(1)
6      MsgBox myData(2)
7  End Sub
```

執行結果　與 ch8_4.xlsm 相同。

8-1-4　多維陣列

VBA 最多可以提供宣告 60 個維度的陣列，下列是宣告一個 3 x 4 的二維陣列，註：因為索引是從 0 開始，所以下列建立時是用 x(2, 3)，x 是二維陣列變數。

　　　Dim x(2, 3) As Integer

上述第一個參數代表列 (row)，第二個參數代表行 (col)，和變數宣告觀念一樣，如果未指明資料型態則資料型態是 Variant。

程式實例 ch8_6.xlsm：二維陣列的設定與輸出。

```
1  Public Sub ch8_6()
2      Dim x(1, 1) As Variant
3      x(0, 0) = 1
4      x(1, 0) = 2
5      x(0, 1) = 3
6      x(1, 1) = 4
7      MsgBox x(0, 0)
8      MsgBox x(1, 1)
9  End Sub
```

執行結果

也可以使用下列方式設定每個陣列維度的索引下限與上限。

Dim x(1 to 3, 1 to 4) As Integer

從上述可知第一維陣列的索引下限是 1、上限是 3，第二維陣列的索引下限是 1、上限是 4。

程式實例 ch8_7.xlsm：以自定索引上限與下限方式設定二維陣列。

```
1  Public Sub ch8_7()
2      Dim city(1 To 2, 1 To 3) As String
3      city(1, 1) = "台北"
4      city(2, 3) = "北京"
5      MsgBox city(1, 1)
6      MsgBox city(2, 3)
7  End Sub
```

執行結果

如果要訂更高維陣列，可以使用上述觀念繼續擴充。

   Dim x(1 to 3, 1 to 4, 1 to 5) As Integer

上述第三維陣列索引下限是 1、上限是 5。

8-1-5　動態陣列

  在 Excel VBA 中，所謂的動態陣列是宣告時不固定大小的陣列，程式執行期間根據需要調整其大小。也就是說，這是指一個大小可以變動的陣列，尤其適用於事先不知道需要儲存多少元素的情況，這種方式可以節省記憶體空間，同時讓程式執行速度增快。動態陣列的宣告方式是，使用 Dim 宣告陣列時先不要宣告陣列大小，也就是先不要宣告索引值範圍，在要使用陣列時執行 ReDim 再宣告陣列大小。下列是宣告實例，正式的程式實例可以參考 8-1-7 節。

   Dim city( ) As String　　　　　　　' 宣告動態陣列 city
   …
   ReDim city(2)　　　　　　　　　　' 初始化動態陣列大小是 2

8-1-6　LBound( ) 和 UBound( ) 函數

  LBound( ) 函數可以回傳陣列索引下限值和 UBound( ) 函數可以回傳陣列索引上限值。

程式實例 ch8_8.xlsm：列出陣列下限值與上限值。

```
1  Public Sub ch8_8()
2      Dim data() As Integer
3
4      MsgBox "LBound = " & LBound(data) & "UBound = " & UBound(data)
5  End Sub
```

執行結果　因為沒有定義陣列大小，所以列出陣列索引超出範圍的錯誤。

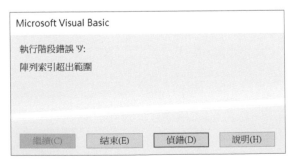

程式實例 ch8_9.xlsm：重新設計前一個程式，列出陣列的下限值與上限值。

```
1  Public Sub ch8_9()
2      Dim data() As Integer
3
4      ReDim data(3)
5      MsgBox "LBound = " & LBound(data) & vbCrLf & "UBound = " & UBound(data)
6  End Sub
```

執行結果

8-1-7　Preserve

Excel VBA 在預設情況使用 ReDim 更改陣列大小時，原先陣列內容會被刪除，這時程式執行速度會比較快。如果希望可以保留原先陣列資料，可以在宣告動態陣列時增加 Preserve 指令，如下所示：

ReDim Preserve data(3)

程式實例 ch8_9_1.xlsm：沒有使用 Preserve，更改陣列大小時，原 school(1) 資料明志工專已被刪除。

```
1  Public Sub ch8_9_1()
2      Dim school() As String
3      ReDim school(2)
4      school(1) = "明志工專"
5      ReDim school(5)
6      school(5) = "明志科技大學"
7      MsgBox school(1) & vbCrLf & school(5)
8  End Sub
```

執行結果

程式實例 **ch8_9_2.xlsm**：使用 Preserve 指令，重新設計 ch8_9_1.xlsm。

```
1  Public Sub ch8_9_2()
2      Dim school() As String
3      ReDim school(2)
4      school(1) = "明志工專"
5      ReDim Preserve school(5)
6      school(5) = "明志科技大學"
7      MsgBox school(1) & vbCrLf & school(5)
8  End Sub
```

執行結果

8-1-8　Erase

　　動態陣列使用完成，未來如果不需要時可以使用 Erase 指令刪除此動態陣列，使用方法如下所示：

　　Erase data

8-1-9　關聯式陣列

　　一般陣列是以數字作為索引，Excel VBA 有提供以字串 (或是稱鍵 key) 作為索引這就是所謂的關聯式陣列。關聯式陣列是一種特殊類型的數據結構，它儲存的數據項可以透過唯一的鍵（Key）來存取，而不是透過數據項在陣列中的索引。這種類型的陣列在 VBA 中是透過 Collection 物件，來完成存取。關聯式陣列語法定義如下：

　　Dim 變數名稱 As New Collection

　　為關聯式陣列增加屬性內容必須使用 Add 屬性，假設變數名稱是 obj，此 Add 屬性基本語法如下：

　　obj.Add Item:="Item value", Key:="Item key"

　　上述 item 是內容，key 是字串索引。

程式實例 ch8_9_3.xlsm：關聯式陣列的基本應用。

```
1  Public Sub ch8_9_3()
2      Dim info As New Collection
3      info.Add Item:="東京", Key:="日本"
4      info.Add Item:="華盛頓", Key:="美國"
5
6      ' 透過 Key 存取
7      Dim itemvalue As String
8      itemvalue = info("美國")
9      MsgBox "美國首都是 : " & itemvalue
10 End Sub
```

執行結果

關聯式陣列的優點是：

● 快速存取：通過鍵來存取項目通常比索引更快，尤其是在處理大量數據時。

● 易於管理：「鍵 - 值」對，使得數據管理更加直觀，易於理解和維護。

● 靈活性：可以輕鬆地新增、刪除或修改項目，而不需要關心數據結構的物理布局。

關聯式陣列適用於需要快速查找、更新和管理數據項的場景，特別是當數據集合中的元素是非順序的或者需要透過特定的鍵來進行檢索時。例如，在處理從工作表讀取的數據並需要根據某些特定欄位，例如：員工編號，快速存取這些數據時，使用關聯式陣列會非常有效。

8-1-10　IsArray( ) 回應是否陣列資料

IsArray( ) 函數可以判斷參數是不是陣列資料，語法如下：

IsArray(variable)

如果 variable 是陣列資料回傳 True，否則回傳 False。

程式實例 ch8_9_4.xlsm：回傳變數是否陣列資料。

```
1  Public Sub ch8_9_4()
2      Dim x, y, z
3      x = "abcde"
4      y = Array("King", "Queen", "A")
5      z = 100
6      MsgBox "x IsArray result : " & IsArray(x)
7      MsgBox "y IsArray result : " & IsArray(y)
8      MsgBox "z IsArray result : " & IsArray(z)
9  End Sub
```

執行結果

8-2 For … Next

For … Next 迴圈是一種基礎的迴圈結構，用來固定次數地重複執行一系列指令。當你「事先知道需要執行迴圈的次數時」，使用這種迴圈非常合適。基本流程觀念如下：

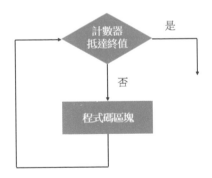

8-2-1 基礎語法

For … Next 指令是重複執行指定的次數，基本語法如下：

For counter = start To end [step n]
　　程式碼區塊
Next [counter]

　　上述 step n 是選項，主要是迴圈計數器的遞增或遞減的值，預設 n 是 1，如果 n 是正值每執行一次迴圈計數器是遞增，如果 n 是負值則計數器是遞減。如果 n 值是正值或是 0，則只要計數器每執行一次計數器會加上 n，此時只要計數器小於或等於最終值迴圈就會繼續。如果 n 值是負值，則只要計數器每執行一次計數器會加上 n(相當於計數器值會遞減)，此時只要計數器大於或等於最終值迴圈就會繼續。

註　上述語法的「[counter]」可以省略。

程式實例 ch8_10.xlsm：計算 1 至 100 的總和。

```
1   Public Sub ch8_10()
2       Dim i As Integer, total As Integer
3       For i = 1 To 100
4           total = total + i
5       Next
6       MsgBox "1 + ... + 100 = " & total
7   End Sub
```

執行結果

```
Microsoft Excel            ×

1 + ... + 100 = 5050

        確定
```

程式實例 ch8_11.xlsm：計算 1 + 3 + ⋯ + 97 + 99 之總和。

```
1   Public Sub ch8_11()
2       Dim i As Integer, total As Integer
3       For i = 1 To 99 Step 2
4           total = total + i
5       Next
6       MsgBox "1 + ... + 99 = " & total
7   End Sub
```

執行結果

```
Microsoft Excel       ×

1 + ... + 99 = 2500

      確定
```

8-2-2 Next [計數器]

請參考下列語法:

> For counter = start To end [step n]
>> 程式碼區塊
> Next [counter]

For Next 語法也支援在迴圈 Next 指令末端加上計數器 [counter]。

程式實例 ch8_12.xlsm:在迴圈 Next 指令末端加上計數器 [counter]。

```
1  Public Sub ch8_12()
2      Dim i As Integer, total As Integer
3      For i = 1 To 100
4          total = total + i
5      Next i
6      MsgBox "1 + ... + 100 = " & total
7  End Sub
```

執行結果

其實第 5 列在 Next 右邊加上計數器 i,優點是可以標註這個 For 迴圈的計數器。特別是如果在多層迴圈的應用中,可以讓程式容易解讀,可以參考 8-2-4 節。

8-2-3 Exit For

For … Next 迴圈內如果有 Exit For 指令,當執行到 Exit For 時,可以提前離開 For … Next 迴圈,它會立即停止當前迴圈內的執行,並從迴圈後的第一列程式碼繼續執行。這對於當滿足某些條件時不再需要繼續迴圈中的其餘迭代非常有用,可以提高程式的效率和執行速度。此時語法如下:

```
For counter = start To end [step n]
    程式碼區塊 1
    If condition Then
        [Exit For]
    End If
    程式碼區塊 2
Next [counter]
下一道指令
```

Exit For 通常用在以下幾種情境：

- 當在迴圈中找到了所需的資料或達成了某個特定條件，並且不需要繼續迴圈的剩餘部分。

- 出於效率考量，需要避免不必要的迴圈迭代。

- 需要根據特定的錯誤或異常條件提前結束迴圈執行。

程式實例 ch8_13.xlsm：猜數字遊戲，可以猜 10 次，當猜對後會出現對話方塊顯示所用次數。

```
1  Public Sub ch8_13()
2      Dim i As Integer, ans As Integer, guess As Integer
3
4      ans = 6
5      For i = 1 To 10
6          guess = InputBox("請猜一個數字 ？ ", "ch8_13")
7          If guess = ans Then
8              Exit For
9          End If
10     Next i
11     If guess = ans Then
12         MsgBox ("恭喜答對了, 你猜了 " & i & " 次")
13     Else
14         MsgBox ("答錯了, 你猜了 " & i - 1 & " 次")
15     End If
16 End Sub
```

執行結果

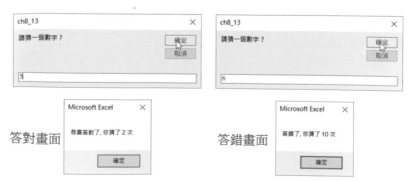

答對畫面　　　　　　　　　　答錯畫面

註 1：Exit For 只能用在 For … Next 迴圈內部，如果用在迴圈外部會有程式編譯錯誤。

註 2：如果有多層迴圈，Exit For 只會退出最內層的迴圈，可參考下一小節。

8-2-4 多層 For … Next 迴圈

For … Next 迴圈內也可以有 For … Next 迴圈，這稱多層的迴圈，基本觀念如下：

```
For i = 1 To 9
    For j = 1 To 9
        For k = 1 to 9
…
        Next k
    Next j
Next i
```

上述多層迴圈，又稱「嵌套迴圈」，

程式實例 ch8_14.xlsm：在儲存格內列印 9 x 9 乘法表。

```
1  Public Sub ch8_14()
2      Dim i As Integer, j As Integer
3
4      For i = 1 To 9
5          For j = 1 To 9
6              Cells(i, j) = i & "*" & j & "=" & i * j
7          Next j
8      Next i
9  End Sub
```

執行結果

	A	B	C	D	E	F	G	H	I
1	1*1= 1	1*2= 2	1*3= 3	1*4= 4	1*5= 5	1*6= 6	1*7= 7	1*8= 8	1*9= 9
2	2*1= 2	2*2= 4	2*3= 6	2*4= 8	2*5= 10	2*6= 12	2*7= 14	2*8= 16	2*9= 18
3	3*1= 3	3*2= 6	3*3= 9	3*4= 12	3*5= 15	3*6= 18	3*7= 21	3*8= 24	3*9= 27
4	4*1= 4	4*2= 8	4*3= 12	4*4= 16	4*5= 20	4*6= 24	4*7= 28	4*8= 32	4*9= 36
5	5*1= 5	5*2= 10	5*3= 15	5*4= 20	5*5= 25	5*6= 30	5*7= 35	5*8= 40	5*9= 45
6	6*1= 6	6*2= 12	6*3= 18	6*4= 24	6*5= 30	6*6= 36	6*7= 42	6*8= 48	6*9= 54
7	7*1= 7	7*2= 14	7*3= 21	7*4= 28	7*5= 35	7*6= 42	7*7= 49	7*8= 56	7*9= 63
8	8*1= 8	8*2= 16	8*3= 24	8*4= 32	8*5= 40	8*6= 48	8*7= 56	8*8= 64	8*9= 72
9	9*1= 9	9*2= 18	9*3= 27	9*4= 36	9*5= 45	9*6= 54	9*7= 63	9*8= 72	9*9= 81

8-3 Do … Loop

Do Loop 迴圈提供了一種更靈活的迴圈結構，允許在一個或多個條件成立時重複執行一系列指令。Do Loop 迴圈可以根據條件在迴圈的開始或結束時進行評估，這使得它適合於那些「事先不知道需要迭代多少次的情況」。這個迴圈控制，有一些變化可以參考下列各小節。

8-3-1 Do While … Loop

基本語法如下：

```
Do While 條件判斷
    …
Loop
```

程式實例 ch8_15.xlsm：使用 Do While … Loop 計算 1 + 2 + … + 100 之總和。

```
1  Public Sub ch8_15()
2      Dim i As Integer, total As Integer
3      i = 1
4      total = 0
5      Do While i <= 100
6          total = total + i
7          i = i + 1
8      Loop
9      MsgBox ("1 + 2 + ... + 100 = " & total)
10 End Sub
```

執行結果

```
Microsoft Excel          ×

1 + 2 + … + 100 = 5050

      確定
```

其實當宣告 total 為整數後，預設值就是 0，所以也可以省略第 4 列。Do … Loop 迴圈與 For … Next 迴圈的差異在於我們必須更新迴圈指標，對上述實例而言 i 是迴圈計數器指標，第 7 列是更新迴圈計數器指標。第 5 列的 While 會執行條件判斷，然後決定此 Do … Loop 是否繼續執行。

8-3-2 Do … Loop While

基本語法如下：

```
Do
    …
Loop While 條件判斷
```

上述語法會由 Loop While 右邊的條件判斷決定迴圈是否繼續。

程式實例 ch8_16.xlsm：使用 Do … Loop While 計算 1 + 2 + … + 100 之總和。

```
1  Public Sub ch8_16()
2      Dim i As Integer, total As Integer
3      Do
4          i = i + 1
5          total = total + i
6      Loop While i < 100
7      MsgBox ("1 + 2 + ... + 100 = " & total)
8  End Sub
```

執行結果　與 ch8_15.xlsm 執行結果相同。

8-3-3 Do Until … Loop

基本語法如下：

```
Do Until 條件判斷
    …
Loop
```

上述語法會由 Do Until 右邊的條件判斷決定迴圈是否繼續。

程式實例 ch8_17.xlsm：使用 Do Until … Loop 計算 1 + 2 + … + 100 之總和。

```
1  Public Sub ch8_17()
2      Dim i As Integer, total As Integer
3      Do Until i = 100
4          i = i + 1
5          total = total + i
6      Loop
7      MsgBox ("1 + 2 + ... + 100 = " & total)
8  End Sub
```

執行結果　與 ch8_15.xlsm 執行結果相同。

8-3-4 Do … Loop Until

基本語法如下：

```
Do
    …
Loop Until 條件判斷
```

上述語法會由 Loop Until 右邊的條件判斷決定迴圈是否繼續。

程式實例 ch8_18.xlsm：使用 Do … Loop Until 計算 1 + 2 + … + 100 之總和。

```
1  Public Sub ch8_18()
2      Dim i As Integer, total As Integer
3      Do
4          i = i + 1
5          total = total + i
6      Loop Until i = 100
7      MsgBox ("1 + 2 + ... + 100 = " & total)
8  End Sub
```

執行結果 與 ch8_15.xlsm 執行結果相同。

8-3-5 Exit Do

8-2-3 節的 Exit For 指令可以跳離開 For 迴圈，Exit Do 則是可以跳離開 Do 迴圈。

程式實例 ch8_19.xlsm：使用 Exit Do 觀念重新設計 ch8_13.xlsm。

```
1  Public Sub ch8_19()
2      Dim i As Integer, ans As Integer, guess As Integer
3      ans = 6
4      i = 1
5      Do While i <= 10
6          guess = InputBox("請猜一個數字 ? ", "ch8_13")
7          If guess = ans Then
8              Exit Do
9          End If
10         i = i + 1
11     Loop
12     If guess = ans Then
13         MsgBox ("恭喜答對了，你猜了 " & i & " 次")
14     Else
15         MsgBox ("答錯了，你猜了 " & i - 1 & " 次")
16     End If
17 End Sub
```

執行結果 與 ch8_13.xlsm 執行結果相同。

8-4 While … Wend

在 Excel VBA 中，While...Wend 迴圈是一種基本的迴圈結構，用於在某個條件成立的情況下重複執行一組語句。這種迴圈結構比較簡單，主要用於執行次數不確定，但是以某個條件為基礎來決定是否繼續執行迴圈的情況。While 迴圈的語法如下：

> While 條件判斷
>
> ...
>
> 程式碼區塊
>
> ...
>
> Wend

條件判斷是一個邏輯表達式，如果該表達式為真（True），則迴圈內的程式碼會被執行，每次迴圈開始前都會檢查這個條件。迴圈內要執行的程式碼區塊，這部分是在條件成立時需要重複執行的程式碼。

程式實例 ch8_20.xlsm：使用即時視窗列出迴圈的計數器值。

```
1  Public Sub ch8_20()
2      Dim i As Integer
3      While i < 5
4          i = i + 1
5          Debug.Print "i = " & i
6      Wend
7  End Sub
```

執行結果

8-5 For Each … Next

在 Excel VBA 中，For Each...Next 迴圈是一種特別用於遍歷集合或陣列中的每一個元素的迴圈結構。這種迴圈對於處理諸如 Excel 工作表中的範圍、工作表集合、或是任何其他集合物件中的元素非常有用。使用 For Each...Next 迴圈可以簡化對集合中所有元素的訪問和操作的程式碼。

8-5-1 使用 For … Next 計算陣列總和

在正式使用 For Each … Next 迴圈前，筆者先介紹使用 8-2 節的 For … Next 計算陣列總和。

程式實例 ch8_21.xlsm：使用 For … Next 計算陣列總和。

```
1  Public Sub ch8_21()
2      Dim i As Integer, total As Integer
3      Dim num
4      num = Array(5, 10, 15)
5      For i = LBound(num) To UBound(num)
6          total = total + num(i)
7      Next
8      MsgBox total
9  End Sub
```

執行結果

8-5-2 For Each … Next

這個迴圈的語法如下：

```
For Each 集合的元素 In 集合
    程式碼區塊
Next [ 集合的元素 ]
```

上述會迭代集合內所有元素。

程式實例 ch8_22.xlsm：使用 For Each … Next 語法重新計算陣列總和，讀者可以發現
程式碼簡潔許多。

```
1  Public Sub ch8_22()
2      Dim num
3      Dim total As Integer
4      num = Array(5, 10, 15)
5      For Each n In num
6          total = total + n
7      Next
8      MsgBox total
9  End Sub
```

執行結果 與 ch8_21.xlsm 執行結果相同。

上述所謂的集合，其實也可以包含儲存格區間，我們可以將此多個儲存格組成的
儲存格區間稱儲存格的集合。若是所設計的應用程式開啟了多個活頁簿，我們也可以
將所有開啟的活頁簿稱活頁簿集合。或是應用程式內含多個工作表，也可以將所有開
啟的工作表稱工作表集合。

程式實例 ch8_22_1.xlsm：計算 B2:B7 儲存格區間的業績總和並將結果放在 B8。

```
1  Public Sub ch8_22_1()
2      Dim c As Range, rng As Range
3      Dim total As Long
4
5      Set rng = Range("B2:B7")
6      For Each c In rng
7          total = total + c.Value  ' 加總業績
8      Next c
9      Cells(8, 2) = total          ' 輸出至 B8
10 End Sub
```

執行結果

	A	B
1	業績表	金額
2	一月	98000
3	二月	77000
4	三月	69000
5	四月	92000
6	五月	79000
7	六月	93000
8	總計	

→

	A	B
1	業績表	金額
2	一月	98000
3	二月	77000
4	三月	69000
5	四月	92000
6	五月	79000
7	六月	93000
8	總計	508000

8-6 實作應用

8-6-1 在儲存格區間輸出字串

程式實例 ch8_23.xlsm：在儲存格區間輸出字串。

```
1  Public Sub ch8_23()
2      Const king As String = "王者歸來"
3      Dim i As Integer
4      For i = 1 To 5
5          Cells(i, 1) = king
6      Next i
7  End Sub
```

執行結果

	A	B	C
1	王者歸來		
2	王者歸來		
3	王者歸來		
4	王者歸來		
5	王者歸來		

8-6-2 陣列的複製

程式實例 ch8_24.xlsm：陣列複製與輸出驗證，這個程式會輸出複製陣列的索引 0，也就是「明志工專」。

```
1  Public Sub ch8_24()
2      Dim school(3) As String
3      Dim myschool As Variant

4      school(0) = "明志工專"
5      school(1) = "明志科技大學"
6      school(2) = "長庚大學"
7      myschool = school            ' 複製陣列
8      MsgBox myschool(0)
9  End Sub
```

執行結果

Microsoft Excel　✕

明志工專

確定

8-6-3 使用 For 迴圈在儲存格區間填入資料

程式實例 ch8_25.xlsm：使用 For 迴圈在儲存格區間填入資料。

```
1   Public Sub ch8_25()
2       Dim i As Integer, j As Integer
3       For i = 1 To 6
4           Cells(i, 1) = "Excel"
5           For j = 6 To 2 Step -1
6               Cells(i, j) = j
7           Next j
8       Next i
9       For i = 1 To 6
10          Cells(6, i) = "VBA"
11      Next i
12  End Sub
```

執行結果

	A	B	C	D	E	F
1	Excel	2	3	4	5	6
2	Excel	2	3	4	5	6
3	Excel	2	3	4	5	6
4	Excel	2	3	4	5	6
5	Excel	2	3	4	5	6
6	VBA	VBA	VBA	VBA	VBA	VBA

8-6-4 為儲存格區間填上顏色

Excel 的 Interior.ColorIndex 可以設定色彩，可以利用這個特性為儲存格填上色彩，讀者也可以利用這個程式了解色彩索引值實際的顏色。

程式實例 ch8_26.xlsm：為儲存格區間填上顏色與色彩索引值。

```
1   Public Sub ch8_26()
2       Dim row As Integer, col As Integer
3       Dim counter As Integer
4       counter = 1
5       For row = 1 To 7
6           For col = 1 To 8
7               Cells(row, col).Interior.ColorIndex = counter
8               Cells(row, col).Value = (row - 1) * 7 + col
9               counter = counter + 1
10          Next col
11      Next row
12  End Sub
```

執行結果

	A	B	C	D	E	F	G	H
1		2	3	4	5	6	7	8
2		9	10	11	12	13	14	15
3	15	16	17	18	19	20	21	22
4	22	23	24	25	26		28	29
5	29	30	31	32	33	34	35	36
6	36	37	38	39	40	41	42	43
7	43	44		46	47	48	49	

8-6-5　為分數填上成績

程式實例 ch8_27.xlsm：為系列分數填上成績。

```
1  Public Sub ch8_27()
2      Dim i As Integer
3      For i = 2 To 6
4          Select Case Cells(i, 2)
5              Case Is >= 90
6                  Cells(i, 3) = "A"
7              Case Is >= 80
8                  Cells(i, 3) = "B"
9              Case Is >= 70
10                 Cells(i, 3) = "C"
11             Case Is >= 60
12                 Cells(i, 3) = "D"
13             Case Else
14                 Cells(i, 3) = "F"
15         End Select
16     Next i
17 End Sub
```

執行結果

	A	B	C
1	姓名	分數	成績
2	常嘉許	88	
3	裏子文	96	
4	張家興	72	
5	陳嘉文	55	
6	許理家	61	

→

	A	B	C
1	姓名	分數	成績
2	常嘉許	88	B
3	裏子文	96	A
4	張家興	72	C
5	陳嘉文	55	F
6	許理家	61	D

8-6-6　程式流程控制使用 GoTo

　　GoTo 也是一種程式的流程控制，主要是讓程式跳到目標位置，目標位置可以使用下列 2 種方式定義。

　　1：字串加上冒號

　　2：數字標籤，此數字標籤不需冒號

　　因為使用 GoTo 會破壞程式結構,程式在正常運作時一般比較少使用,不過這個指令對於設計錯誤處理程式則是常常會使用到,現在筆者先簡單介紹程式正常運作時的用法,8-7 節還會解說。

程式實例 ch8_28.xlsm:使用 GoTo 指令計算 1 加到 10。

```
1  Public Sub ch8_28()
2      Dim i As Integer, total As Long
3
4  plus: i = i + 1
5      If i <= 10 Then
6          total = total + i
7          GoTo plus
8      End If
9      MsgBox ("1 加到 10 = " & total)
10 End Sub
```

執行結果

程式實例 ch8_29.xlsm:使用 GoTo 指令計算 1 加到 10,GoTo 是使用數字標籤。

```
1  Public Sub ch8_29()
2      Dim i As Integer, total As Long
3
4  10 i = i + 1
5      If i <= 10 Then
6          total = total + i
7          GoTo 10
8      End If
9      MsgBox ("1 加到 10 = " & total)
10 End Sub
```

執行結果　與 ch8_28.xlsm 相同。

8-6-7　超商來客數累計

程式實例 ch8_30.xlsm:在儲存格 D4:D8 填上超商來客數累計。

```
1  Public Sub ch8_30()
2      Range("D4") = Range("C4")
3      For i = 5 To 8                     ' 相當於公式 =D4+C5
4          Range("D" & i) = Range("D" & (i - 1)) + Range("C" & i)
5      Next i
6  End Sub
```

執行結果

	A	B	C	D
1				
2		超商來客數統計		
3		日期	來客數	累計來客數
4		2022/1/1	113	
5		2022/1/2	121	
6		2022/1/3	98	
7		2022/1/4	109	
8		2022/1/5	144	

	A	B	C	D
1				
2		超商來客數統計		
3		日期	來客數	累計來客數
4		2022/1/1	113	113
5		2022/1/2	121	234
6		2022/1/3	98	332
7		2022/1/4	109	441
8		2022/1/5	144	585

上述是先填上 D4 儲存格內容，然後 D5 儲存格內容使用 = C5 + D4 公式，最後將這個公式複製至 D6:D8 儲存格。上述程式的重點是第 4 列，讀者可以學習如何將變數應用在 Range 物件。

8-6-8　血壓檢測

程式實例 ch8_31.xlsm：正常高血壓定義是收縮壓大於 140，舒張壓大於 90，這個題目是列出測試者的收縮壓與舒張壓，然後列出是否有高血壓。

```
1  Public Sub ch8_31()
2      For i = 4 To 8
3          If Range("C" & i) > 140 Or Range("D" & i) > 90 Then
4              Range("E" & i) = "高血壓"
5          Else
6              Range("E" & i) = "無"
7          End If
8      Next i
9  End Sub
```

執行結果

	A	B	C	D	E
1					
2		健康檢查血壓測試表			
3		考生姓名	收縮壓	舒張壓	高血壓
4		陳嘉文	120	80	
5		李欣欣	98	60	
6		張家宜	150	100	
7		陳浩	130	90	
8		王鐵牛	170	85	

	A	B	C	D	E
1					
2		健康檢查血壓測試表			
3		考生姓名	收縮壓	舒張壓	高血壓
4		陳嘉文	120	80	無
5		李欣欣	98	60	無
6		張家宜	150	100	高血壓
7		陳浩	130	90	無
8		王鐵牛	170	85	高血壓

8-7 Excel VBA 的錯誤處理程式

程式設計時如果是語法的錯誤，VBE 視窗會直接指出錯誤，程式無法繼續往下執行，但是有時候會有非語法的錯誤，這時我們可以讓程式繼續執行，本節將分別解說。

8-7-1 On Error GoTo

On Error GoTo 語法的意義是當有錯誤時跳到指定位址，通常這個位置就是所謂的錯誤處理程式的位置。例如：

```
On Error GoTo ErrorHandler
    ...
ErrorHandler:
```

上述程式觀念是當這個程式執行有錯誤時，跳到 ErrorHandler 位置執行工作。

8-7-2 Resume Next

Resume Next 指令的意義是繼續往下執行，下列筆者先使用不含錯誤處理程式的實例解說，然後再用含錯誤處理程式實例解說，讀者可以比較兩者的差異。

程式實例 ch8_32.xlsm：沒有錯誤處理程式，造成程式編譯錯誤。

從上述可以看到程式編譯錯誤，所以不往下執行，現在筆者增加錯誤處理函數。

程式實例 ch8_33.xlsm：當錯誤發生時增加錯誤處理程式,然後恢復執行。

```
1   Public Sub ch8_33()
2       On Error GoTo ErrorHandler
3       Dim x As Integer, y As Integer, z As Integer
4       x = 4
5       y = 0
6       z = x / y
7       MsgBox ("z = x / y =   " & z)
8       y = 2
9       z = x / y
10      MsgBox ("z = x / y = " & z)
11      Exit Sub                        ' 離開Sub程序
12
13  ErrorHandler:
14      MsgBox "錯誤發生 !"
15      Resume Next
16  End Sub
```

執行結果

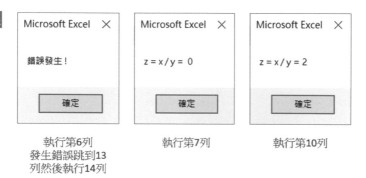

執行第6列	執行第7列	執行第10列
發生錯誤跳到13		
列然後執行14列		

　　上述有錯誤時會跳至 ErrorHandler 位置,然後執行第 14 列輸出錯誤發生,當往下執行到第 15 列 Resume Next,表示回到錯誤點,此例是第 6 列,往下執行,所以輸出第 7 列的執行結果,z = x/y = 0,因為這是變數 z 在設定完成後的預設值。

　　上述第 11 列 Exit Sub,這是離開 Sub 程序,這與 Exit For 觀念相同,只不過 Exit For 是離開 For 迴圈,Exit Sub 是離開 Sub 程序。

8-7-3　Err.Number 和 Err.Description

　　當有錯誤發生時,可以使用 Err.Number 獲得錯誤編號,Err.Description 獲得錯誤原因。

程式實例 ch8_34.xlsm：擴充設計 ch8_33.xlsm，列出錯誤編號和錯誤原因。

```
1   Public Sub ch8_34()
2       On Error GoTo ErrorHandler
3       Dim x As Integer, y As Integer, z As Integer
4       x = 4
5       y = 0
6       z = x / y
7       MsgBox ("z = x / y =  " & z)
8       y = 2
9       z = x / y
10      MsgBox ("z = x / y = " & z)
11      Exit Sub                        ' 離開Sub程序
12
13  ErrorHandler:
14      MsgBox "錯誤發生 !" & vbCrLf & _
15              "錯誤編號 : " & Err.Number & vbCrLf & _
16              "錯誤原因 : " & Err.Description
17      Resume Next
18  End Sub
```

執行結果

8-7-4　Err.HelpFile 和 Err.Context

Err.HelpFile：可以獲得錯誤的輔助說明檔案。

Err.Context：可以獲得說明檔案的識別碼。

程式實例 ch8_35.xlsm：擴充程式實例 ch8_34.xlsm，列出輔助說明檔案和說明檔案的識別碼，下列僅列出增加的程式內容與執行結果。

```
17      MsgBox "錯誤說明檔案" & vbCrLf & Err.HelpFile
18      MsgBox "錯誤說明識別碼" & vbCrLf & Err.HelpContext
```

執行結果

8-7-5　Err.Clear

Err.Clear 可以清除 Err 物件的數值屬性重設為為 0 和字串屬性則重設為零長度，這相當於程式繼續往下執行時，Err 物件中記錄的是零錯誤狀態，下列舉一個簡單的實例，在 ch24_8.xlsm 筆者會有一個比較複雜的錯誤處理程式，讀者更可以體會此功能。

程式實例 ch8_36.xlsm：擴充設計 ch8_33.xlsm 列出清除 Err 物件屬性的結果。

```
1   Public Sub ch8_36()
2       On Error GoTo ErrorHandler
3       Dim x As Integer, y As Integer, z As Integer
4       x = 4
5       y = 0
6       MsgBox "錯誤發生前的 Err.Number = " & Err.Number
7       z = x / y
8       MsgBox "錯誤發生後的 Err.Number = " & Err.Number
9       MsgBox ("z = x / y =  " & z)
10      y = 2
11      z = x / y
12      MsgBox ("z = x / y = " & z)
13      Exit Sub                        ' 離開Sub程序
14
15  ErrorHandler:
16      MsgBox "錯誤發生 !, Err.Number = " & Err.Number
17      Resume Next
18  End Sub
```

執行結果

8-8　區域變數視窗

3-2-4 節筆者第一次提到區域變數視窗，這個視窗可以讓我們可以了解區域變數的變化，當讀者設計大型程式時一定會有錯誤產生，我們可以在開啟此視窗後了解區域變數的變化可以很容易了解這是不是我們想要的變數，因此可以迅速瞭解程式錯誤的原因。

程式實例 ch8_37.xlsm：使用簡單的加法迴圈，從區域變數視窗了解變數的更新。

```
1  Public Sub ch8_37()
2      Dim i As Integer
3      Dim mysum As Long
4      For i = 1 To 5
5          mysum = mysum + i
6      Next i
7  End Sub
```

執行結果　執行本程式前，首先讀者要在 VBE 視窗執行檢視 / 區域變數視窗，顯示區域變數視窗，然後執行 VBE 視窗的執行 / 執行 Sub 或 UserForm，接著可以看到下列視窗。

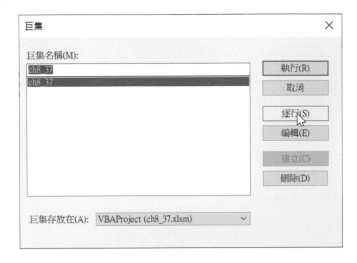

請按逐行鈕，這可以開啟逐列執行程式碼功能。

現在讀者可以按 F8，一步一步執行此程式，就可以看到變數的更新過程。

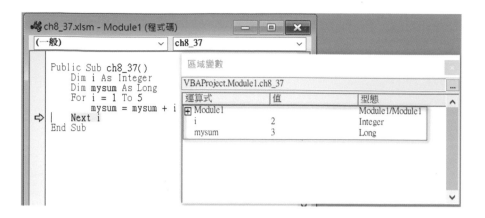

第九章

建立自定資料、程序與函數

本章先介紹自定資料類型，然後說明自定函數，這裡所謂的函數其實是指程序 (Sub) 與函數 (Function)，當設計大型程式時不太可能只用一個程序撰寫所有的程式碼，此時可以將功能切割成程序或函數，一方面容易閱讀，另一方面未來可以重複呼叫使用。VBA 的函數分為 2 種，分別是程序 (Sub) 與函數 (Function)。

1：　程序 (Sub)：有時候也稱子程序，我們可以設計功能，傳入參數，未來可以進行運算，特色是沒有回傳值。

2：　函數 (Function)：其實我們在前幾章已經使用許多 VBA 類似功能，例如：MsgBox( )、Array( )、… 等。我們可以設計功能，傳入參數，未來可以進行運算然後將執行結果回傳，與 Sub 最大不同是可以回傳執行結果。

上述兩個觀念全部內容將以實例詳細解說。

9-1　自定資料類型

9-1-1　使用 Type 定義自定資料

4-1 節筆者介紹了 Excel VBA 所支援的資料類型，我們也可以將哪些資料組織起來建立適合專案資料的類型，這種組織就是自定資料類型。

在 Excel VBA，Type 關鍵字用於定義一個自訂資料結構，這個資料結構可以包含多個不同類型的資料元素。這種自訂的資料結構在其他編程語言中可能被稱為「結構體」或「紀錄」（Struct 或 Record）。使用 Type 定義可以讓你將相關的資料組織成一個單一的結構，從而提高程式碼的可讀性和易於管理。定義一個 Type 的基本語法如下：

```
Type 自訂型別名稱
    元素名稱 1 As 資料類型
    元素名稱 2 As 資料類型
    ...
    元素名稱 N As 資料類型
End Type
```

上述語法如下：

- 自訂型別名稱：是你給定的用於識別這個自訂資料結構的名稱。
- 元素名稱：是組成這個資料結構的各個資料元素的名稱。

● 資料類型：是每個資料元素的類型，如 Integer、String、Double 等。

建立這類的資料類型須使用 Type 指令，此外，Type 指令宣告必須放在模塊的最頂部，所有程序和宣告之前。當宣告自定資料類型成功後，未來就可以使用 Dim、Private、Public、ReDim 在程序內宣告自定資料類型的變數。

程式實例 ch9_1.xlsm：使用 Type 定義學生資料的自定資料型態、設定變數與內容，最後列出自定的資料。

```
1   Type student                        ' 宣告自訂資料型態
2       No As Long
3       Name As String
4       Gender As String
5       Birthday As Date
6   End Type
7   Public Sub ch9_1()
8       Dim st As student               ' 定義物件
9       st.No = 651014
10      st.Name = "洪錦魁"
11      st.Gender = "男性"
12      st.Birthday = "2000/08/01"
13  '輸出資料
14      Debug.Print (st.No)             ' 也可以省略小括號
15      Debug.Print st.Name
16      Debug.Print st.Gender
17      Debug.Print st.Birthday
18  End Sub
```

執行結果

讀者須留意，上述自定資料類型 student，是在程序 ch9_1 前方定義。

9-1-2 With … End With 關鍵字

在 Excel VBA 中，With...End With 語句提供了一種簡化對同一物件多個屬性或方法訪問的方式。當你需要對同一物件進行多次操作時，使用 With...End With 語句可以讓你的程式碼更加簡潔、清晰，並且提高程式碼的執行效率，此語法使用方式如下：

```
With 物件
    .屬性 1 = 值
    .屬性 2 = 值
```

```
.方法名稱 參數
'更多操作
End With
```

上述語法意義如下：

- 物件：是要操作的物件變數名。

- 「.屬性」或「.方法名稱」：是對該物件的屬性或方法進行存取。注意點（.）
  在這裡表示對 With 語句指定的物件的引用。

透過合理使用 With ... End With 語句，可以使得處理複雜物件時的 VBA 程式碼更
加簡潔和高效。

程式實例 ch9_2.xlsm：使用 With … End With 重新設計 ch9_1.xlsm。

```
1   Type student                        ' 宣告自訂資料型態
2           No As Long
3           Name As String
4           Gender As String
5           Birthday As Date
6   End Type
7   Public Sub ch9_2()
8       Dim st As student               ' 定義物件
9       With st
10          .No = 651014
11          .Name = "洪錦魁"
12          .Gender = "男性"
13          .Birthday = "2000/08/01"
14      End With
15  '輸出資料
16      With st
17          Debug.Print (.No)
18          Debug.Print (.Name)
19          Debug.Print (.Gender)
20          Debug.Print (.Birthday)
21      End With
22  End Sub
```

執行結果　與 ch9_1.xlsm 相同。

9-1-3　自定資料的陣列

我們也可以將這些自訂資料類型用於陣列，從而有效地處理和儲存結構化的資料
集合。使用時，只要將自定資料型態當作一般資料類型即可。

程式實例 ch9_3.xlsm：設定自定資料的陣列與輸出陣列資料。

```
1   Type student                    ' 宣告自訂資料型態
2       No As Long
3       Name As String
4   End Type
5   Public Sub ch9_3()
6       Dim st(1 To 2) As student   ' 定義物件
7       st(1).No = 651014
8       st(1).Name = "洪錦魁"
9       st(2).No = 651015
10      st(2).Name = "蔡桂宏"
11  '輸出資料
12      Debug.Print (st(1).No)
13      Debug.Print (st(1).Name)
14      Debug.Print (st(2).No)
15      Debug.Print (st(2).Name)
16  End Sub
```

執行結果

上述程式讀者要留意的是第 6 列，定義了 student 資料的 st 物件陣列。

9-2 建立 Sub 程序

9-2-1 認識 Sub 程序基本結構

閱讀本書至此章節，讀者應該對 Sub 程序不陌生，因為其實不論是第一章或第二章所說明的錄製巨集，或是我們前面幾章所設計的 VBA 程式，其實皆是 Sub 程序。所以可以認知 Sub 程序可以獨立成為巨集，啟動巨集就是啟動一個 Sub 程序。

有時候巨集功能較為複雜，若是使用一個 Sub 程序設計不易閱讀，我們可以將此程式分成幾個 Sub 程序，其中一個是主要的 Sub 程序，其他則是輔助此主 Sub 程序的子 Sub 程序，觀念如下圖：

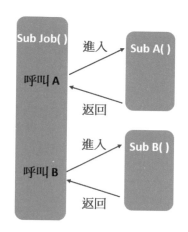

　　對於上述 Job 程序而言，這個程序可以執行完整的巨集功能。對於 A 程序或是 B 程序而言，則是提供 Job 程序的輔助功能，當 3 個程序同時存在，Job 巨集才可以執行正常功能，也因為 A 和 B 程序是輔助功能，所以許多人也稱設計這類 A 和 B 的程序是設計子程序。至於 Job 程序，因為是整個專案工作的主體，所以有時也稱主程序，下列是建立簡單巨集的觀念複習：

程式實例 ch9_4.xlsm：錄製粗體與斜體巨集，巨集名稱是粗體與斜體，功能是將儲存格的內容設為粗體與斜體，錄製完成後，將檔案儲存為 ch9_4.xlsm，現在進入 VBE 視窗可以看到下列結果。

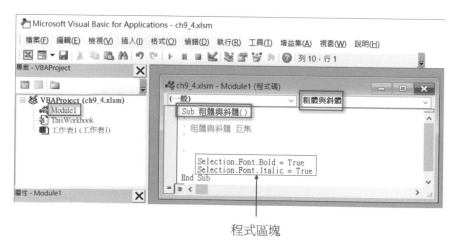

程式區塊

　　所以從上述我們可以得到 Sub 程序基本結構如下：

```
Sub 程序名稱 ( )
    程式區塊
End Sub
```

9-2-2　Sub 程序所在位置

從上一小節我們可以得到 Sub 程序是出現在模組 Module1 位置，其實也可以讓 Sub 程序出現在 This Workbook 或工作表中，例如：延續前一小節實例，如果連按 This Workbook 兩下，可以看到下列 ThisWorkbook(程式碼) 視窗。

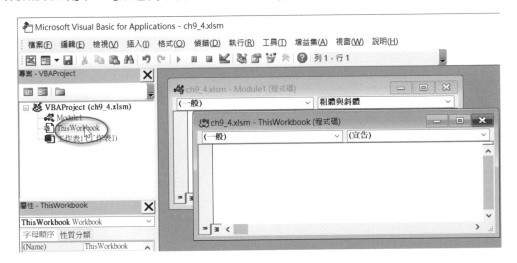

或是如果連按工作表 1 兩下，可以看到下列工作表 1(程式碼) 視窗。

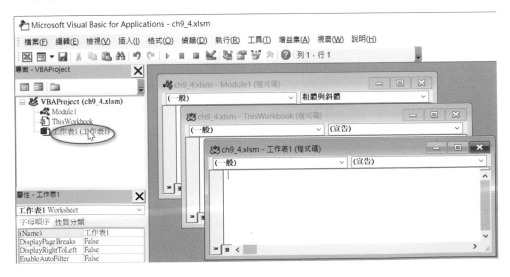

在上述視窗，我們可以直接選擇在 Module1、ThisWorkbook 或工作表 1 直接輸入方式建立 Sub 程序。或是選擇想要建立程序的視窗，執行插入 / 程序，出現新增程序對話方塊時，輸入名稱再按確定鈕建立程序。

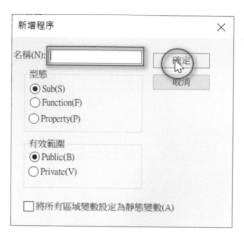

9-2-3　定義 Sub 子程序

設計一個 Sub 子程序如果最初想法是可以供許多程序呼叫使用，這時候我們可以將此子程序定義為公有 (Public) 子程序。有時候可能想法是此子程序僅可以供相同的模組 (Module) 使用，則可以將此子程序定義為私有 (Private) 子程序。

了解了上述觀念，Sub 程序基本結構可以設計如下：

[Public | Private] [Static] Sub 程序名稱 (參數列表)

有關 Public、Private 或 Static 的觀念與定義變數的觀念相同，Public 宣告的程序是全域程序，這種程序可以在專案的所有程序內使用，如果宣告程序時沒有特別指名 Public 或 Private 或 Static 則所宣告的程序皆是 Public 程序。Private 宣告的程序是私域程序，只有相同的模組才可以使用。Static 宣告的程序是靜態程序，這種程序會保留呼叫該程序的值。

9-2-4　建立沒有參數傳遞的子程序

建立子程序的方法有 2 種，下列將以實例解說，假設 ch9_5.xlsm 的 ch9_5 程序內容如下，我們想建立 beepsound 子程序：

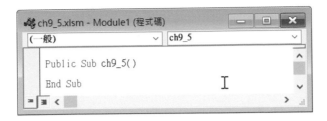

方法 1

直接在上述 End Sub 下方輸入 beepsound 子程序結構。

上述 Sub beepsound( ) 沒有特別標註 Public、Private 或 Static 其實就是代表 Public 子程序。

方法 2

執行插入 / 程序，出現新增程序對話方塊，在名稱欄位輸入 beepsound，可以參考下列對話方塊。

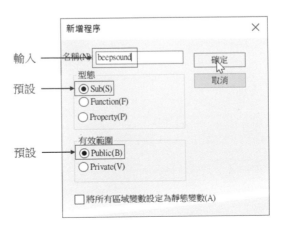

上述按確定鈕，可以得到下列結果。

如果以上述插入 / 程序方式建立子程序，在預設情況系統會自動增加 Public 宣告。呼叫沒有參數的子程序，只要列出子程序名稱即可。

程式實例 ch9_5.xlsm：建立產生嗶聲音的子程序 beepsound( )。

```
1   Public Sub ch9_5()
2       beepsound
3   End Sub
4   Public Sub beepsound()
5       Beep
6   End Sub
```

執行結果　每執行一次電腦會產生一次嗶聲。

第 5 列的 Beep，會讓電腦產生一次嗶聲。當建立好了 Public 子程序後，在 VBA 視窗啟動執行 / 巨集，可以在巨集對話方塊看到所建立的子程序。

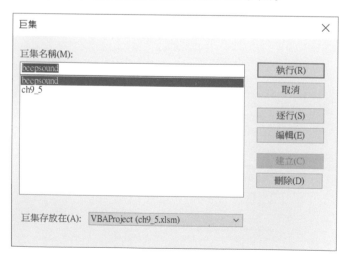

在上述對話方塊除了可以執行 ch9_5 程序，也可以點選 beepsound 子程序單獨執行。

9-2-5　含參數的子程序

由錄製巨集產生的程序或是前面所有的程序目前皆是不用傳遞參數，當有要傳遞的參數時，可以在程序名稱右邊的小括號定義。

```
Sub 程序名稱 ([ 參數 1], [ 參數 2], [⋯])
    程式區塊
End Sub
```

上述中括號代表是選項，可有可無。

程式實例 ch9_6.xlsm：加法運算的參數設定。

```
1   Public Sub ch9_6()
2       addition 5, 6
3   End Sub
4   Public Sub addition(x, y)
5       Dim z As Integer
6       z = x + y
7       MsgBox z
8   End Sub
```

執行結果

請注意第 2 列呼叫子程序的參數傳遞方式：

addition 5, 6

上述第 4 列筆者使用 addition(x, y)，比較好的做法是直接定義 x 和 y 的資料型態，因為這樣呼叫方就可以知道要傳送怎樣類型的資料，可以參考下列實例。

程式實例 ch9_7.xlsm：使用 addition(x As Integer, y As Integer) 重新設計 ch9_6.xlsm。

```
1   Public Sub ch9_7()
2       addition 5, 6
3   End Sub
4   Public Sub addition(x As Integer, y As Integer)
5       Dim z As Integer
6       z = x + y
7       MsgBox (x & " + " & y & " = " & z)
8   End Sub
```

9-2-6　Call 呼叫子程序

Call 是另一種呼叫子程序的方式,語法如下:

Call 函數名稱 (參數)

程式實例 ch9_8.xlsm:使用 Call 呼叫子程序,擴充設計前一個程式,讀者可以留意程式第 3 列 Call 的呼叫方式。

```
1   Public Sub ch9_8()
2       addition 5, 6
3       Call addition(2, 3)
4   End Sub
5   Public Sub addition(x As Integer, y As Integer)
6       Dim z As Integer
7       z = x + y
8       MsgBox (x & " + " & y & " = " & z)
9   End Sub
```

9-2-7　預設呼叫參數值使用 Optional 關鍵字

有時候設計子程序的參數時,可以設定預設值,如果呼叫位置沒有傳遞適當的參數,可以使用預設值取代。設定參數預設的語法如下:

Optional 變數 As 資料類型 = 預設值

註　須留意的是在設計子程序的參數預設值時,如果有的參數有預設值有的沒有預設值,有預設值的參數必須放在最右邊。

程式實例 ch9_9.xlsm：擴充設計 ch9_8.xlsm，增加設定預設值 x = 2, y = 3，

```
1  Public Sub ch9_9()
2      addition
3      addition 10
4      addition 10, 20
5  End Sub
6  Public Sub addition(Optional x As Integer = 2, Optional y As Integer = 3)
7      Dim z As Integer
8      z = x + y
9      MsgBox (x & " + " & y & " = " & z)
10 End Sub
```

執行結果

addition　　　　　　addition 10　　　　　addition 10, 20

　　對於程式第 2 列沒有傳遞任何參數，x 和 y 會用預設的 2 和 3 執行加法運算。程式第 3 列傳遞一個參數，x 會用所傳遞的參數 10，y 則用預設的 3 執行加法運算。程式第 4 列傳遞 2 個參數，則 Addition 會用所傳遞的參數執行加法運算。

程式實例 ch9_10.xlsm：預設值的參數放在最右邊的實例。

```
1  Public Sub ch9_10()
2      addition 10
3      addition 10, 20
4  End Sub
5  Public Sub addition(x As Integer, Optional y As Integer = 3)
6      Dim z As Integer
7      z = x + y
8      MsgBox (x & " + " & y & " = " & z)
9  End Sub
```

執行結果

　　上述第 5 列筆者指定 y 的預設是 3。如果建立函數時沒有設定「Optional 傳遞參數的預設值」，呼叫時也沒有傳送值，代表這是 0，可以參考下列實例。

程式實例 ch9_11.xlsm：建立預設變數但是不設預設值，所以此預設值自動被設為 0。

```
1   Public Sub ch9_11()
2       addition 10
3       addition 10, 20
4   End Sub
5   Public Sub addition(x As Integer, Optional y As Integer)
6       Dim z As Integer
7       z = x + y
8       MsgBox (x & " + " & y & " = " & z)
9   End Sub
```

執行結果

程式實例 ch9_12.xlsm：參數是字串的應用。

```
1   Public Sub ch9_12()
2       travel "旅遊"
3       travel "旅遊", "張家界"
4       travel "閱讀", "旅遊類"
5   End Sub
6   Public Sub travel(interest As String, Optional city As String = "敦煌")
7       MsgBox ("我的興趣是 " & interest & vbCrLf & _
8               "在 " & interest & " 中, 最喜歡的是 " & city)
9   End Sub
```

執行結果

9-2-8　ByRef 與位址傳送

　　主程序在呼叫子程序時，原則上是採用位址傳送 (call by reference) 方式，因此如果子程序有更改所傳送參數的值，主程序的值也會隨著更新。

程式實例 ch9_13.xlsm：變數 x 內容在子程序內有更動，這個變數也將在主程序內更新。

```
1  Public Sub ch9_13()
2      Dim x As Integer
3      x = 3
4      MsgBox ("呼叫前 x = " & x)
5      plus2 x
6      MsgBox ("呼叫後 x = " & x)
7  End Sub
8  Sub plus2(val As Integer)
9      val = val + 2
10 End Sub
```

執行結果

上述第 8 列的宣告如下：

Sub plus2(val As Integer)

上述預設變數是傳位址的宣告，此外，也可以使用標準方式宣告，這時要增加 ByRef 關鍵字，可以參考下列宣告。

Sub plus2(ByRef val As Integer)

程式實例 ch9_14.xlsm：增加 ByRef 關鍵字宣告子程序的參數列。

```
1  Public Sub ch9_14()
2      Dim x As Integer
3      x = 3
4      MsgBox ("呼叫前 x = " & x)
5      plus2 x
6      MsgBox ("呼叫後 x = " & x)
7  End Sub
8  Sub plus2(ByRef val As Integer)
9      val = val + 2
10 End Sub
```

執行結果 與 ch9_13.xlsm 相同。

相當於表面上子程序沒有傳回值，但是可以利用傳址的觀念，適度將子程序的計算結果回傳給主程序。

9-2-9　ByVal 與值的傳送

　　主程序在呼叫子程序時，如果採用值傳送 (call by value) 方式，未來子程序有更改所傳送參數的值，主程序的值不會更動。這時在宣告子程序時，須使用 ByVal 關鍵字，如下所示：

　　　　Sub plus2(ByVal val As Integer)

程式實例 ch9_15.xlsm：採用 ByRef 關鍵字宣告子程序的參數列，當子程序有更動參數時，原主程序的值將不會更動。

```
1  Public Sub ch9_15()
2      Dim x As Integer
3      x = 3
4      MsgBox ("呼叫前 x = " & x)
5      plus2 x
6      MsgBox ("呼叫後 x = " & x)
7  End Sub
8  Sub plus2(ByVal val As Integer)
9      val = val + 2
10 End Sub
```

執行結果

9-2-10　設定不定量參數的子程序

　　設計子程序時，如果不知道參數的數量可以使用 ParamArray 關鍵字，定義此變數，定義時須遵守下列規則：

　　　　1：所定義的是陣列。

　　　　2：資料類型是 Variant。

　　　　3：必須是子程序最右邊的參數。

程式實例 ch9_16.xlsm：計算不定量數字的總和。

```
1  Public Sub ch9_16()
2      Dim total As Single
3      Call addition(total, 1, 3, 5, 7, 9)
```

```
4       MsgBox ("Total = " & total)
5       Call addition(total, 1, 2, 3, 4, 5, 6, 7, 8, 9, 10)
6       MsgBox ("Total = " & total)
7       Call addition(total, 11, 12, 13, 14, 15)
8       MsgBox ("Total = " & total)
9   End Sub
10  Sub addition(s As Single, ParamArray mydata())
11      s = 0
12      For Each x In mydata
13          s = s + x
14      Next
15  End Sub
```

執行結果

9-2-11　傳遞陣列資料

要設計可以接收陣列參數的子程序，須在參數列宣告陣列變數，語法如下：

程式實例 ch9_16_1.xlsm：傳遞陣列到子程序，然後子程序列出此陣列的第一個索引值和最後一個索引值。

```
1   Public Sub ch9_16_1()
2       Dim myarr(1 To 3) As Long
3       myarr(1) = 10
4       myarr(2) = 20
5       myarr(3) = 30
6       arrtest myarr
7   End Sub
8
9   Sub arrtest(arr() As Long)
10      Debug.Print arr(LBound(arr))
11      Debug.Print arr(UBound(arr))
12  End Sub
```

執行結果

9-2-12　傳遞儲存格區間

這一小節的觀念基本上是前一小節的擴充，既然可以傳遞陣列，我們可以將儲存格區間的內容用數據陣列方式傳遞。

程式實例 ch9_16_2.xlsm：計算 A1:C3 儲存格區間偶數的總和。

```
1  Public Sub ch9_16_2()
2      Dim rng As Range
3      Dim total As Integer
4      Set rng = Range("A1:C3")          ' 建立儲存格區間物件
5      Call eventotal(total, rng)
6  End Sub
7  Sub eventotal(totaleven As Integer, r As Range)
8      Dim c As Range
9      totaleven = 0
10     For Each c In r
11         If c.Value Mod 2 = 0 Then     ' 如果是偶數則加總
12             totaleven = totaleven + c.Value
13         End If
14     Next c
15     MsgBox ("偶數總和 = " & totaleven)
16 End Sub
```

執行結果

	A	B	C
1	1	4	7
2	2	5	8
3	3	6	9

Microsoft Excel ✕

偶數總和 = 20

確定

9-2-13　具名參數呼叫 Sub 程序

在設計 Sub 程式時，也可以使用具名參數呼叫，當使用具名參數呼叫時，可以不必管呼叫順序，具名參數呼叫方式是冒號加等號 (:=)。

程式實例 ch9_16_3.xlsm：具名參數呼叫的應用，在呼叫過程因為已經具名參數了，所以順序不同沒有影響。

```
1  Public Sub ch9_16_3()
2      Dim x, y
3      larger x:=2, y:=3
4      larger y:=3, x:=2
5  End Sub
6  Sub larger(x As Integer, y As Integer)
7      If x > y Then
8          MsgBox ("x > y = True")
9      Else
10         MsgBox ("x > y = False")
11     End If
12 End Sub
```

執行結果 下列按確定鈕，下一個對話方塊也可以得到相同的結果。

由於 Sub 程式本身沒有回傳值，所以上述使用不含括號方式呼叫整個程式是沒有問題，9-3-10 節，筆者會延伸解說此觀念。

9-2-14 Exit Sub 離開程序

Exit Sub 指令可以強制離開程序。

程式實例 ch9_17.xlsm：計算 $1 + \cdots + n$ 的總和，如果輸入小於 1 或大於 10，則自動離開 addition。

```
1   Public Sub ch9_17()
2       addition 5
3       addition -1
4       addition 12
5   End Sub
6   Sub addition(x As Integer)
7       Dim i As Integer, total As Integer
8       If x > 10 Then
9           MsgBox ("輸入應小於 10")
10          Exit Sub
11      End If
12      If x < 1 Then
13          MsgBox ("輸入應大於或等於 1")
14          Exit Sub
15      End If
16      For i = 1 To x
17          total = total + i
18      Next i
19      MsgBox ("1 + ... + " & x & " = " & total)
20  End Sub
```

執行結果

9-2-15 　私有程序

如果一個子程序被宣告為私有，則在巨集對話方塊也看不到此程序，讀者可以參考 ch9_18.xlsm 實例，不過只要是相同模組的呼叫，此程序仍可以正常執行。

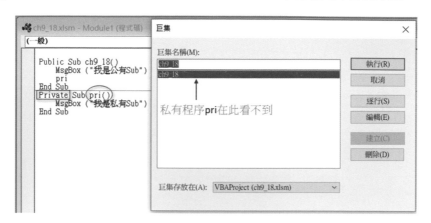

程式實例 ch9_18.xlsm：公有程序呼叫私有程序的說明。

```
1   Public Sub ch9_18()
2       MsgBox ("我是公有Sub")
3       pri
4   End Sub
5   Private Sub pri()
6       MsgBox ("我是私有Sub")
7   End Sub
```

執行結果

9-3 函數 Function 設計

Excel VBA 提供了數百個函數供我們使用，但是許多時候我們仍需要設計適合自己的函數，以提昇 Excel 數據處理的工作效率，例如：假設要在一系列應徵者中找明志工專的畢業生，這時可以自己設計此程式。

	A	B	C	D
1	姓名	畢業學校		
2	裏子文	明志工專		明志工專畢業生人數
3	陳加加	清華大學		
4	洪錦魁	明志工專		
5	許家豪	台灣大學		
6	張雨生	長庚大學		

這一節所介紹了函數除了可以在 VBA 內使用，也可以將此函數應用在一般的 Excel 工作表內，本節將逐步以實例解說。

Excel VBA 的函數 Funciton 設計與子程序 Sub 類似，不過子程序沒有回傳值，函數則是有 1 個回傳值。

9-3-1　沒有參數的函數 Function 的結構

設計函數 Function 時與程序 Sub 一樣可以有參數，也可以設計沒有參數的函數，沒有參數的函數結構如下，下列「函數名稱 = 表達式」的「函數名稱」就可以回傳函數值。

> Function 函數名稱 ( ) [As Type]
> 　　程式區塊
> 　　函數名稱 = 表達式　　　　　' 設定函數名稱儲存要回傳的函數值
> End Function

函數 Function 也會有資料型態，如果沒有定義 As Type 就代表是 Variant 資料型態。

程式實例 ch9_19.xlsm：使用對話方塊列出明志工專畢業生人數。

```
1  Public Sub ch9_19()
2      If mingchi = 0 Then
3          MsgBox "找不到明志工專畢業生"
4      Else
5          MsgBox "明志工專畢業生有 " & mingchi & " 人"
6      End If
7  End Sub
8  Function mingchi()
9      Dim person As Range
10     Dim counter As Integer      ' 預設是 0
11     For Each person In Range("B2:B6")
12         If person.Value = "明志工專" Then
13             counter = counter + 1
14         End If
15     Next
16     mingchi = counter
17 End Function
```

執行結果

工作表內容　　　　　　　　　　　　　執行結果

筆者在 4-5-2 節有介紹 Range 物件，第 9 列是設定 person 為 Range 物件，所以可以使用 person.Value 找出指定儲存格內容，然後使用 For Each … Next 迴圈方式找出畢業於明志工專的人數。

在 9-3 節筆者有說過，也可以將所設計的函數應用在一般的 Excel 工作表內，下列是實例畫面。

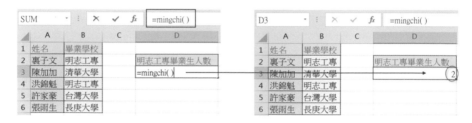

9-3-2　有參數的函數 Function 的結構

有參數的函數結構如下：

> Function 函數名稱 ([參數 1], [參數 2], […]) [As Type]
> 　　程式區塊
> 　　函數名稱 = 表達式
> End Function

程式實例 ch9_20.xlsm：使用有參數的函數重新設計 ch9_19.xlsm，同時將執行結果存入工作表的 D3 儲存格。

```
1   Public Sub ch9_20()
2       Dim number As Integer
3       number = mingchi(Range("B2:B6"), "明志工專")
4       Cells(3, 4) = number
5   End Sub
6   Function mingchi(rng As Range, school As String)
7       Dim person As Range
8       Dim counter As Integer        ' 預設是 0
9       For Each person In rng
10          If person.Value = "明志工專" Then
```

```
11              counter = counter + 1
12          End If
13      Next
14      mingchi = counter
15  End Function
```

執行結果

9-3-3 找出自己定義的函數與加註說明

9-3-1 節筆者已經介紹在 Excel 應用自己所設計的函數了,這一小節將擴充到從 Excel 函數表中找出自己定義的函數。請開啟 ch9_21.xlsm,將作用儲存格放在 D3,然後按 *fx* 鈕,如下所示:

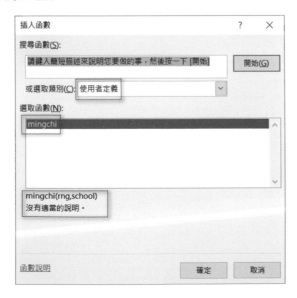

請在選取類別欄位選擇使用者定義,然後在選取函數欄位選擇 mingchi 函數。

　　上述我們已經找到自己設計的函數了，如果和 Microsoft 內建的函數相比較，缺點是沒有適當的說明，如上所示。接下來筆者要說明建立自定義函數的說明。請在 Excel 視窗執行開發人員 / 程式碼 / 巨集，然後可以看到巨集對話方塊，原則上目前看不到自己設計的函數 mingchi，請在巨集名稱欄位輸入 mingchi，如下所示：

　　然後按選項鈕，可以看到巨集選項對話方塊，請在描述欄位輸入找尋明志工專畢業生，如下所示：

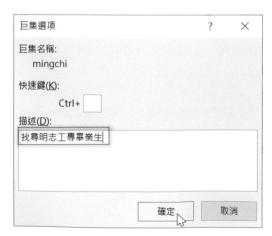

上述按確定鈕，可以返回巨集對話方塊。

在上述對話方塊可以看到描述欄位已經出現我們所加註的註解找尋明志工專畢業生，請按右上方的關閉鈕。未來在 Excel 視窗按 *fx* 鈕，再選擇 mingchi 函數就可以看到所加註的註解了。

9-3-4　函數預設呼叫參數值使用 Optional 關鍵字

函數與子程序一樣也接受使用 Optional 關鍵字設定參數預設值,同樣的使用 Optional 關鍵字的預設值變數必須在最右邊。

程式實例 ch9_22.xlsm:計算 2 個數字或是 3 個數字的平均,如果原主程序只有傳遞 2 個參數,則第 3 個數字用 0 代替。

```
1  Public Sub ch9_22()
2      ave = myave(1, 2)
3      MsgBox "(1 + 2 + 0) / 3 = " & ave
4      ave = myave(1, 2, 3)
5      MsgBox "(1 + 2 + 3) / 3 = " & ave
6  End Sub
7  Function myave(x As Single, y As Single, Optional z As Single)
8      myave = (x + y + z) / 3
9  End Function
```

執行結果

9-3-5　ByVal 與值的傳送

函數傳遞變數的觀念與子程序相同,變數如果是使用「值的傳送 (call by value)」,在定義變數時須使用 ByVal 關鍵字。

程式實例 ch9_23.xlsm:使用 ByVal 定義函數參數使用「值的傳送」方式,因為是傳送值,所以第 2 個輸出的 x 值不會更改。

```
1  Public Sub ch9_23()
2      Dim x As Integer, y As Integer
3      x = 3
4      MsgBox "呼叫前 x = " & x
5      y = plus2(x)
6      MsgBox "呼叫後 x = " & x
7      MsgBox "呼叫後 y = " & y
8  End Sub
9  Function plus2(ByVal val As Integer)
10      val = val + 2
11      plus2 = val
12 End Function
```

執行結果

9-3-6 ByRef 與位址的傳送

函數傳遞變數的觀念與子程序相同，變數如果是使用位址的傳送方式 (call by reference)，在定義變數時須使用 ByRef 關鍵字或是省略。

程式實例 ch9_24.xlsm：使用 ByRef 定義函數參數使用位址的傳送方式，因為是傳送位址，所以第 2 個輸出的 x 值已經更改。

```
1   Public Sub ch9_24()
2       Dim x As Integer, y As Integer
3       x = 3
4       MsgBox "呼叫前 x = " & x
5       y = plus2(x)
6       MsgBox "呼叫後 x = " & x
7       MsgBox "呼叫後 y = " & y
8   End Sub
9   Function plus2(ByRef val As Integer)
10      val = val + 2
11      plus2 = val
12  End Function
```

執行結果

程式實例 ch9_25.xlsm：重新設計 ch9_24.xlsm，宣告函數 Function 的參數時省略 ByRef 仍可以得到相同的結果。

```
1   Public Sub ch9_25()
2       Dim x As Integer, y As Integer
3       x = 3
4       MsgBox "呼叫前 x = " & x
5       y = plus2(x)
6       MsgBox "呼叫後 x = " & x
7       MsgBox "呼叫後 y = " & y
8   End Sub
9   Function plus2(val As Integer)
10      val = val + 2
11      plus2 = val
12  End Function
```

執行結果　與 ch9_24.xlsm 相同。

9-3-7　傳遞陣列資料給函數

函數 Function 除了可以接收變數，也可以使用陣列當作變數，此陣列可以是一般的陣列也可以是一個儲存格區間。

程式實例 ch9_26.xlsm：計算陣列資料的總和。

```
1  Public Sub ch9_26()
2      Dim myarr(1 To 3) As Integer
3      Dim total As Integer
4      myarr(1) = 10
5      myarr(2) = 20
6      myarr(3) = 30
7      total = arrtest(myarr)
8      MsgBox "陣列總和 = " & total
9  End Sub
10
11 Function arrtest(arr() As Integer) As Integer
12     For Each i In arr:
13         arrtest = arrtest + i
14     Next i
15 End Function
```

執行結果

```
Microsoft Excel  ×

陣列總和 = 60

      確定
```

程式實例 ch9_27.xlsm：計算 A1:C3 儲存格區間的總和。

```
1  Public Sub ch9_27()
2      Dim rng As Range
3      Dim total As Integer
4      Set rng = Range("A1:C3")          ' 建立儲存格區間物件
5      total_odd = oddtotal(rng)
6      MsgBox "奇數總和 = " & total_odd
7  End Sub
8  Function oddtotal(r As Range) As Integer
9      Dim c As Range
10     For Each c In r
11         If c.Value Mod 2 = 1 Then     ' 如果是奇數則加總
12             oddtotal = oddtotal + c.Value
13         End If
14     Next c
15 End Function
```

執行結果

9-3-8 函數回傳陣列資料

程式實例 ch9_28.xlsm：設計回傳陣列的函數，所回傳的是春季、夏季、秋季與冬季，然後分別填入 A1:D1 儲存格區間。

```
1   Public Sub ch9_28()
2       Dim sea
3       sea = season()
4       For i = 0 To 3
5           Cells(1, i + 1) = sea(i)
6       Next i
7   End Sub
8   Function season()
9       season = Array("春季", "夏季", "秋季", "冬季")
10  End Function
```

執行結果

	A	B	C	D
1	春季	夏季	秋季	冬季

9-3-9 設定不定量參數的函數

與子程序 Sub 一樣，在設計函數 Function 的參數時也可以使用不定量參數，與子程序一樣在 Function 的參數列須使用 ParamArray 定義變數。

程式實例 ch9_29.xlsm：計算不定量參數的總和。

```
1   Public Sub ch9_29()
2       Dim x As Double, y As Double
3       x = total(1, 2, 3)
4       MsgBox x
5       y = total(1, 2, 3, 4, 5)
6       MsgBox y
7   End Sub
8   Function total(ParamArray arrays() As Variant) As Double
9       For Each item In arrays
10          total = total + item
11      Next item
12  End Function
```

執行結果

9-3-10　具名參數呼叫 Function

這一節基本上是 9-2-13 節的延伸觀念，在設計 Function 函數時，也和 Sub 程序觀念相同，可以使用具名參數呼叫，當使用具名參數呼叫時，可以不必管呼叫順序，具名參數呼叫方式是冒號 + 等號 (:=)。

程式實例 ch9_29_1.xlsm：具名參數呼叫 Function 的應用，在呼叫過程因為已經具名參數了，所以順序不同沒有影響。

```
1   Public Sub ch9_29_1()
2       Dim x, y
3       Dim result As Boolean
4       larger x:=2, y:=3           ' 沒有回傳值, 函數回應 False
5       larger y:=3, x:=2           ' 沒有回傳值, 函數回應 False
6       result = larger(x:=2, y:=3)  ' 有回傳值, 函數回應 False
7       MsgBox result
8       result = larger(y:=3, x:=2)  ' 有回傳值, 函數回應 False
9       MsgBox result
10      result = larger(3, 2)        ' 有回傳值, 函數回應 True
11      MsgBox result
12  End Sub
13  Public Function larger(x As Integer, y As Integer) As Boolean
14      If x > y Then
15          MsgBox "x > y = True"
16          larger = True
17      Else
18          MsgBox "x > y = False"
19          larger = False
20      End If
21  End Function
```

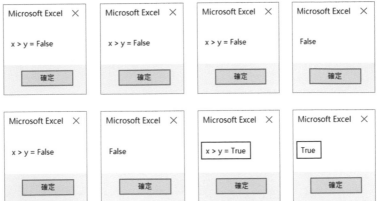

由上述程式第 4 和 5 列可以得到，當我們不考慮回傳值時與不考慮參數順序時，可以使用下列方式具名參數方式呼叫 larger 函數：

```
larger x:=2, y:=3
larger y:=3, x:=2
```

由程式第 6 和 8 列可以知道，當我們考慮回傳值時與不考慮參數順序時，可以使用下列具名參數方式呼叫 larger 函數：

```
result = larger(x:=2, y:=3)
result = larger(y:=3, x:=2)
```

如果不是使用具名參數方式呼叫，則會依參數順序傳遞變數。

9-3-11　Exit Function

9-2-13 節筆者說明了 Exit Sub 的功能，Exit Funciton 是類似的功能，這個功能主要是用在可以強制離開 Function。

程式實例 ch9_29_2.xlsm：由已知的儲存格內容，回應明志科技大學的排名。

```
1   Public Sub ch9_29_1()
2       Dim rng As Range
3       Dim rank As Integer
4       Dim school As String
5       school = "明志科技大學"
6       Set rng = Range("B2:B5")
7       rank = getrank(school, rng)
8       If rank <> 0 Then
9           MsgBox (school & " 是第 " & rank & " 名")
10      Else
11          MsgBox (school & " 沒有進入前 5 名")
12      End If
```

```
13  End Sub
14  Function getrank(sch As String, r As Range) As Integer
15      Dim c As Range
16      Dim count As Integer
17      For Each c In r
18          count = count + 1
19          If c.Value = sch Then        ' 是否是明志科技大學
20              getrank = count          ' 設定排名
21              Exit Function             ' 離開 Function
22          End If
23      Next c
24  End Function
```

執行結果

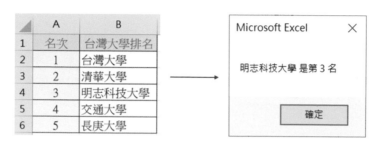

9-4 變數的作用域

9-4-1 區域變數

所謂的區域變數是指在 Sub 或 Function 內宣告的變數，這種變數只能在該 Sub 或 Function 內使用，即使不同的 Sub 或 Function 定義了相同的變數名稱，這仍算是不同的變數內容。使用區域變數可以幫助你避免不同部分的代碼之間的命名衝突，並且有助於提高程式碼的可讀性和維護性。

程式實例 ch9_30.xlsm：觀察區域變數在 Sub 的 ch9_30 和 Sub 的 mysub 程序的變化，由執行結果可以知道彼此雖然有相同的變數名稱，但是彼此並不干擾。

```
1   Public Sub ch9_30()
2       Dim local_x As Integer
3       local_x = 5
4       Debug.Print "ch9_30的local_x " & local_x
5       mysub
6       Debug.Print "ch9_30的local_x " & local_x
7   End Sub
8   Sub mysub()
9       Dim local_x As Integer
10      local_x = 10
11      Debug.Print "mysub 的local_x " & local_x
12  End Sub
```

執行結果

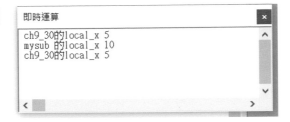

9-4-2 Static 變數

所謂的靜態 Static 變數是指在 Sub 或 Function 使用 Static 宣告的變數,這類變數最大的特色是其內容會用固定記憶體紀錄,只要整個專案沒有結束,或是 Excel 檔案沒有關閉,變數內容將持續保持。

程式實例 ch9_31.xlsm:觀察呼叫多次含 Static 變數的子程序,此 Static 變數的變化。

```
1   Public Sub ch9_31()
2       mysub
3       mysub
4       mysub
5   End Sub
6   Sub mysub()
7       Static static_x As Integer
8       static_x = static_x + 1
9       Debug.Print "static_x = " & static_x
10  End Sub
```

執行結果

Static 變數的特色如下:

● 作用域:Static 變數的作用域限定於它被定義的子程序或函數內部,與普通的區域變數相同。但是,它們的值在子程序或函數的多次調用之間保持不變。

● 生命週期:Static 變數的生命週期從第一次調用定義該變數的子程序或函數時開始,直到 Excel 關閉或工作簿被關閉時結束。

● 初始化:Static 變數在其第一次使用時被初始化。如果在定義時指定了初始值,則只有在第一次調用時該初始值才會被使用。

Static 變數特別適用於以下情況：

● 需要在同一子程序或函數的多次調用之間保持數據值。

● 計數器或累加器，例如追蹤一個子程序被調用的次數。

● 保存應用程序的狀態資訊，如一個函數是否是第一次被調用。

　　使用 Static 變數時應該謹慎，因為它們的持久性質可能會在不恰當的使用下導致意外的程式行為或調試困難。

9-4-3　模組變數

　　所謂的模組變數是指同一個模組皆可以呼叫使用的變數，這個變數可以應用在所有的 Sub 或 Function，宣告方式是在模組頂部的 Sub 前方使用 Dim 或 Private 定義的變數。模組變數的作用域是整個模組，這意味著它們可以被該模組內的所有的 Sub 或 Function 訪問和修改。也可以說，使用模組變數可以在同一模組中的不同程序之間共享數據。

程式實例 ch9_32.xlsm：使用 Private 和 Dim 定義模組變數，然後觀察這些變數會對所有的 Sub 產生連動的影響。

```
1   Private module_x As Integer        ' 模組變數 module_x
2   Dim module_y As Integer            ' 模組變數 module_y
3
4   Public Sub ch9_32()
5       module_x = 1
6       module_y = 5
7       Debug.Print "module_x " & module_x
8       Debug.Print "module_y " & module_y
9       mysub
10      Debug.Print "module_x " & module_x
11      Debug.Print "module_y " & module_y
12  End Sub
13  Sub mysub()
14      module_x = module_x + 1
15      Debug.Print "mysub 的 module_x " & module_x
16      module_y = module_y + 2
17      Debug.Print "mysub 的 module_y " & module_y
18  End Sub
```

執行結果

即時運算　✕

```
module_x 1
module_y 5
mysub 的 module_x 2
mysub 的 module_y 7
module_x 2
module_y 7
```

模組變數的特點如下：

- 作用域：模組變數的作用域限定於定義它們的模組內。如果使用 Public 或 Global 定義，它們的作用域擴展到整個專案。

- 生命週期：模組變數的生命週期從它們被初始化時開始，直到該 Excel 工作簿 被關閉時結束。這意味著模組變數在模組的所有調用中保持其值，除非明確地 重新賦值。

- 初始化：模組變數在首次使用前必須被初始化。VBA 會自動將數值型變數 初始化為 0，將字符串變數初始化為空字符串（""），將物件變數初始化為 Nothing。

使用模組變數的優點如下：

- 數據共享：模組變數允許在同一模組中的不同程序之間共享數據。

- 狀態保持：模組變數適合用來保存整個模組或應用的狀態資訊。

- 減少全域變數的使用：透過將變數的作用域限定在需要它的模組內，可以減少 對全局變數的依賴，從而提高程式碼的模塊化和封裝性。

使用模組變數時要小心，確保它們的使用不會導致不必要的其他系統參數被更改 或使程式碼變得難以維護。合理地使用模組變數可以提高程式碼的可讀性和重用性。

9-4-4　全域變數

所謂的全域變數是指可以應用在專案內所有模組 Sub 或 Function 的變數，這類變 數宣告方式是在模組頂部的 Sub 前方使用 Public 定義的變數。

在 Excel VBA 中，全域變數（Global Variables）是在整個 VBA 專案中任何地方都 可被訪問和修改的變數。這意味著一旦定義，它們在專案的所有模組、類別和程序中 都是可見的，除非專案被關閉或者變數被顯式地重新設置或清除。全域變數的使用可 以在不同的程序單元之間共享數據，但也需要謹慎使用以避免不必要的側效和增加程 式碼的複雜性。

要在 VBA 中定義全域變數，通常會在模組的頂部使用 Public 或 Global 關鍵字進行 宣告，而且這個宣告通常放在所有子程序和函數之外，這樣定義的變數將對整個專案 可見。下列是定義全域變數的實例：

```
Public myGlobalVar As Integer
' 或是
Global myGlobalVar As Integer
```

程式實例 ch9_33.xlsm：這是一個專案 ch9_33.xlsm，此專案包含 Module1(模組 1) 和 Module2(模組 2)，這 2 個專案定義了全域變數 x，然後觀察全域變數可在不同模組引用，同時觀察此全域變數的內容。

Module1 的內容：

```
1   Public x As Integer        ' 全域變數
2   Public Sub ch9_33()
3       x = 5
4       MsgBox ("ch9_33 的 x = " & x)
5       mysub
6       m9_33
7   End Sub
8   Sub mysub()
9       x = x + 1
10      MsgBox ("mysub  的 x = " & x)
11  End Sub
```

Module2 的內容：

```
1   Public Sub m9_33()
2       x = x + 2
3       MsgBox ("m9_33  的 x = " & x)
4   End Sub
```

執行結果　首先請選擇 ch9_33，然後按執行鈕。

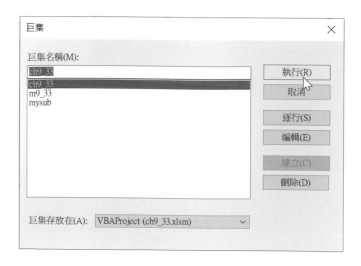

可以得到下列執行結果。

全域變數的使用應該注意下列事項：

● 側效：全域變數易於引入不必要的側效，因為它們可以在專案的任何地方被修改，這可能會導致難以追蹤的錯誤和程式行為的不預期。

● 維護困難：過度依賴全域變數可能會使得程式碼難以維護和理解，尤其是在大型專案中。

● 命名衝突：在不同模組中使用相同名稱的全域變數可能會導致命名衝突和意外的錯誤。

全域變數最佳應用觀念如下：

● 盡量限制全域變數的使用，僅在真正需要在多個模組或程序單元之間共享數據時使用。

● 考慮使用其他數據共享機制，如透過參數傳遞。

● 為全域變數選擇清晰、明確的命名，以減少命名衝突的風險並提高程式碼的可讀性。

9-5 Enum 列舉

在 Excel VBA 中，Enum 列舉常數是一種特殊的數據類型，它允許開發者定義一組命名的常數。使用枚舉可以使程式碼更加清晰易讀，並且有助於減少程式中硬編碼的數值，進而降低出錯機率和提高程式的維護性。

9-5-1　基礎宣告與實例應用

Enum 列舉真實的意義是一個變數，使用目的是將相同類別的數據組織起來，方便未來可以調用這些數據。例如：一家百貨公司可以將消費者的等級分類，如果是白金卡消費打 7 折，金卡打 8 折，銀卡打 9 折，非會員則沒有折扣，一般收銀員如果要記住這些折扣，可能會常常記錯造成結帳錯誤，這就是使用 Enum 的好時機。

Enum 語法如下：

```
[Public | Private] Enum name
    membername_1 = expression_1
    …
    membername_n = expression_n
End Enum
```

上述定義時如果省略 Enum 類型 Public 或 Private，Excel VBA 預設是 Public。此外，expression_n 事長整數 (Long)，如果依照百貨公司的消費規則，我們可以建立下列 Enum 列舉資料。

```
Enum cards
    platinum = 7
    gold = 8
    silver = 9
    no = 10
End Enum
```

Enum 在設計時建議放在 Sub … End Sub 的前方方便參考，同時當宣告 Enum 列舉資料型態時，如果輸入了 Enum 列舉名稱，例如："cards."，VBE 編輯環境會自動列出成員資料供選擇。

程式實例 ch9_34.xlsm：設計百貨公司的結帳系統，這個程式會假設結帳金額是 10000 元，然後你可以輸入卡別，最後列出結帳金額。

```
1   Enum cards
2       platinum = 7
3       gold = 8
4       silver = 9
5       no = 10
6   End Enum
7
8   Public Sub ch9_34()
9       Dim card As String
10      Dim discount
11      cost = 10000
12      card = InputBox("請輸入卡別")
13      Select Case card                    ' 設定折扣數
14      Case "platinum"
15          discount = cards.platinum
16      Case "gold"
17          discount = cards.gold
18      Case Is = "silver"
19          discount = cards.silver
20      Case Else
21          discount = cards.no
22      End Select
23      MsgBox "結帳金額 : " & cost * discount * 0.1
24  End Sub
```

執行結果

9-5-2 再談 Enum 列舉的成員

在定義 Enum 列舉時，也可以不用設定成員的值，如下所示：

```
Enum cards
    platinum
    gold
    silver
    no
End Enum
```

這時系統會自動給 Enum 列舉成員預設值，從 0 開始，例如：上述就相當於：

```
Enum cards
    platinum = 0
    gold = 1
    silver = 2
    no = 3
End Enum
```

如果部分 Enum 列舉成員中有預設值，設定如下，則 platinum 是 0，gold 是 1。

```
Enum cards
    platinum
    gold
    silver = 10
    no
End Enum
```

可以知道 silver 是 10，下一個成員 no 會自動加 1，所以 no 會被設為 11。

程式實例 ch9_35.xlsm：列出 Enum 列舉成員的預設值。

```
1   Enum country
2       USA
3       Japan
4       Korea = 10
5       Singapore
6   End Enum
7
8   Public Sub ch9_35()
9       Dim coun As String
10      coun = InputBox("請輸入國家 : ")
11      Select Case coun
12      Case "USA"
13          MsgBox "USA : " & country.USA
14      Case "Japan"
15          MsgBox "Japan : " & country.Japan
16      Case "Korea"
17          MsgBox "Korea : " & country.Korea
18      Case "Singapore"
19          MsgBox "Singapore : " & country.Singapore
20      Case Else
21          MsgBox "輸入錯誤"
22      End Select
23  End Sub
```

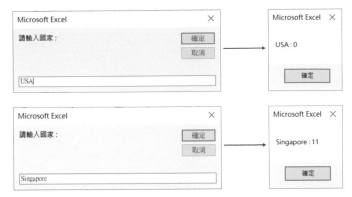

9-5-3 Enum 列舉的隱性成員

在設計 Enum 列舉時，如果成員是用括號 "[ ]" 括起來，這是隱性的成員，利用這個觀念，我們可以列舉所有的成員。

程式實例 ch9_36.xlsm：筆者設定第一個成員是 [_First]，最後一個成員是 [_Last]，這個程式會列舉所有成員的值。

```
1   Enum country
2       [_First]
3       USA
4       Japan
5       Korea
6       Singapore
7       [_Last]
8   End Enum
9
10  Public Sub ch9_36()
11      Dim coun As country
12      For coun = country.[_First] To country.[_Last]
13          Debug.Print coun
14      Next coun
15  End Sub
```

執行結果

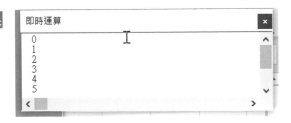

第十章

Excel VBA 的物件、物件屬性與方法

10-1 認識 Excel VBA 的物件

Excel VBA 的物件有超過 100 種，這一節將會做基本解釋，未來則會分別類說明重點物件。

10-1-1 基礎 5 大類物件

設計 Excel VBA 時最常用的物件有 5 大類，這 5 大類物件構成了 Excel 的核心，每個物件底下還有子物件，例如：我們先前已經說明的 Range 物件，其底下有 Font 物件，我們可以使用此 Font 物件設定儲存格的字型、字型大小、顏色、粗體、斜體、底線或刪除線、… 等，未來筆者會用實例解說。

1：Application 物件

當我們使用 Excel VBA 設計應用程式時，Application 物件其實就是代表 Excel 視窗應用程式。這也是 Excel VBA 物件的最頂層，我們可以使用此物件設定 Excel 視窗的標題、狀態欄、視窗環境、是否顯示對話方塊、捲動軸、… 等。

2：Workbook 物件

Workbook 物件位於 Application 的下一層，指的是在 Excel 中所開啟的活頁簿，如果所設計的 Excel 開啟了多個活頁簿，我們可以將這些開啟的活頁簿稱 Workbooks 集合。設計 Excel VBA 時可以針對活頁簿執行開啟，儲存、關閉、取得活頁簿位置、… 等。

3：Worksheet 物件

Worksheet 物件位於 Workbook 的下一層，指的是在 Workbook 活頁簿內的工作表，如果如果所設計的 Workbook 活頁簿開啟了多個工作表，我們可以將這些開啟的工作表稱 Worksheets 集合。設計 Excel VBA 時可以針對工作表執行插入、刪除、更改名稱、… 等。

4：Range 物件

Range 物件位於 Worksheet 下一層，指的是工作表的儲存格，這個物件可以是單一的儲存格、一般儲存格區間、單一列儲存格區間、單一欄儲存格區間、相鄰或是不相鄰的儲存格區間。

這個物件有許多屬性與方法，屬性可以供我們存取儲存格內容、編輯儲存格公式、… 等。方法可以供我們更改儲存格的欄寬、列高、清除儲存格內容、… 等。

5：　Chart 物件

　　Chart 物件指的是工作表上的圖表，這個物件可以放在工作表內，也可以單獨以一個工作表儲存，活頁簿內所有的圖表又可以稱 Charts 圖表集合，此物件也有一些屬性和方法可以讓我們對圖表編輯與管理。

10-1-2　常用物件關係圖

　　我們可以使用下列圖形代表物件關係圖。

10-2　認識物件與屬性

10-2-1　認識物件

　　設計 Excel VBA 時，如果我們要參考某個活頁簿的工作表內的某個儲存格，那麼必須給VBA活頁簿、工作表與儲存格資訊，應用前一節的觀念，這時必須給 VBA 下列資訊：

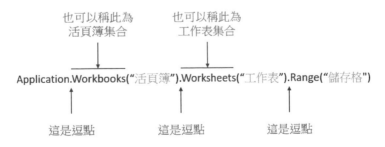

　　前面已經敘述 Application 是一個物件指的是 Excel 視窗應用程式，對一個物件而言底下會有屬性或是方法，所謂的屬性是指物件的內容或是特徵，例如：Workbooks 是 Application 物件的屬性。

上述 Workbooks 是指所有開啟的活頁簿，所以我們將 Workbooks 稱活頁簿集合。上述 Worksheets 是指特定活頁簿內的所有工作表，所以我們將 Worsheets 稱工作表集合。

10-2-2　Workbooks 是物件也是屬性

10-2-1 節的內容讀者可能會疑惑，在 10-1-1 節筆者稱 Workbooks 是物件，在 10-2-1 節筆者稱 Workbooks 是屬性。其實所謂的物件或是屬性並不是絕對的名詞，而是相對的觀念，Workbooks 如果單獨存在時就是一個物件，但是如果透過 Application 引用時就是一個屬性。

10-2-3　物件的方法

所謂物件的方法是指物件的動作，例如：可以針對儲存格內容做剪下、刪除、複製或選取、… 等，這些皆是所謂方法。

10-2-4　引用屬性或是方法

如果回到 10-2-1 節內容，一個物件若是想要引用自身的屬性或是方法，是使用逗點做連接。如果想要設定 A1 儲存格的內容是 50，觀念如下：

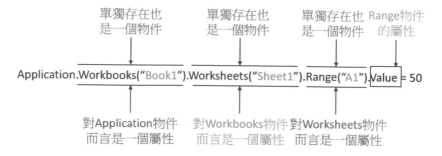

10-3　簡化表達

讀者可能疑惑在前 9 章總共練習了約 130 個 Excel VBA 程式，可以沒有使用 Application、Workbooks、Worksheets 等物件，為何程式仍可以正常執行，這是因為在預設情況，現在所處理的資料是目前活頁簿與工作表的儲存格，所以可以省略。

所以我們可以使用下列語法表達 A1 儲存格的內容。

　　Range("A1").Value = 50

對於 Range 物件而言所指的是儲存格，Value 是 Range 物件的屬性，是指儲存格的內容，如果省略 Value 屬性，也可以得到相同的結果，所以可以簡化上述表達式，如下：

　　Range("A1") = 50

程式實例 ch10_1.xlsm：使用 3 種表達式分別設定儲存格 A1、A2 和 A3 的內容。

```
1  Public Sub ch10_1()
2      Application.Workbooks("ch10_1").Worksheets("工作表1").Range("A1").Value = 50
3      Range("A2").Value = 50
4      Range("A3") = 50
5  End Sub
```

執行結果

	A	B
1		
2		
3		

→

	A	B
1	50	
2	50	
3	50	

10-4 編輯 VBA 時顯示屬性或是方法

10-4-1　物件的成員

現在我們已經知道一個物件有屬性與方法，我們又將該物件的屬性與方法稱該物件的成員。

在 VBE 編輯環境，當輸入物件與逗點，例如："Range("A")." 完後，其實是指輸入完逗點 (.) 之後，VBE 環境會自動列出此物件的成員 (屬性與方法) 供點選使用，如下所示：

註　讀者可以開啟 ch10_2.xlsm 做測試。

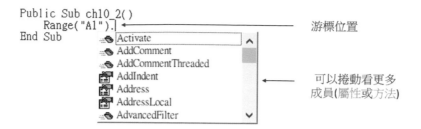

VBE 的預設環境是會顯示上述物件的成員。

10-4-2　顯示物件的成員

如果經過 10-4-1 節輸入完物件名稱與逗點 (.) 之後，沒有看到自動出現成員列表框，可以在 VBE 環境執行工具 / 選項，設定自動列出成員核對框，如下所示：

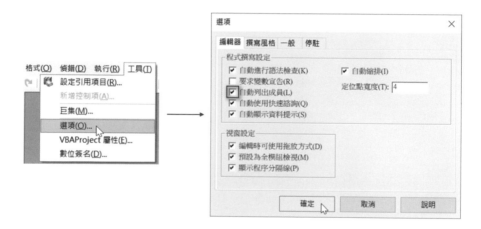

經過上述設定就可以在輸入完物件名稱與逗點 (.) 之後，看到自動出現成員列表框。

10-4-3　分辨屬性與方法

在物件成員列表框中，可以使用圖示分辨屬性或是方法。

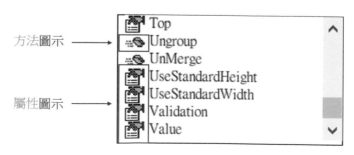

第十一章

Excel VBA 調用 Excel 函數

在本書 1-0-2 節筆者有介紹 Excel 函數庫的著作，其實該著作內容就是講解 Excel 函數的書籍。Excel VBA 也有一系列的函數，甚至部分函數名稱與 Excel 函數名稱相同、參數也相同，但是這兩類的函數是屬於不同的函數，呼叫、引用的方式也不同。

11-1　使用 Application 物件的 WorksheetFunction

設計 Excel VBA 應用程式時，如果要調用 Excel 函數須使用 WorksheetFunciton 屬性，觀念如下：

Application.WorksheetFunction. 函數名稱

或是省略 Application 也可以，如下所示：

WorksheetFunction. 函數名稱

11-2　計算最高、最低與總業績

程式實例 ch11_1.xlsm：調用 Excel 函數 Sum( )、Max( ) 和 Min( ) 計算最高業績與最低業績。

```
1  Public Sub ch11_1()
2      Dim rng As Range
3      Set rng = Range("C4:C6")
4      Range("C7") = Application.WorksheetFunction.Sum(rng)
5      Range("C8") = Application.WorksheetFunction.Max(rng)
6      Range("C9") = Application.WorksheetFunction.Min(rng)
7  End Sub
```

執行結果

	A	B	C
1			
2		深智業績表	
3		姓名	業績
4		洪冰儒	98000
5		洪雨星	87600
6		洪星宇	125600
7		總業績	
8		最高業績	
9		最低業績	

	A	B	C
1			
2		深智業績表	
3		姓名	業績
4		洪冰儒	98000
5		洪雨星	87600
6		洪星宇	125600
7		總業績	311200
8		最高業績	125600
9		最低業績	87600

有關 Max( ) 的用法，可以使用 ChatGPT 查詢，結果如下：

 您
請說明Excel的Max( )函數用法

ChatGPT
在 Excel 中，`MAX` 函數是一個非常有用的統計函數，用於找出一組數值中的最大值。這個函數可以應用於數字、日期和時間數據，並且可以處理範圍、單個數值、細胞引用，甚至是數值列表。

基本用法

```excel
=MAX(number1, [number2], ...)
```

- **number1, [number2], ...**：`MAX` 函數的參數可以是一個範圍、單個細胞引用、一個具體的數值，或者是一個數值列表 ↓ 數將返回這些數值中的最大值。參數中可以包含多達 255 個參數。

範例

1. **基本範圍**：

```excel
=MAX(A1:A10)
```

特別注意

- 如果 `MAX` 函數的所有參數或範圍中的數值都是空的，或者全部為非數字（如文本），則函數將返回 0。
- `MAX` 函數對於處理包含錯誤值的範圍時會返回錯誤。如果你想忽略錯誤值，可以使用 `MAXA` 函數或結合使用 `IFERROR` 函數。

應用場景

`MAX` 函數在各種場景下都非常有用，比如財務分析、學生成績的計算、庫存管理、或者任何需要找出最大值的情況。它是 Excel 數據分析和報告的基礎工具之一。

這個查詢 Excel 函數的用法，可以應用在 Min( ) 函數（找出一組數據的最小值），以及未來各節所述的函數。

程式實例 ch11_2.xlsm：簡化 Application 物件，調用 Excel 函數 Max( ) 和 Min( ) 計算最高業績與最低業績。

```
1  Public Sub ch11_2()
2      Dim rng As Range
3      Set rng = Range("C4:C6")
4      Range("C7") = WorksheetFunction.Sum(rng)
5      Range("C8") = WorksheetFunction.Max(rng)
6      Range("C9") = WorksheetFunction.Min(rng)
7  End Sub
```

執行結果 與 ch11_1.xlsm 相同。

上述第 4、5 或 6 列在 Excel VBA 調用 Excel 函數也可以使用下列方式調用：

Application.Sum(rng)

Application.Max(rng)

Application.Min(rng)

程式實例 ch11_2_1.xlsm：簡化 WorksheetFunction，使用 Application 物件調用。

```
1  Public Sub ch11_2_1()
2      Dim rng As Range
3      Set rng = Range("C4:C6")
4      Range("C7") = Application.Sum(rng)
5      Range("C8") = Application.Max(rng)
6      Range("C9") = Application.Min(rng)
7  End Sub
```

執行結果 與 ch11_1.xlsm 相同。

11-3 計算會員消費總計

程式實例 ch11_3.xlsm：調用 Excel 函數 SUMIF( ) 計算會員消費總計。

```
1  Public Sub ch11_3()
2      Dim member As Range, cost As Range
3      Set member = Range("C4:C7")
4      Set cost = Range("D4:D7")
5      Range("F3") = WorksheetFunction.SumIf(member, "是", cost)
6  End Sub
```

執行結果

	A	B	C	D	E	F
1						
2		天空Spa銷售資料				會員消費
3		姓名	會員	消費金額		
4		王一中	是	6000		
5		陳小二	是	4800		
6		張美玲	否	2200		
7		王中平	是	7600		

	A	B	C	D	E	F
1						
2		天空Spa銷售資料				會員消費
3		姓名	會員	消費金額		18400
4		王一中	是	6000		
5		陳小二	是	4800		
6		張美玲	否	2200		
7		王中平	是	7600		

SumIf( ) 函數是一個非常實用的函數，它可以根據指定的條件對範圍中的數值進行求和，語法如下：

=SumIf(range, criteria, [sum_range])

- range：這是你將要應用條件的範圍，函數將檢查這個範圍中的每個儲存格，以確定是否符合指定的條件。

- criteria：這是一個條件，用於決定哪些儲存格應該被計算在內。這個條件可以是數字、表達式、儲存格引用，或者是字串。

- [sum_range]：這是一個可選的參數，指定實際要加總的數值所在的範圍。如果省略這個參數，函數將對 range 內的數值進行加總。

11-4 汽車駕照考試

程式實例 ch11_4.xlsm：國內汽車駕照考試分為筆試與路考，筆試必須在 85 分 (含) 以上，路考必須在 70 分 (含) 以上，整個才算通過考試，有一系列考生分數如下，最後列出是否及格的成績。

```
1   Public Sub ch11_4()
2       Dim i As Integer
3       Dim pass As String, fail As String
4       pass = "通過"
5       fail = "失敗"
6       For i = 4 To 8
7           If WorksheetFunction.And(Range("C" & i) >= 85, Range("D" & i) >= 70) Then
8               Range("E" & i).Value = pass
9           Else
10              Range("E" & i).Value = fail
11          End If
12      Next i
13  End Sub
```

執行結果

	A	B	C	D	E
1					
2			汽車駕照考試		
3		考生姓名	筆試	路考	成績
4		陳嘉文	86	90	
5		李欣欣	75	92	
6		張家宜	90	65	
7		陳浩	95	70	
8		王鐵牛	88		
9		空格代表缺考			

	A	B	C	D	E
1					
2			汽車駕照考試		
3		考生姓名	筆試	路考	成績
4		陳嘉文	86	90	通過
5		李欣欣	75	92	失敗
6		張家宜	90	65	失敗
7		陳浩	95	70	通過
8		王鐵牛	88		失敗
9		空格代表缺考			

And( ) 函數是一種邏輯函數，用於檢查所有給定的條件是否全部為真（TRUE）。如果所有條件都滿足（即都為 TRUE），則 And( ) 函數返回 TRUE；如果任何一個條件不滿足（即其中至少有一個為 FALSE），則返回 FALSE。And( ) 函數常用於決策製定、數據分析和條件格式設定中，特別是當需要基於多個條件進行篩選或判斷時。語法如下：

=And(logical1, [logical2], ...)

logical1, [logical2], ... ：這些是要檢查的條件，可以是直接的 TRUE 或 FALSE 值，也可以是任何返回這些值的表達式或函數。And( ) 函數至少需要一個條件，最多可以包含 255 個條件。

11-5 公司費用支出整體重新排序

程式實例 ch11_5.xlsm：依據支出列出排名。

```
1   Public Sub ch11_5()
2       Dim i As Integer
3       For i = 4 To 8
4           Range("D" & i) = WorksheetFunction.Rank(Range("C" & i), _
5                       Range("C4:C8"))
6       Next i
7   End Sub
```

執行結果

Rank( ) 函數是一個非常實用的統計函數，用於確定一個數值在一個數據集中的排名。根據數據集的排序方式，Rank( ) 函數可以返回數值在數據集中的升序排名或降序排名。

Rank( ) 是早期的語法，新版 Excel 提供了兩種相關的函數：Rank.EQ( ) 和 Rank.AVG( )，而原來的 Rank( ) 函數在最新版本的 Excel 中已被這兩個函數所取代。不過，Rank( ) 函數仍然可以在相容性模式下使用。

❏ **Rank.EQ( ) 函數**

=Rank.EQ(number, ref, [order])

● number：要找出排名的數值。

● ref：包含數值列表的範圍參考。

● [order]：這是一個可選參數。如果為 0 或省略，則按降序排列；如果為 1，則按升序排列。

❏ **Rank.AVG( ) 函數**

=Rank.AVG(number, ref, [order])

Rank.AVG( ) 的參數與 Rank.EQ( ) 相同。不同之處在於，當有多個相同的數值時，Rank.AVG( ) 會返回這些數值的平均排名，而 Rank.EQ( ) 會返回相同的排名，但不考慮平均。

11-6 回傳業績前 3 名的金額

程式實例 ch11_6.xlsm：回傳業績前 3 名的金額。

```
1  Public Sub ch11_6()
2      For i = 4 To 6
3          Range("F" & i) = WorksheetFunction.Large(Range("C4:C8"), _
4                          Range("E" & i))
5      Next i
6  End Sub
```

執行結果

Large( ) 函數用於返回一個數據集中第 k 大的值。這個函數非常適合用於找出排名在前幾位的數據，例如銷售數據的前三名、考試成績的前五名等，語法如下：

=Large(array, k)

● array：是包含數據集的範圍或數組。

- k：是你想要找到的數據集中的第 k 大的數值。例如，k = 1 表示最大值，k = 2 表示第二大的值，以此類推。

11-7　基本工作天數計算

程式實例 ch11_7.xlsm：計算基本工作天數，註：週六或週日不算是工作天數。

```
1  Public Sub ch11_7()
2      Dim i As Integer
3      For i = 4 To 8
4          Range("F" & i) = WorksheetFunction.NetworkDays(Range("B" & i), _
5                                Range("D" & i))
6      Next i
7  End Sub
```

執行結果

	A	B	C	D	E	F
1						
2			工作天數計算			
3		開工日期	星期	完工日期	星期	工作天數
4		2020/12/29	星期二	2021/1/4	星期一	
5		2021/3/1	星期一	2021/3/8	星期一	
6		2021/4/1	星期四	2021/4/8	星期四	
7		2021/5/4	星期二	2021/5/10	星期一	
8		2021/6/1	星期二	2021/6/4	星期五	

	A	B	C	D	E	F
1						
2			工作天數計算			
3		開工日期	星期	完工日期	星期	工作天數
4		2020/12/29	星期二	2021/1/4	星期一	5
5		2021/3/1	星期一	2021/3/8	星期一	6
6		2021/4/1	星期四	2021/4/8	星期四	6
7		2021/5/4	星期二	2021/5/10	星期一	5
8		2021/6/1	星期二	2021/6/4	星期五	4

NetworkDays( ) 函數是一個非常實用的日期和時間函數，它用於計算兩個日期之間的總工作日數（即排除週末的天數），並且可以選擇性地排除節假日。這個函數對於計劃專案時間線、計算薪資或者任何需要考慮工作日的場景都非常有用，語法如下：

=NetworkDays(start_date, end_date, [holidays])

- start_date：起始日期，計算範圍的開始。
- end_date：結束日期，計算範圍的結束。
- [holidays]：（可選）一個範圍或數組，指定在計算期間需要排除的節假日。

11-8　搜尋商品代碼的定價

實例 ch11_8.xlsm：搜尋商品代碼的定價。

```
1  Public Sub ch11_8()
2      Range("G4") = WorksheetFunction.VLookup(Range("G3"), _
3                        Range("B4:D6"), 3)
4  End Sub
```

執行結果

▲	A	B	C	D	E	F	G		F	G
1										
2		大大資訊廣場				商品代碼查詢			商品代碼查詢	
3		代碼	商品	定價		代碼	i-102		代碼	i-102
4		i-101	iWatch	18000		售價			售價	26800
5		i-102	iPhone	26800						
6		i-103	iPad	12600						

　　Vlookup( ) 是垂直查找函數工具，用於在表格的第一欄中搜索特定的值，並從同一列的指定欄位返回值，這個函數非常適合用於在大型數據表中快速查找和擷取資料，其語法如下：

=Vlookup(lookup_value, table_array, col_index_num, [range_lookup])

- lookup_value：要查找的值，Vlookup( ) 將在 table_array 的第一欄中查找這個值。
- table_array：要進行查找的範圍或表格，函數將在這個範圍的第一欄中查找 lookup_value。
- col_index_num：從 table_array 的第一欄算起，要返回值的欄位的數字。例如，如果 col_index_num 為 2，則 Vlookup( ) 將返回找到的該列中第二欄位的值。
- [range_lookup]：這是一個可選參數，用於指定查找方式。如果為 TRUE 或省略，Vlookup( ) 將進行近似匹配查找；如果為 FALSE，則進行精確匹配查找。

11-9 計算貸款的年利率

實例 ch11_9.xlsm：依照 3 年還款期限、每期 60000 元還款金額與 200 萬貸款總金額，計算貸款的年利率。

```
1   Public Sub ch11_9()
2       Range("D6") = WorksheetFunction.Rate(Range("D3") * 12, _
3                     Range("D4"), Range("D5")) * 12
4   End Sub
```

執行結果

▲	A	B	C	D		D
1						
2		房屋貸款				
3		還款期限(年)	nper	3		3
4		每月還款金額	pmt	-60000		-60000
5		貸款金額	pv	2000000		2000000
6		年利率	RATE		→	5.06%

上述實例筆者已經先將 D6 儲存格改為百分比格式 %，和小數點有 2 位。

Rate( ) 函數是一個金融函數，用於計算一期資金（如貸款或投資）的每期利率。這個函數在計算貸款的月利率、投資的收益率等場景中非常有用，其語法如下：

=Rate(nper, pmt, pv, [fv], [type], [guess])

- nper：總付款期數。

- pmt：每期的付款金額，通常為負值。

- pv：現值，或一系列未來付款的當前值的總和，通常為負值。

- [fv]：（可選）未來值，或在最後一次付款後希望得到的現金餘額；如果省略，假設為 0（即貸款的未來值為 0）。

- [type]：（可選）數值 0 或 1，用以指定付款是在期初還是期末進行。0 表示期末（默認值），1 表示期初。

- [guess]：（可選）你對利率的估計值；如果省略，假設為 10%。

11-10 計算折舊

實例 ch11_10.xlsm：假設資產原價值是 100 萬，使用 6 年後資產殘值是 10 萬，請使用 DB 函數計算每年折舊金額。

```
1  Public Sub ch11_10()
2      Dim i As Integer
3      For i = 3 To 7
4          Range("G" & i) = WorksheetFunction.Db(Range("C3"), _
5                           Range("C4"), Range("C5"), Range("F" & i))
6      Next i
7  End Sub
```

執行結果

	A	B	C	D	E	F	G
1							
2		資產折舊計算			說明	年度	折舊金額
3		資產原價值	1000000		第1年折舊	1	
4		資產殘值	100000		第2年折舊	2	
5		使用年限	6		第3年折舊	3	
6					第4年折舊	4	
7					第5年折舊	5	

G
折舊金額
$319,000.00
$217,239.00
$147,939.76
$100,746.98
$68,608.69

DB( ) 函數是一個財務函數，用於根據固定餘額遞減法計算某一資產在給定期間內的折舊值。這種折舊方法在計算期初提供較高的折舊費，在期末提供較低的折舊費，適用於那些價值快速減少的資產，其語法如下：

=DB(cost, salvage, life, period, [month])

- cost：資產原值。
- salvage：折舊末尾時的殘值（即資產使用壽命結束時的估計值）。
- life：資產的使用壽命（以期間數表示，如年數）。
- period：要計算折舊的期間。
- [month]：（可選）資產第一年的月數。如果省略，預設為 12 個月。

11-11 AI 輔助計算折舊

11-10 節使用 DB 函數計算折舊，也可以用 ChatGPT 輔助設計。

您
假設C3儲存格內有資產原價值，C4儲存格內有使用6年後資產殘值，C5儲存格內容是使用年限。請設計Excel VBA程式，請使用DB函數，計算1-5年的折舊金額，同時將執行結果放在G3:G7。

ChatGPT
若要使用 Excel 的 `DB`(固定餘額遞減法) 函數來計算折舊金額，並透過 VBA 把計算結果填入 G3 至 G7 儲存格，可以使用以下 VBA 程式碼：

```
1   Sub CalculateDepreciationUsingDB()
2       Dim originalValue As Double
3       Dim salvageValue As Double
4       Dim lifeSpan As Integer
5       Dim year As Integer
6       Dim depreciationAmount As Double
7
8       ' 從工作表讀取資料
9       originalValue = Range("C3").Value
10      salvageValue = Range("C4").Value
11      lifeSpan = Range("C5").Value
12
13      ' 在 G3:G7 計算並填入1至5年的折舊金額
14      For year = 1 To 5
```

```
15              ' 使用 Excel DB 函數計算每年的折舊金額
16              depreciationAmount = Application.WorksheetFunction.Db(originalValue, _
17                              salvageValue, lifeSpan, year)
18
19              ' 將計算結果填入對應的儲存格
20              Cells(year + 2, 7).Value = depreciationAmount
21         Next year
22
23         MsgBox "折舊金額計算完成，結果已放在 G3:G7。"
24    End Sub
```

這段 VBA 程式碼首先從 C3、C4 和 C5 儲存格中獲取資產原價值、殘值和使用年限。然後，它透過一個迴圈，使用 Excel 的 `DB` 函數計算每年的折舊金額。最後，把計算結果填入 G3 至 G7。

執行步驟：

1. 打開 Excel，然後按 `Alt + F11` 進入 VBA 編輯器。
2. 在 VBAProject (你的工作簿名稱) 下，右鍵點擊「Microsoft Excel 物件」，選擇「插入」->「模組」。
3. 在新模組窗口中貼上上述程式碼。
4. 按 `F5` 或點擊工具欄的「運行」按鈕執行 宏 。

指的是「巨集」

在執行此宏之前，請確保 C3、C4 和 C5 儲存格中已正確填入資產的原價值、殘值和使用年限。這樣就能使用 DB 函數來計算並顯示 1 到 5 年的折舊金額。

上述可以得到和 ch11_10.xlsm 一樣的結果。這個程式 ChatGPT 利用 Excel VBA 與 DB 函數結合，精準執行固定餘額遞減法折舊計算，展現了自動化財務分析的能力。透過程式，使用者能夠便捷地獲取資產每年的折舊金額，進而有效地規劃和管理財務資源。程式不僅提升了工作效率，也確保了計算的準確性，對於需要進行資產管理的企業或個人來說，提供了實用且可靠的解決方案。透過對這類自動化工具的應用，顯著提升了財務報告的準備速度與品質。

第十二章

Excel VBA 的日期與時間函數

12-1 日期與時間函數列表

下列是 Excel VBA 常用日期與時間函數。

函數	說明	參考
Date	回傳目前系統日期。	12-2 節
Day	回傳日期格式的日。	12-3 節
Month	回傳日期格式的月。	12-3 節
Year	回傳日期格式的年。	12-3 節
Weekday	可以取得阿拉伯數字 1 – 7 的星期資訊。	12-4-1 節
WeekdayName	產生星期資訊。	12-4-2 節
DateSerial	由個別的年、月、日值轉成日期的字串。	12-5 節
IsDate	判斷參數是不是日期字串。	12-6 節
DateValue	將日期字串轉成正式日期。	12-6 節
Time	回傳目前系統時間。	12-7-1 節
TimeValue	將時間字串轉成時間。	12-7-2 節
Hour	回傳時間格式的時。	12-8 節
Minute	回傳時間格式的分。	12-8 節
Second	回傳時間格式的秒。	12-8 節
TimeSerial	由個別的時、分、秒值轉成時間的字串。	12-9 節
Now	回傳系統日期與時間。	12-10 節
DateAdd	計算增加日期或時間後的新日期或時間。	12-11-1 節
DateDiff	計算兩段日期或時間之間的間隔數。	12-11-2 節
DatePart	可以列出時間是屬於哪一個時間段。	12-11-3 節
Format	可以格式化數值、日期與字串。	12-12 節

本章將講解下列日期與時間函數。

12-2 Date 函數

可以回傳目前系統日期。

程式實例 ch12_1.xlsm：列出目前系統日期。

```
1  Public Sub ch12_1()
2      MsgBox ("目前系統日期 : " & Date)
3  End Sub
```

執行結果

12-3 Day/Month/Year 函數

Day(Date)：可以回傳日期格式的日，有關日期格式可以參考 12-2 節。

Month(Date)：可以回傳日期格式的月，有關日期格式可以參考 12-2 節。

Year(Date)：可以回傳日期格式的年，有關日期格式可以參考 12-2 節。

程式實例 ch12_2.xlsm：回傳日期格式的年、月、日。

```
1  Public Sub ch12_2()
2      MsgBox ("目前是 : " & vbCrLf & _
3              Year(Date) & " 年 " & vbCrLf & _
4              Month(Date) & " 月 " & vbCrLf & _
5              Day(Date) & " 日")
6  End Sub
```

執行結果

年、月、日可以從 Date() 函數產生，也可以由儲存格內容取得。

程式實例 ch12_3.xlsm：由儲存格內容獲得日期年、月、日資料。

```
1  Public Sub ch12_3()
2      Range("B2") = Year(Range("B1"))
3      Range("B3") = Month(Range("B1"))
4      Range("B4") = Day(Range("B1"))
5  End Sub
```

執行結果

	A	B
1	日期	2022/9/10
2	年	
3	月	
4	日	

→

	A	B
1	日期	2022/9/10
2	年	2022
3	月	9
4	日	10

12-4　Weekday/WeekdayName

12-4-1　Weekday

　　Weekday( ) 可以取得星期資訊，此星期資訊是阿拉伯數字 1～7，分別代表星期日 – 星期六。

程式實例 ch12_4.xlsm：由日期獲得星期資訊。

```
1  Public Sub ch12_4()
2      Dim index As Integer
3      index = Weekday(Range("B1"))
4      Range("B2") = Choose(index, "日", "一", "二", "三", "四", "五", "六")
5  End Sub
```

執行結果

	A	B
1	日期	2021/5/7
2	星期	

→

	A	B
1	日期	2021/5/7
2	星期	五

12-4-2　WeekdayName

　　可以由 Weekday( ) 函數所產生的星期阿拉伯數字產生星期資訊。

程式實例 **ch12_5.xlsm**：使用 WeekdayName( ) 函數取代 Choose( ) 函數，重新設計 ch12_4.xlsm。

```
1   Public Sub ch12_5()
2       Dim index As Integer
3       index = Weekday(Range("B1"))
4       Range("B2") = WeekdayName(index)
5   End Sub
```

執行結果

	A	B
1	日期	2021/5/7
2	星期	

→

	A	B
1	日期	2021/5/7
2	星期	星期五

12-5 DateSerial

這個函數可以由個別的年、月、日值轉成日期的字串，這個函數語法如下：

DateSerial(year, month, day)

程式實例 **ch12_6.xlsm**：由個別的年、月、日值轉成日期。

```
1   Public Sub ch12_6()
2       Range("B4") = DateSerial(Range("B1"), Range("B2"), Range("B3"))
3   End Sub
```

執行結果

	A	B
1	年	2022
2	月	1
3	日	25
4	日期	

→

	A	B
1	年	2022
2	月	1
3	日	25
4	日期	2022/1/25

12-6 IsDate/DateValue

IsDate( ) 函數可以判斷參數是不是日期字串，如果是回傳 True，否則回傳 False，語法如下：

IsDate(日期字串)

DateValue( ) 函數可以將日期字串轉成正式日期，語法如下：

DateValue(日期字串)

如果 DateValue( ) 函數的日期字串參數不是日期格式，會產生錯誤，因此在使用 DateValue( ) 函數前，可以使用 IsDate( ) 函數先判斷這是不是日期字串。

程式實例 ch12_7.xlsm：如果 B 欄位日期格式正確則在 C 欄位輸出系統預設日期格式，如果日期格式錯誤則輸出日期格式錯誤。

```
1   Public Sub ch12_7()
2       Dim i As Integer
3       For i = 2 To 8
4           If IsDate(Range("B" & i)) Then
5               Range("C" & i) = DateValue(Range("B" & i))
6           Else
7               Range("C" & i) = "日期格式錯誤"
8           End If
9       Next i
10  End Sub
```

執行結果

12-7 Time 和 TimeValue

12-7-1 Time

可以回傳目前系統時間。

程式實例 ch12_8.xlsm：列出目前系統時間。

```
1   Public Sub ch12_8()
2       MsgBox ("目前系統時間 : " & Time)
3   End Sub
```

執行結果

12-7-2　TimeValue

這個函數可以將時間字串轉為時間，語法如下：

TimeValue(time)

參數 time 是時間參數，可以是 0:00:00(12:00:00AM) 到 23:59:59(11:59:59PM)，這個時間參數可以使用 12 小時制或是 24 小時制皆是有效的時間，例如："3:20PM" 與 "15:20PM" 皆是有效的參數。

程式實例 ch12_8_1.xlsm：列出現在時間與 5 分鐘後的時間。

```
1  Public Sub ch12_8_1()
2      MsgBox ("現在時間      : " & Now & vbCrLf & _
3              "5分鐘後的時間 : " & Now + TimeValue("00:5:00"))
4  End Sub
```

執行結果

12-8　Hour/Minute/Second

Hour(Time)：可以回傳時間格式的時，回傳值是在 0 ～ 23 間的整數。

Minute(Time)：可以回傳時間格式的分，回傳值是在 0 ～ 59 間的整數。

Second(Date)：可以回傳時間格式的秒，回傳值是在 0 ～ 59 間的整數。

程式實例 ch12_9.xlsm：回傳時間格式的時、分、秒。

```
1  Public Sub ch12_9()
2      MsgBox ("目前是 : " & vbCrLf & _
3              Hour(Time) & " 點 " & vbCrLf & _
4              Minute(Time) & " 分 " & vbCrLf & _
5              Second(Time) & " 秒")
6  End Sub
```

執行結果

12-9　TimeSerial

這個函數可以由個別的時、分、秒值轉成時間的字串，這個函數語法如下：

TimeSerial(Hour, mimute, second)

程式實例 ch12_10.xlsm：由個別的時、分、秒值轉成時間。

```
1  Public Sub ch12_10()
2      Range("B4") = TimeSerial(Range("B1"), Range("B2"), Range("B3"))
3  End Sub
```

執行結果

	A	B
1	時	11
2	分	20
3	秒	25
4	時間	

→

	A	B
1	時	11
2	分	20
3	秒	25
4	時間	11:20:25 AM

12-10　Now

Now() 可以回傳系統日期與時間。

程式實例 ch12_11.xlsm：回傳系統日期與時間。

```
1  Public Sub ch12_11()
2      MsgBox ("目前系統日期與時間 : " & Now)
3  End Sub
```

執行結果

12-11 DateAdd/DateDiff/DatePart

這 3 個函數會使用 interval 參數，指日期或時間間隔的數字符號，此參數意義如下：

設定	說明	設定	說明
yyyy	年	w	工作日
q	季	ww	週
m	月	h	時
y	年中的日	n	分
d	日	s	秒

12-11-1 DateAdd

可以計算增加一段日期或時間，如果減少一段日期或時間後的一個新的日期或時間，這個函數的語法如下：

DateAdd(interval, number, date)

● interval：必要，指日期或時間間隔的數字符號，可以參考 12-11 節。

● number：必要，指日期或時間的間隔，正值代表未來日期或時間，負值代表過去日期或時間。

● date：必要，代表基準日期或時間。

程式實例 ch12_12.xlsm：輸入日期或時間設定、數字、指定日期或時間，這個程式會回應新日期或時間。

```
1   Public Sub ch12_12()
2       Dim mydate As String
3       Dim number As Integer
4       Dim intervalType As String
5       intervalType = InputBox("輸入日期或時間隔符號 : ")
6       number = InputBox("輸入間隔數字 : ")
7       mydate = InputBox("輸入基準日期或時間 : ")
8       newDate = "新日期或時間 : " & DateAdd(intervalType, number, mydate)
9       MsgBox newDate
10  End Sub
```

執行結果 1：使用 m，日期往後推導的實例。

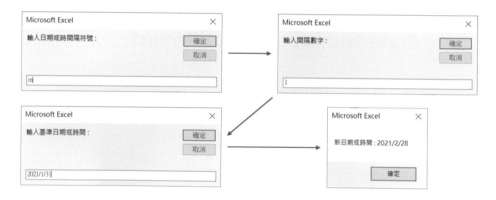

執行結果 2：使用 d，日期往後推導的實例。

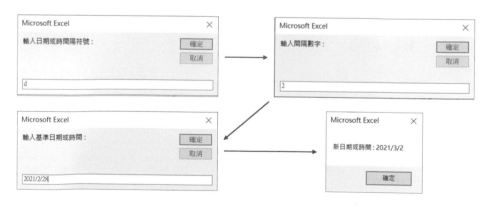

執行結果 3：使用 ww，日期往前推導的實例。

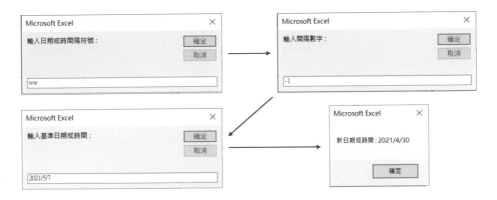

執行結果 4：使用 h，時間往後推導的實例。

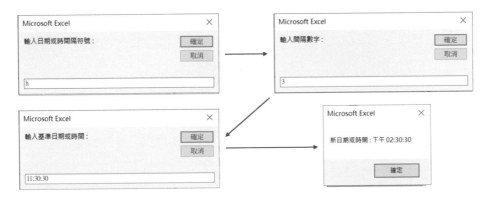

12-11-2 DateDiff

可以計算兩段日期或時間之間的間隔數，這個函數的語法如下：

DateDiff(interval, date1, date2, [firstdayofweek, [firstweekofyear]])

- interval：必要，指日期或時間間隔的數字符號，可以參考 12-11 節。
- Date1、date2：必要，指兩個日期或時間。
- firstdayofweek：選用，指定每週的第一天，如果未指定則是星期日。
- firstweekofyear：選用，指定每年的第一週，如果未指定則設 1 月 1 日是第一週。

程式實例 ch12_13.xlsm：輸入特定日期，本程式會列出輸入日期與現在日期的間隔天數。

```
1  Public Sub ch12_13()
2      Dim mydate As String
3      Dim interval As String
4      Dim dayOrTime
5      intervalType = InputBox("輸入日期間隔符號 : ")
6      mydate = InputBox("輸入日期 : ")
7      newdayOrTime = "日期間隔天數 : " & DateDiff(intervalType, Now, mydate)
8      MsgBox newdayOrTime
9  End Sub
```

執行結果

12-11-3　DatePart

可以列出時間是屬於哪一個時間段，這個函數的語法如下：

DatePart(interval, date, [firstdayofweek, [firstweekofyear]])

● interval：必要，指日期或時間間隔的數字符號，可以參考 12-11 節。

● date：必要，指評估的日期。

● firstdayofweek：選用，指定每週的第一天，如果未指定則是星期日。

● firstweekofyear：選用，指定每年的第一週，如果未指定則設 1 月 1 日是第一週。

程式實例 ch12_14_.xlsm：輸入特定日期，本程式會列出輸入日期是那一季度。

```
1  Public Sub ch12_14()
2      Dim mydate As String
3      Dim intervalType As String
4      Dim msg As String
5      intervalType = InputBox("輸入間隔符號 : ")
6      mydate = InputBox("輸入日期 : ")
7      msg = "屬於第 : " & DatePart(intervalType, mydate) & " 季"
8      MsgBox msg
9  End Sub
```

執行結果

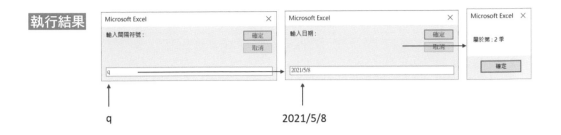

12-12　Format

Format( ) 是一個格式化函數,可以格式化數值、日期與字串,本節將分別說明,Format 的語法如下:

Format(Expression, [Format], [FirstDayOf Week], [FirstWeekOfYear])

- Expression:必要,這是運算式。
- Format:選用,使用者定義的輸出格式,可以參考各小節。。
- FirstDayOfWeek:選用,指定每週的第一天。
- FirstWeekOfYear:選用,指定每年的第一週。

12-12-1　格式化數值

有關數值格式化符號如下:

格式符號	說明
通用格式	以通用格式顯示數字
#	預留數值位置又稱數字標位。如果數字內小數點在左邊的位數超過 # 的個數,顯示超出的數字。如果數字內小數點右邊的位數超出 # 的個數,超出的部分將被四捨五入。
0(零)	預留數值位置又稱數字標位。規則與 # 相同,不過若是數字位數少於格式設定 0 的個數,不足的位數以 0 表示。例如,若是格式 #.00,若數字是 36.5,則顯示 36.50。
?	預留數值位置又稱數字標籤。規則與 0 相同,但是對於小數點兩邊不影響實際數字的 0 會以空格取代,促使小數點可以對齊。

格式符號	說明
. (小數點)	這個小數點符號可用於設定小數點的左和右兩邊各要顯示多少位數 (由 # 和 0 數量而定)。
%	百分比，所顯示的結果是數字乘以 100，然後加上 % 符號。
, (逗號)	千位分節符號。如果逗號前後均有 # 或 0，所顯示的數字將會每 3 位以逗號分開。如果逗號是跟在數字標位的後面，表示以千為單位顯示數字，例如：# 格式會以千為單位，而 #,, 會以百萬為單位顯示數字。0.00,, 會將 25,500,00 以 25.50 顯示。
E- E+ e- e+	科學記號顯示數值。如果格式內 E-、e-、e+ 的右邊加 0 或 #，將以科學記號顯示數字，並將插入 0 或 # 在所顯示的數字內。E 或 e 右邊的 #(或 0) 個數可用於設定指數的位數，而 E- 或 e- 可用來表示負指數。而 E+ 或 e+ 可在指數為正時加上正號，指數為負時加上負號。
$	顯示金錢符號

程式實例 ch12_15.xlsm：Format 格式化數值的應用。

```
1   Public Sub ch12_15()
2       Debug.Print Format(123.56789, "0")
3       Debug.Print Format(123.56789, "0.0")
4       Debug.Print Format(123.56789, "0.00")
5       Debug.Print Format(0.156, "0.00%")
6       Debug.Print Format(12356789, "#,###")
7       Debug.Print Format(12356789, "$#,###")
8       Debug.Print Format(123.56789, "#.#")
9       Debug.Print Format(1230000, "#,")
10      Debug.Print Format(-123.56789, "0.00")
11  End Sub
```

執行結果

即時運算	✕
124	
123.6	
123.57	
15.60%	
12,356,789	
$12,356,789	
123.6	
1230	
-123.57	

12-12-2　日期與時間格式化

有關日期與時間格式化符號如下：

格式符號	說明
(:)	時間分隔符號
(/)	日期分隔符號
m	以前面不加 0 的方式顯示月份 (1-12)。如果你緊接在 h 或 hh 符號之後加上 m，此 m 將被視為分鐘。
mm	以前面加上 0 的方式顯示月份 (01-12)。如果你緊接在 h 或 hh 符號之後加上 m，此 m 將被視為分鐘。
mmm	以英文縮寫的方式顯示月份 (Jan-Dec)。
mmmm	以完整的英文名稱顯示月份 (January-Decmeber)。
d	以前面不加 0 的方式顯示日期 (1-31)。
dd	以前面加上 0 的方式顯示日期 (01-31)
ddd	以英文縮寫的方式顯示日期 (Sun-Sat)。
dddd	以完整的英文名稱顯示日期 (Sunday-Saturday)。
ddddd	簡短日期格式，m/d/yy
dddddd	完整日期格式
w	以數字顯示星期幾，1 代表星期日，7 代表星期六
ww	以數字顯示一年中的週 (1 – 54)
y	一年中的第幾天
yy 或 yyyy	以二位數字 (00-99) 或是四位數字 (1900-2078) 顯示年份。
h 或 hh	以前面不加 0 的方式 (0-23) 或是前面加上 0 的方式 (00-23) 顯示時 (Hour)，如果格式內加上 AM 或 PM 指示碼，則使用 12 小時制，否則使用 24 小時制。
n	以前面不加 0 的方式 (0-59) 或是前面加上 0 的方式 (00-59) 顯示分 (minute)，
mm	m 或 mm 必須緊跟在 h 或 hh 後面，否則會被視為是月份。
s 或 ss	以前面不加 0 的方式 (0-59) 或是前面加上 0 的方式 (00-59) 顯示秒 second。
AM/am/A/a PM/pm/P/p	使用 12 時制顯示時鐘，AM 或 am 或 A 或 a 代表午夜至中午的時間，PM 或 pm 或 P 或 p 代表中午至午夜的時間。若不加上此符號，則代表使用 24 小時。

程式實例 ch12_16.xlsm：格式化日期與時間的應用。

```
1  Public Sub ch12_16()
2      Debug.Print "顯示 1 碼日期 : " & Format(Now, "d")
3      Debug.Print "顯示 2 碼日期 : " & Format(Now, "dd")
4      Debug.Print "顯示縮寫星期 : " & Format(Now, "ddd")
5      Debug.Print "顯示完整星期 : " & Format(Now, "dddd")
6      Debug.Print "顯示縮寫日期 : " & Format(Now, "ddddd")
7      Debug.Print "顯示完整日期 : " & Format(Now, "dddddd")
8      Debug.Print "顯示 1 碼月份 : " & Format(Now, "m")
9      Debug.Print "顯示 2 碼月份 : " & Format(Now, "mm")
10     Debug.Print "顯示縮寫月份 : " & Format(Now, "mmm")
11     Debug.Print "顯示完整月份 : " & Format(Now, "mmmm")
12     Debug.Print "顯示 1 碼點鐘 : " & Format(Now, "h")
13     Debug.Print "顯示 2 碼點鐘 : " & Format(Now, "hh")
14     Debug.Print "顯示 1 碼分鐘 : " & Format(Now, "n")
15     Debug.Print "顯示 2 碼分鐘 : " & Format(Now, "nn")
16     Debug.Print "顯示 1 碼秒鐘 : " & Format(Now, "s")
17     Debug.Print "顯示 2 碼秒鐘 : " & Format(Now, "ss")
18     Debug.Print "顯示時間      : " & Format(Now, "hh:mm:ss")
19     Debug.Print "顯示時間AM/PM : " & Format(Now, "hh:mm:ss AM/PM")
20     Debug.Print "顯示完整時間  : " & Format(Now, "ttttt")
21 End Sub
```

執行結果

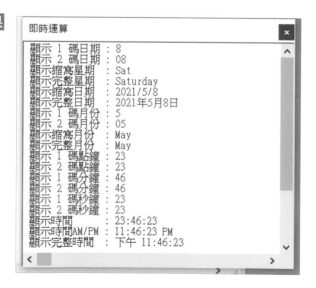

程式實例 ch12_17.xlsm：顯示今天是一年中的第幾天，和以 2 碼或 4 碼顯示西元年。

```
1  Public Sub ch12_17()
2      Debug.Print "顯示一年的第幾天 : " & Format(Now, "y")
3      Debug.Print "顯示 2 碼西元年   : " & Format(Now, "yy")
4      Debug.Print "顯示 4 碼西元年   : " & Format(Now, "yyyy")
5  End Sub
```

執行結果

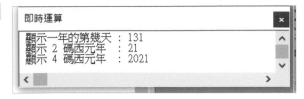

12-12-3 字串格式化

有關字串格式化符號如下：

格式符號	說明
@	文字預留位置，如果在儲存格內輸入文字，則所輸入的文字將被放在 @ 字元位置。
&	顯示空格或不顯示任何項目。
<	以小寫顯示所有字元。
>	以大寫顯示所有字元。
!	預設是由右到左填入預留位置，強制由左到右填入預留位置。

程式實例 ch12_18.xlsm：格式化字串的應用。

```
1  Public Sub ch12_18()
2      Debug.Print Format("Deepen Your Mind", "<")
3      Debug.Print Format("Deepen Your Mind", ">")
4  End Sub
```

執行結果

12-13 AI 輔助計算通話費

有一個通話表單如下：

	A	B	C	D	E	F	G	H	I
1									
2				計算通話費用				通話費用	
3		通話類別	起始時間	結束時間	通話秒數	金額		網內費用	0.08
4		網內	10:10:05	10:11:10				網外費用	0.1393
5		網外	13:01:11	13:05:22				單位	秒
6		網外	14:22:05	14:22:50					
7		網內	15:33:40	15:35:10					
8		網外	21:08:10	21:11:50				費用總計	

我們可以描述上面通話費用表單內容，然後請 ChatGPT 計算通話秒數、金額和費用總計儲存在 I8。

您

B4:B8是註明網內通話或是網外通話，C4:C8是註明通話起始時間，D4:D8是註明通話結束時間，I3是每秒網內通話費用，I4是每秒網外通話費用，請設計Excel VBA程式，在E4:E8填上通話秒數，在F4:F8填上通話金額，在I8填上全部通話費用。

ChatGPT

要計算通話秒數、通話金額以及全部通話費用，我們可以使用以下的 VBA 程式碼：

```
1  Sub CalculateCallCosts()
2      Dim i As Integer
3      Dim startTime As Date, endTime As Date
4      Dim callSeconds As Long, callType As String
5      Dim inNetworkRate As Double, outNetworkRate As Double, callCost As Double
6      Dim totalCost As Double
7
8      ' 讀取每秒的通話費用
9      inNetworkRate = Range("I3").Value
10     outNetworkRate = Range("I4").Value
11
12     ' 初始化總費用
13     totalCost = 0
14
15     ' 計算每次通話的秒數和費用
16     For i = 4 To 8
```

```
17          callType = Range("B" & i).Value
18          startTime = Range("C" & i).Value
19          endTime = Range("D" & i).Value
20          ' 計算通話秒數
21          callSeconds = DateDiff("s", startTime, endTime)
22          ' 填入通話秒數
23          Range("E" & i).Value = callSeconds
24
25          ' 根據通話類型計算通話費用
26          If callType = "網內" Then
27              callCost = callSeconds * inNetworkRate
28          Else
29              callCost = callSeconds * outNetworkRate
30          End If
31          ' 填入通話費用
32          Range("F" & i).Value = callCost
33
34          ' 累加到總費用
35          totalCost = totalCost + callCost
36      Next i
37
38      ' 填入全部通話費用
39      Range("I8").Value = totalCost
40
41      MsgBox "通話費用計算完成！"
42  End Sub
```

這段 VBA 程式碼遍歷從 B4 到 B8 的每條通話記錄，並根據通話類型（網內或網外）、起始時間和結束時間計算每次通話的秒數和費用。計算結果會分別填入 E4:E8（通話秒數）和 F4:F8（通話金額）。此外，所有通話的總費用會被計算並填入 I8 儲存格。

執行步驟：

1. 打開 Excel，然後按 `Alt + F11` 進入 VBA 編輯器。
2. 在 VBAProject (你的工作簿名稱) 下，右鍵點擊「Microsoft Excel 物件」，選擇「插入」->「模組」。
3. 在新模組窗口中貼上上述程式碼。
4. 按 `F5` 或點擊工具欄的「運行」按鈕執行宏。

在執行此宏之前，請確保你的工作表中已經正確填入了通話類型、起始時間和結束時間的資訊，並且設定了網內和網外通話的費率。這個示例假定通話類型、开始時間和結束時間已经被正確地填寫到指定的單元格中。如果通话开始和结束時間跨越了午夜，該代碼可能需要相應的調整以正确处理这种情况 ↓

	A	B	C	D	E	F	G	H	I
1									
2				計算通話費用				通話費用	
3		通話類別	起始時間	結束時間	通話秒數	金額		網內費用	0.08
4		網內	10:10:05	10:11:10	65	5.2		網外費用	0.1393
5		網外	13:01:11	13:05:22	251	34.9643		單位	秒
6		網外	14:22:05	14:22:50	45	6.2685			
7		網內	15:33:40	15:35:10	90	7.2			
8		網外	21:08:10	21:11:50	220	30.646		費用總計	84.2788

　　上述程式巧妙地運用 Excel VBA 自動計算網內外通話的秒數和費用，並將結果整齊地填入指定儲存格，展現了自動化處理數據的便利性。透過對起始和結束時間的差異計算，確實抓取了通話持續時間，並根據網內外不同費率計算出各次通話成本。最後，將所有通話費用加總顯示，進一步提供了費用管理的實用視角。此程式不僅提高了效率，也避免了手動計算中可能出現的錯誤，對於需要處理大量通話記錄的用戶來說，無疑是一大助益。

第十三章

Excel VBA 的字串與數值函數

13-1 字串函數列表

下列是 Excel VBA 常用字串函數列表。

函數	說明	參考
LCase	將字串轉成小寫。	13-2-1 節
UCase	將字串轉成大寫。	13-2-1 節
Proper	將字串轉成首個英文字母大寫，其他小寫。	13-2-2 節
Chr	將數字轉成 ASCII 碼的字元。	13-3-1 節
ChrW	將數字轉成 Unicode 碼的字元	13-3-1 節
Asc	將字元轉成 ASCII 碼值。	13-3-2 節
AscW	將字元轉成 Unicode 碼值。	13-3-2 節
Len	計算字串長度。	13-4-1 節
String	顯示連續相同的字元。	13-4-2 節
Space	字串中插入空格。	13-4-3 節
Left	取得字串左邊的文字。	13-5-1 節
Right	取得字串右邊的文字。	13-5-2 節
Mid	取得字串中間的文字。	13-5-3 節
LTrim	刪除字串左邊的空格。	13-6-1 節
RTrim	刪除字串右邊的空格。	13-6-2 節
Trim	刪除字串左邊與右邊的空格。	13-6-3 節
Split	字串依指定方式分割放入陣列。	13-7 節
InStr	找尋子字串與回傳子字串的位置。	13-8-1 節
InStrRev	同上，但是從右邊開始搜尋。	13-8-2 節
Replace	字串內子字串內容的取代。	13-8-3 節
StrComp	字串的比較。	13-9-1 節
StrConv	字串的轉換。	13-9-2 節

13-2 LCase/UCase 與 Application.Proper

13-2-1 LCase/UCase

LCase( ) 函數可以將字串轉成小寫，UCase( ) 函數可以將字串轉成大寫，語法如下：

LCase(英文 string)
UCase(英文 string)

程式實例 ch13_1.xlsm：將 A1:A2 字串轉成全部小寫。

```
1  Public Sub ch13_1()
2      Dim i As Integer
3      For i = 1 To 2
4          Range("B" & i) = LCase(Range("A" & i))
5      Next i
6  End Sub
```

執行結果

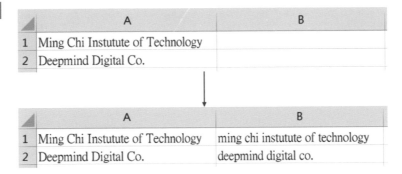

程式實例 ch13_2.xlsm：將 A1:A2 字串轉成全部大寫。

```
1  Public Sub ch13_2()
2      Dim i As Integer
3      For i = 1 To 2
4          Range("B" & i) = UCase(Range("A" & i))
5      Next i
6  End Sub
```

執行結果

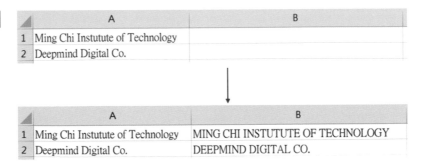

13-2-2　Proper( ) 字串首字母大寫其他小寫

Proper( ) 函數可以將字串轉成首個英文字母大寫，其他小寫。不過這不是 Excel VBA 的函數，這是第 11 章所提的 Excel 函數可以使用下列方法調用。

WorksheeetFunction.Proper(英文 string)

或

Application.Proper(英文 string)

程式實例 ch13_3.xlsm：將字串轉成首個英文字母大寫，其他小寫。

```
1  Public Sub ch13_3()
2      Dim i As Integer
3      For i = 1 To 2
4          Range("B" & i) = Application.Proper(Range("A" & i))
5      Next i
6  End Sub
```

執行結果

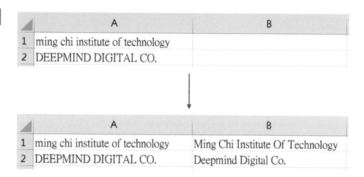

註　本書所附的 ch13_3_1.xlsm，是使用 WorksheetFunciton.Proper( )，讀者可以參考。

13-3　Chr/Asc

13-3-1　Chr/ChrW

Chr( )/ChrW( ) 函數可以將數字轉成 ASCII/Unicode 碼的字元，語法如下：

Chr(charcode)：回傳 ASCII 字元。

ChrW(charcode)：可回傳 Unicode 字元。

程式實例 ch13_4.xlsm：將數值轉換成 ASCII 和 Unicode 字元的實例。

```
1   Public Sub ch13_4()
2       Dim i As Integer
3
4       For i = 1 To 5
5           Cells(1, i) = Chr(32 + i)
6           Cells(2, i) = Chr(64 + i)
7           Cells(3, i) = Chr(96 + i)
8       Next i
9       Cells(4, 1) = ChrW(27946)
10      Cells(4, 2) = ChrW(37670)
11      Cells(4, 3) = ChrW(39745)
12  End Sub
```

執行結果

	A	B	C	D	E
1	!	"	#	$	%
2	A	B	C	D	E
3	a	b	c	d	e
4	洪	錦	魁		

13-3-1　**Asc/AscW**

Asc( )/AscW( ) 函數可以將字元轉成 ASCII/Unicode 碼值，如果參數是字串則只回傳第一個字元的碼值，語法如下：

Asc(character)：回傳 ASCII 碼值。

AscW(character)：可回傳 Unicode 碼值。

程式實例 ch13_5.xlsm：將字元轉換成 ASCII 和 Unicode 碼值的實例。

```
1   Public Sub ch13_5()
2       Dim i As Integer
3
4       For i = 1 To 2
5           Cells(i, 2) = Asc(Cells(i, 1))
6       Next i
7       Cells(3, 2) = AscW(Cells(3, 1))
8   End Sub
```

執行結果

	A	B
1	A	
2	a	
3	洪	

→

	A	B
1	A	65
2	a	97
3	洪	27946

13-4 Len/String/Space

13-4-1 Len( ) 計算字串長度

Len(string) 函數可以計算字串 (string) 參數的長度。

程式實例 ch13_6.xlsm：計算字串資料的長度。

```
1  Public Sub ch13_6()
2      Dim i As Integer
3      For i = 1 To 5
4          Cells(i, 2) = Len(Cells(i, 1))
5      Next i
6  End Sub
```

執行結果

	A	B
1	Ming Chi	
2	明志工專	
3	Excel	
4	Excel VBA	
5	Love明志工專	

→

	A	B
1	Ming Chi	8
2	明志工專	4
3	Excel	5
4	Excel VBA	9
5	Love明志工專	8

13-4-2 String( ) 顯示連續相同的字元

String( ) 函數可以顯示連續相同的字元，語法如下：

String(number, character)

第一個參數 number 是顯示的次數，character 是要顯示的字元。

程式實例 ch13_7.xlsm：輸出餐廳評比的顆星數。

```
1  Public Sub ch13_7()
2      Dim i As Integer
3      For i = 2 To 4
4          Cells(i, 3) = String(Cells(i, 2), "★")
5      Next i
6  End Sub
```

執行結果

	A	B	C
1	類別	等級	顆星
2	中餐廳	3	
3	日式餐廳	4	
4	歐式自助餐	5	

→

	A	B	C
1	類別	等級	顆星
2	中餐廳	3	★★★
3	日式餐廳	4	★★★★
4	歐式自助餐	5	★★★★★

13-4-3　Space( ) 插入空格

Space( ) 可以在字串中插入空格，語法如下：

Space(number)

參數 number 是代表空格數。

程式實例 ch13_8.xlsm：在英文字串間加上 2 個空格。

```
1  Public Sub ch13_8()
2      MsgBox ("Machine" & Space(2) & "Learning")
3  End Sub
```

執行結果

13-5　Left/Right/Mid

13-5-1　Left( ) 取得字串左邊的文字

Left( ) 函數可以取得字串左邊的文字，語法如下：

Left(string, length)

第一個參數 string 是原始字串，length 是字元數，其中中文字與英文字元皆算是一個字元數，如果欲取得的字元數比實際字元數長，則返回所有字串。

程式實例 ch13_9.xlsm：取得字串左邊的文字。

```
1  Public Sub ch13_9()
2      Dim mystr As String
3      mystr = "Deepen your mind"
4      Debug.Print Left(mystr, 4)
5      Debug.Print Left(mystr, 11)
```

```
6       Debug.Print Left(mystr, 30)
7       mystr = "我愛 Ming Chi Institute of Technology"
8       Debug.Print Left(mystr, 5)
9       Debug.Print Left(mystr, 11)
10      Debug.Print Left(mystr, 100)
11  End Sub
```

執行結果

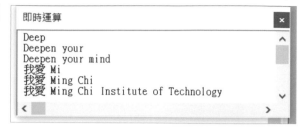

13-5-2　Right( ) 取得字串右邊的文字

Right( ) 函數可以取得字串右邊的文字，語法如下：

Right(string, length)

第一個參數 string 是原始字串，length 是字元數，其中中文字與英文字元皆算是一個字元數，如果欲取得的字元數比實際字元數長，則返回所有字串。

程式實例 ch13_10.xlsm：取得字串右邊的文字。

```
1   Public Sub ch13_10()
2       Dim mystr As String
3       mystr = "Deepen your mind"
4       Debug.Print Right(mystr, 4)
5       Debug.Print Right(mystr, 11)
6       Debug.Print Right(mystr, 30)
7       mystr = "我愛 Ming Chi 科技大學"
8       Debug.Print Right(mystr, 6)
9       Debug.Print Right(mystr, 11)
10      Debug.Print Right(mystr, 100)
11  End Sub
```

執行結果

13-5-3　Mid( ) 取得字串中間的文字

Mid( ) 函數可以取得字串中間的文字，語法如下：

Mid(string, start, [length])

- string：必要，這是原始字串。

- start：必要，這是擷取字串開始字元位置。

- length：選用，要回傳字串的字元數，如果省略此參數或是字元數大於原始字串就回傳整個字串。

程式實例 ch13_11.xlsm：取得字串中間的文字。

```
1   Public Sub ch13_11()
2       Dim mystr As String
3       mystr = "Deepen your mind"
4       Debug.Print Mid(mystr, 8, 4)
5       Debug.Print Mid(mystr, 1, 6)
6       Debug.Print Mid(mystr, 8)
7       mystr = "我愛 Ming Chi 科技大學"
8       Debug.Print Mid(mystr, 4)
9       Debug.Print Mid(mystr, 4, 8)
10      Debug.Print Mid(mystr, 4, 20)
11  End Sub
```

執行結果

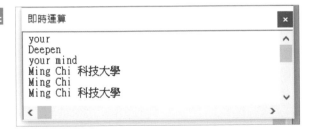

13-6　LTrim/RTrim/Trim

13-6-1　LTrim( ) 刪除字串左邊的空格

LTrim( ) 可以刪除字串左邊的空格，例如：有一個字串內容是 " 洪錦魁 "，經過 LTrim( ) 處理後可以得到字串 " 洪錦魁 "。

程式實例 ch13_12.xlsm：輸入帳號的應用，這個程式要求輸入帳號時，筆者故意在左邊增加空格，然後分別未使用 LTrim( ) 和使用 LTrim( ) 函數處理輸入字串，讀者可以比較差異。

```
1  Public Sub ch13_12()
2      Dim account As String
3      account = InputBox("請輸入帳號 : ", "ch13_12")
4      MsgBox account & vbCrLf & LTrim(account)
5  End Sub
```

執行結果

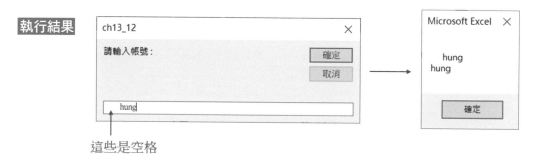

這些是空格

13-6-2　RTrim( ) 刪除字串右邊的空格

RTrim( ) 可以刪除字串右邊的空格，例如：有一個字串內容是 " 洪錦魁　"，經過 RTrim( ) 處理後可以得到字串 " 洪錦魁 "。

程式實例 ch13_13.xlsm：輸入姓氏與名字的應用，這個程式要求分別輸入姓氏與名字時，筆者故意在輸入姓氏時右邊增加空格，然後分別未使用 RTrim( ) 和使用 RTrim( ) 函數處理姓名，讀者可以比較差異。

```
1  Public Sub ch13_13()
2      Dim lastname As String
3      Dim firstname As String
4      lastname = InputBox("請輸入姓氏 : ", "ch13_13")
5      firstname = InputBox("請輸入名字 : ", "ch13_13")
6      MsgBox (lastname & firstname & vbCrLf & _
7              RTrim(lastname) & firstname)
8  End Sub
```

這些是空格

13-6-3 Trim( ) 刪除字串左邊與右邊的空格

Trim( ) 可以刪除字串左邊與右邊的空格,例如:有一個字串內容是 " 洪錦魁 ",
經過 Trim( ) 處理後可以得到字串 " 洪錦魁 "。

程式實例 ch13_14.xlsm: Trim( ) 函數的應用。

```
1  Public Sub ch13_14()
2      Dim school As String, sch As String
3
4      school = "   經營之神王永慶先生創辦了明志科技大學   "
5      sch = Trim(school)
6      MsgBox (school & vbCrLf & sch)
7      MsgBox (school & " - 字串長度是 : " & Len(school) & vbCrLf & _
8              sch & " - 字串長度是 : " & Len(sch))
9  End Sub
```

執行結果

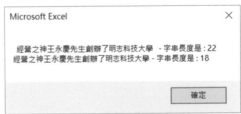

13-7 Split( ) 函數可以分割字串放入陣列

13-7-1 分割字串放入陣列

Split( ) 可以將字串依指定方式分割放入陣列,語法如下:

Split(expression, [delimiter], [limit], [compare])

- expression:必要,這是包含分隔符號的字串。

- delimiter:選用,識別子字串的分隔符號,如果省略則空白字元是分隔符號。

- limit:選用,要傳回的子字串數目,-1 表示傳回所有子字串。

- compare:選用,評估子字串要比較的種類,可以參考下表。

常數	值	說明
vbUseCompareOption	-1	使用 Option Compare 字串做比較
vbBinaryCompare	0	二進位比較
vbTextCompare	1	文字比較
vbDatabaseCompare	第	與 Access 資料庫的資料做比較

程式實例 ch13_15.xlsm：計算句子的單字數量。

```
1   Public Sub ch13_15()
2       Dim sentence As String
3       Dim textarr() As String
4       Dim count As Integer
5
6       sentence = "I like dog better than cat"
7       textarr = Split(sentence)
8       count = UBound(textarr()) + 1
9       MsgBox ("句子有 " & count & " 單字")
10  End Sub
```

執行結果

程式實例 ch13_16.xlsm：將句子的單字拆解再分別列出。

```
1   Public Sub ch13_16()
2       Dim sentence As String
3       Dim textarr() As String
4       Dim count As Integer
5       Dim mytext As String
6
7       sentence = "I,like,dog,better,than,cat"
8       textarr = Split(sentence, ",")          ' 分隔符號是 ,
9       For i = LBound(textarr) To UBound(textarr)
10          mytext = mytext & textarr(i) & vbNewLine
11      Next i
12      MsgBox mytext
13  End Sub
```

執行結果

上述程式第 10 列筆者多使用了一個常數 vbNewLine，這是換列輸出的函數與我們先前所使用的 vbCrLf 常數功能相同。

13-7-2 分割字串的應用

程式實例 ch13_17.xlsm：使用 "/" 分隔符號將字串分割至不同儲存格的應用。

```
1  Public Sub ch13_17()
2      Dim food() As String
3      For i = 2 To 4
4          food = Split(Cells(i, 1), "/")
5          For j = 2 To 4
6              Cells(i, j) = food(j - 2)     ' 因為陣列是從 0 開始
7          Next j
8      Next i
9  End Sub
```

執行結果

	A	B	C	D
1	今天的食物	類別	品項	數量
2	肉類/牛肉/2斤			
3	水果/蘋果/1斤			
4	蔬菜/高麗菜/1斤			

	A	B	C	D
1	今天的食物	類別	品項	數量
2	肉類/牛肉/2斤	肉類	牛肉	2斤
3	水果/蘋果/1斤	水果	蘋果	1斤
4	蔬菜/高麗菜/1斤	蔬菜	高麗菜	1斤

13-8 InStr/InStrRev/Replace 字串搜尋與取代

13-8-1 InStr( )

InStr( ) 函數可以找尋子字串是否在原字串內，如果是則回傳子字串的位置，此函數語法如下：

InStr([start], string1, string2, [compare])

- start：選用，string1 搜尋起始位置，如果省略從第一個字元開始搜尋。
- string1：必要，被搜尋的字串。
- string2：必要，要搜尋的子字串。
- compare：選用，可以參考 13-7-1 節。

在搜尋時，如果找不到會回傳 0。

程式實例 ch13_18.xlsm：搜尋子字串的應用。

```
                              pos1
1    Public Sub ch13_18()
2        Dim string1 As String, string2 As String
3
4        string1 = "My data is safe"
5        string2 = "a"
6        pos1 = InStr(string1, string2)
7        pos2 = InStr(6, string1, string2)
8        MsgBox (pos1 & vbCrLf & _
9                  pos2)
10   End Sub
                              pos2
```

執行結果

```
Microsoft Excel    ×

   5
   7

        確定
```

程式實例 ch13_19.xlsm：將名字輸入有空格的儲存格列出來。

```
1    Public Sub ch13_19()
2        Dim i As Integer
3        For i = 2 To 4
4            If InStr(Cells(i, 1), " ") Then
5                Cells(i, 2) = "字串有空格"
6            Else
7                Cells(i, 2) = "正常"
8            End If
9        Next i
10   End Sub
```

執行結果

	A	B
1	姓名	輸入空格
2	洪錦魁	
3	洪 錦魁	
4	洪錦 魁	

→

	A	B
1	姓名	輸入空格
2	洪錦魁	正常
3	洪 錦魁	字串有空格
4	洪錦 魁	字串有空格

13-8-2　InStrRev( )

InStrRev( ) 函數可以找尋子字串是否在元字串內，如果是則回傳子字串的位置，搜尋方式是從右邊開始搜尋，但是回傳的位置仍是從左邊邊開始往右數，此函數語法如下：

InStrRev(string1, string2, [start], [compare])

● string1：必要，被搜尋的字串。

● string2：必要，要搜尋的子字串。

● start：選用，string1 搜尋起始位置，如果省略會從最後一個字元開始搜尋。

● compare：選用，可以參考 13-7-1 節。

在搜尋時，如果找不到會回傳 0。

程式實例 ch13_20.xlsm：從右邊開始搜尋網址的應用。

```
1  Public Sub ch13_20()
2      Dim string1 As String, string2 As String
3      Dim pos As Integer
4
5      string1 = "https://www.deepmind.com.tw"
6      string2 = "/"
7      pos = InStrRev(string1, string2)
8      MsgBox Mid(string1, pos + 1)
9  End Sub
```

執行結果

Microsoft Excel　　　　×

www.deepmind.com.tw

確定

13-8-3　Replace( ) 字串取代

Replace( ) 函數可以執行字串內子字串內容的取代，語法如下：

Replace(string, find, replacewith, [start [, count [, compare]]])

- string：必要，被搜尋與取代的字串。

- find：必要，將被替代的子字串。

- replacewith：必要，要替代的字串。

- start：選用，搜尋開始位置。

- count：選用，執行次數。

- compare：選用，可以參考 13-7-1 節。

程式實例 ch13_21.xlsm：將字串的字元 "/" 改為 ","。

```
1  Public Sub ch13_21()
2      Dim food As String
3      For i = 2 To 4
4          food = Cells(i, 1)
5          Cells(i, 2) = Replace(food, "/", ",")
6      Next i
7  End Sub
```

執行結果

	A	B
1	今天的食物	今天的食物
2	肉類/牛肉/2斤	
3	水果/蘋果/1斤	
4	蔬菜/高麗菜/1斤	

	A	B
1	今天的食物	今天的食物
2	肉類/牛肉/2斤	肉類,牛肉,2斤
3	水果/蘋果/1斤	水果,蘋果,1斤
4	蔬菜/高麗菜/1斤	蔬菜,高麗菜,1斤

13-9　StrComp/StrConv 字串比較與轉換

13-9-1　StrComp( ) 字串的比較

這是字串的比較函數語法如下：

StrComp(string1, string2, [compare])

- string1：必要，第一個字串。

- string2：必要，第二個字串。

- compare：選用，可以參考 13-7-1 節。

如果第一個字串的第一個字元碼大於第 2 個字串的第一個字元碼則回傳 1，如果字串相等則回傳 0，如果第 1 個字串的第一個字元碼小於第 2 個字串的第一個字元碼則回傳 -1。如果字串的字元碼相同，則比較下一個字串的字元，觀念可依此類推。

註 這是使用 ASCII 碼或 Unicode 碼做比較。

程式實例 ch13_22.xlsm：使用 StrComp( ) 做比較。

```
1    Public Sub ch13_22()
2        MsgBox (StrComp("ABC", "D") & vbCrLf & _
3                StrComp("魁", "洪"))
4    End Sub
```

執行結果

註 " 洪 " 的 Unicode 碼值是 27946，" 魁 " 的 Unicode 碼值是 39745，所以第 2 筆輸出 1。

13-9-2 StrConv( ) 字串轉換

StrConv( ) 函數可以執行字串的轉換，此函數語法如下：

StrConv(string, conversion)

- string：要轉換的字串。

- conversion：轉換方式，可以參考下表：

常數	值	說明
vbUpperCase	1	字串轉成大寫
vbLowerCase	2	字串轉成小寫
vbProperCase	3	字串中的單字第一個字母大寫其他字母小寫
vbWide	4	字串轉成全形字
vbNarrow	8	字串轉成半形字
vbUnicode	64	將字串預設轉成 Unicode 字
vbFromUnicode	128	將字串從 Unicode 字轉成系統預設

程式實例 ch13_23.xlsm：字串轉換的應用。

```
1  Public Sub ch13_23()
2      Dim i As Integer
3      For i = 1 To 3
4          Cells(i, 2) = StrConv(Cells(i, 1), vbUpperCase)
5          Cells(i, 3) = StrConv(Cells(i, 1), vbLowerCase)
6          Cells(i, 4) = StrConv(Cells(i, 1), vbWide)
7          Cells(i, 5) = StrConv(Cells(i, 1), vbNarrow)
8      Next i
9  End Sub
```

執行結果

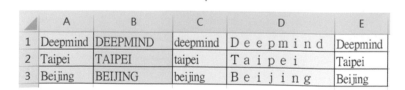

	A	B	C	D	E
1	Deepmind				
2	Taipei				
3	Beijing				

	A	B	C	D	E
1	Deepmind	DEEPMIND	deepmind	Ｄｅｅｐｍｉｎｄ	Deepmind
2	Taipei	TAIPEI	taipei	Ｔａｉｐｅｉ	Taipei
3	Beijing	BEIJING	beijing	Ｂｅｉｊｉｎｇ	Beijing

13-10 數值函數

13-10-1 Abs( )

這是取絕對值函數，不論是正數或是負數皆回傳正數的結果。

程式實例 ch13_24.xlsm：Abs( ) 的應用。

```
1   Public Sub ch13_24()
2       Debug.Print Abs(-19.2)
3       Debug.Print Abs(19.2)
4       Debug.Print Abs(-5)
5   End Sub
```

執行結果

13-10-2 Int( ) 和 Fix( )

對於正值的參數而言，Int( ) 和 Fix( ) 功能相同，也就是取整數將小數部分刪除。對於負值而言，Int( ) 是將小數部分刪除但是回傳大於或等於的整數，Fix( ) 是將小數部分刪除但是回傳小於或等於的整數，

程式實例 ch13_25.xlsm：Int( ) 和 Fix( ) 函數的應用。

```
1   Public Sub ch13_25()
2       Debug.Print Int(99.9)
3       Debug.Print Fix(99.9)
4       Debug.Print Int(-99.9)
5       Debug.Print Fix(-99.9)
6       Debug.Print Int(-99.1)
7       Debug.Print Fix(-99.1)
8   End Sub
```

執行結果

13-10-3　Sgn( )

這個函數可以回傳正號或負號，如果是大於 0 回傳 1，如果是 0 回傳 0，如果是小於 0 回傳 -1。

程式實例 ch13_26.xlsm：Sgn( ) 判斷正數或是負數。

```
1   Public Sub ch13_26()
2       Debug.Print Sgn(9)
3       Debug.Print Sgn(0)
4       Debug.Print Sgn(-9)
5   End Sub
```

執行結果

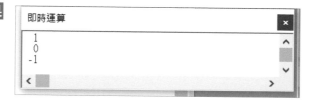

13-10-4　Round( )

Round( ) 函數，如果基準位數是偶數可以回傳五捨六入的計算結果，如果基準位數是奇數可以回傳四捨五入的計算結果，語法如下：

Round(expression, [numdeciml places])

- expression：必要，數值資料。

- numdecimalplaces：選用，如果省略則基準是個位數，否則這是小數位數的基準。

程式實例 ch13_27.xlsm：Round( ) 函數的應用。

```
1   Public Sub ch13_27()
2       Debug.Print Round(0.4)
3       Debug.Print Round(0.5)
4       Debug.Print Round(0.6)
5       Debug.Print Round(1.4)
6       Debug.Print Round(1.5)
7       Debug.Print Round(1.6)
8       Debug.Print Round(0.12345, 4)
9       Debug.Print Round(0.12355, 4)
10  End Sub
```

執行結果

13-10-5 Sqr( )

計算平方根。

程式實例 ch13_28.xlsm：計算數值的平方根。

```
1  Public Sub ch13_28()
2      Debug.Print Sqr(4)
3      Debug.Print Sqr(10)
4      Debug.Print Round(Sqr(10), 2)
5  End Sub
```

執行結果

13-10-6 Exp( )

計算自然對數的次方。

程式實例 ch13_29.xlsm：計算自然對數的次方，自然對數 e 的值可以參考執行結果第 2 列。

```
1  Public Sub ch13_29()
2      Debug.Print Exp(0)
3      Debug.Print Exp(1)
4      Debug.Print Exp(2)
5  End Sub
```

執行結果

13-10-7　Log( )

計算自然對數值，也就是以 e 為底的自然對數。

程式實例 ch13_30.xlsm：計算自然對數值。

```
1   Public Sub ch13_30()
2       Debug.Print Log(10)
3       Debug.Print Round(Log(2.71828), 3)
4   End Sub
```

執行結果

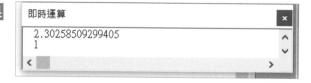

13-10-8　Rnd

產生隨機數 0 ~ 1 之間的隨機數，如果想要建立 upper 和 lower 之間的隨機數，可以使用下列公式：

$$Int((upper - lower + 1) * Rnd + lower)$$

程式實例 ch13_31.xlsm：產生隨機數，同時由此隨機數建立 1 ~ 10 之間的隨機數。

```
1   Public Sub ch13_31()
2       Dim i As Integer
3       Dim num As Single
4       Dim lower As Integer, upper As Integer
5       lower = 1
6       upper = 10
7       For i = 1 To 3
8       num = Rnd
9           Debug.Print num
10          Debug.Print Int((upper - lower + 1) * num + lower)
11      Next
12  End Sub
```

執行結果

第十四章

Application 物件

14-1　認識與使用 Application 物件

　　Application 物件所代表的是整個 Excel 應用程式，這也是 Excel VBA 應用程式最高層的物件，這個物件若是有任何設定，皆會對整體程式以及 Excel 視窗造成影響，這一章將講解這方面的知識。

　　也就是本章主要主題是說明 Application 物件的屬性與方法，若是想要獲得完整的 Application 物件的屬性與方法，可以在 VBE 環境的程序中輸入 "Application."，之後就可以看到一系列屬性與方法。

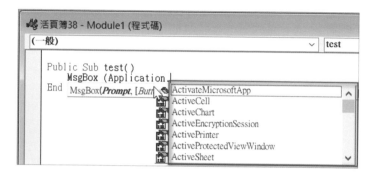

　　上述有些屬性可以直接使用，例如：OperatingSystem、Version、… 等。有些雖是屬性但是也是物件，例如：ActiveWorkbook、AutoRecover、… 等，這時需要再加上這些物件的屬性才可以正式調用，相關實例可以參考 14-2-6 節。

　　下列幾節將正式說明 Application 的物件。

14-2　獲得 Excel 應用程式相關訊息

14-2-1　作業系統版本與 Excel 的版本

　　Application 物件的 OperatingSystem 屬性可以獲得作業系統名稱，Version 屬性可以獲得 Excel 的版本編號，

程式實例 ch14_1.xlsm：列出作業系統和 Excel 的版本。

```
1  Public Sub ch14_1()
2      MsgBox ("作業系統  : " & Application.OperatingSystem & vbCrLf & _
3          "Excel版本 : " & Application.Version)
4  End Sub
```

執行結果

上述 Excel 版本寫 16.0，代表 2016 版。

14-2-2　Excel 的使用者名稱

Application 物件的 UserName 屬性可以獲得目前 Excel 的使用者名稱。

程式實例 ch14_2.xlsm：列出目前 Excel 的使用者名稱。

```
1  Public Sub ch14_2()
2      MsgBox "使用者名稱　: " & Application.UserName
3  End Sub
```

執行結果

上述使用者名稱可以在 Excel 視窗執行檔案 / 選項 / 一般，在個人化您的 Microsoft Office 的使用者名稱欄位看到此設定。

14-2-3　目前連接的印表機名稱

Application 物件的 ActivePrinter 屬性可以獲得目前 Excel 的印表機名稱。

程式實例 ch14_3.xlsm：列出目前 Excel 的印表機名稱。

```
1  Public Sub ch14_3()
2      MsgBox "連接的印表機名稱  : " & Application.ActivePrinter
3  End Sub
```

執行結果

14-2-4　Excel 的安裝路徑與啟動 Excel 的路徑

Application 物件的 Path 屬性可以獲得 Excel 的安裝路徑，StartupPath 屬性可以獲得 Excel 的啟動路徑。

程式實例 ch14_4.xlsm：列出 Excel 的安裝路徑與啟動路徑。

```
1  Public Sub ch14_4()
2      MsgBox ("Excel的安裝路徑  : " & Application.Path & vbCrLf & _
3              "Excel的啟動路徑  : " & Application.StartupPath)
4  End Sub
```

執行結果

14-2-5　開啟 Excel 檔案的預設路徑

Application 物件的 DefaultfilePath 屬性可以獲得目前 Excel 開啟檔案時的預設路徑。

程式實例 ch14_5.xlsm：列出目前 Excel 開啟檔案時的預設路徑。

```
1  Public Sub ch14_5()
2      MsgBox "Excel開啟檔案的預設路徑   : " & Application.DefaultFilePath
3  End Sub
```

執行結果

上述使用者名稱可以在 Excel 視窗執行檔案 / 選項 / 儲存，在儲存活頁簿的預設本機檔案位置欄位看到此設定。

14-2-6 自動恢復 Excel 檔案時的路徑

Application 物件的 AutoRecover 物件內的 Path 屬性可以獲得自動恢復 Excel 檔案時的路徑，當然讀者也可以使用此屬性重新設定次路徑。

程式實例 ch14_6.xlsm：列出自動恢復 Excel 檔案時的路徑。

```
1  Public Sub ch14_6()
2      MsgBox "Excel自動恢復的預設路徑   : " & Application.AutoRecover.Path
3  End Sub
```

執行結果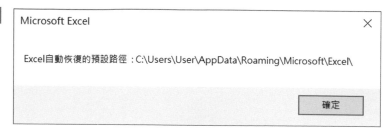

上述使用者名稱可以在 Excel 視窗執行檔案 / 選項 / 儲存，在儲存活頁簿的自動回復檔案位置欄位看到此設定。

14-2-7　自動恢復 Excel 檔案時的時間間隔

Application 物件的 AutoRecover 物件內的 Time 屬性可以獲得自動保存檔案的時間間隔，當然讀者也可以使用此屬性重新設定時間間隔。

程式實例 ch14_6_1.xlsm：列出自動恢復 Excel 檔案時的時間間隔。

```
1  Public Sub ch14_6()
2      MsgBox "Excel自動保存檔案的時間間隔　: " & Application.AutoRecover.Time
3  End Sub
```

執行結果

上述使用者名稱可以在 Excel 視窗執行檔案 / 選項 / 儲存，在儲存活頁簿的儲存自動回復資訊時間間隔欄位看到此設定。

14-2-8 設定活頁簿工作表的數量

在 Excel 2016 之前當開啟一個活頁簿時預設是有 3 個工作表，但是 Excel 2016 起開啟一個活頁簿時預設是只有 1 個工作表，Application 物件的 SheetsInNewWorkbook 屬性可以設定 Excel 新建立活頁簿時工作表的數量，這個屬性設定只對未來開啟的工作表有效。

程式實例 ch14_6_2.xlsm：將新建立活頁簿的工作表設為 3 個。

```
1  Public Sub ch14_6_2()
2      Dim n As Integer
3      Application.SheetsInNewWorkbook = 3
4      n = Application.SheetsInNewWorkbook
5      MsgBox "新活頁簿的預設工作表是 " & n & " 個"
6  End Sub
```

執行結果

未來開啟新的 Excel 檔案時，可以看到 3 個預設的工作表。

14-3 Excel 視窗相關資訊

14-3-1　全螢幕顯示 Excel 視窗

　　Application 物件的 DisplayFullScreen 屬性可以設定 Excel 視窗是否使用全螢幕方式顯示，此屬性若是 True 將以全螢幕顯示，如果是 False 將不以全螢幕顯示。

程式實例 ch14_7.xlsm：切換以全螢幕顯示 Excel 視窗。

```
1   Public Sub ch14_7()
2       Application.DisplayFullScreen = True
3       MsgBox "Excel目前使用全螢幕顯示"
4       Application.DisplayFullScreen = False
5       MsgBox "Excel目前不是全螢幕顯示"
6   End Sub
```

執行結果　下列是全螢幕顯示。

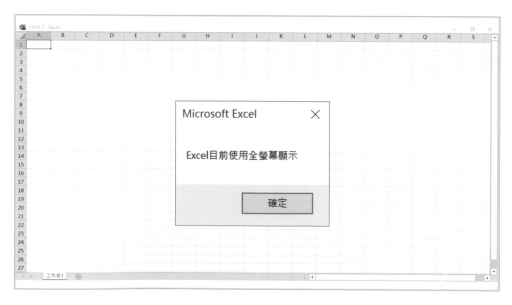

　　下列不是全螢幕顯示。

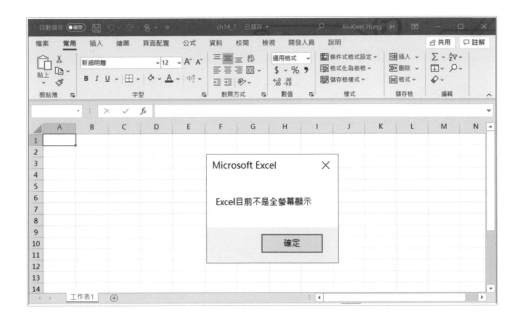

14-3-2 隱藏與顯示 Excel 視窗

Application 物件的 Visible 屬性可以設定 Excel 視窗是否顯示，此屬性若是 True 將會顯示 Excel 視窗，這是系統預設，如果是 False 將隱藏顯示 Excel 視窗。

程式實例 ch14_8.xlsm：顯示與隱藏 Excel 視窗。

```
1  Public Sub ch14_8()
2      Application.Visible = False
3      MsgBox "隱藏Excel視窗"
4      Application.Visible = True
5      MsgBox "顯示Excel視窗"
6  End Sub
```

執行結果 執行後可以看到 Excel 視窗已經隱藏，這時可以看到下列對話方塊。

上述按確定鈕可以得到復原顯示 Excel 視窗。

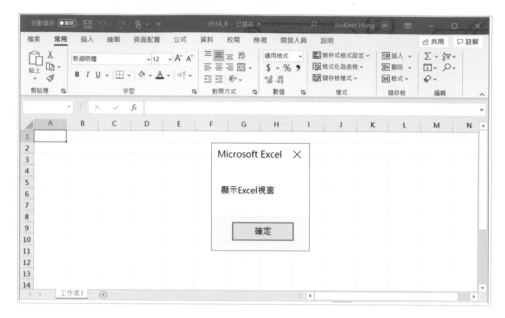

14-3-3　Excel 視窗的標題

Application 物件的 Caption 屬性可以顯示或設定 Excel 視窗的標題。

程式實例 ch14_9.xlsm：列出目前的 Excel 視窗的標題。

```
1  Public Sub ch14_9()
2      MsgBox "目前的視窗標題 : " & Application.Caption
3  End Sub
```

執行結果

視窗標題

程式實例 ch14_10.xlsm：將 Excel 視窗的標題改為 " 王者歸來 "。

```
1  Public Sub ch14_10()
2      Application.Caption = "王者歸來"
3      MsgBox "目前的視窗標題 : " & Application.Caption
4  End Sub
```

執行結果

　　未來開啟新的視窗，或是將滑鼠游標放在視窗下邊工具列的 Excel 圖示，可以看到王者歸來的標題。

14-3-4　刪除 Excel 應用程式的標題

　　Application 物件的 vbNullChar 屬性可以刪除 Excel 視窗的標題。

程式實例 ch14_11.xlsm：刪除 Excel 應用程式的標題。

```
1  Public Sub ch14_11()
2      Application.Caption = vbNullChar
3      MsgBox "目前的視窗標題 : " & Application.Caption
4  End Sub
```

執行結果

標題被刪除了

14-3-5　恢復 Excel 應用程式預設的標題

　　Application 物件的 vbNullString 屬性可以恢復 Excel 視窗預設的標題。

程式實例 ch14_12.xlsm：恢復 Excel 視窗預設的標題。

```
1   Public Sub ch14_12()
2       Application.Caption = vbNullString
3       MsgBox "目前的視窗標題 : " & Application.Caption
4   End Sub
```

執行結果

14-3-6　隱藏和顯示公式編輯欄

Application 物件的 DisplayFormulaBar 屬性可以設定顯示或隱藏公式編輯欄位，預設是 True，也就是顯示公式編輯欄位。若是為 False 則是隱藏公式編輯欄位。

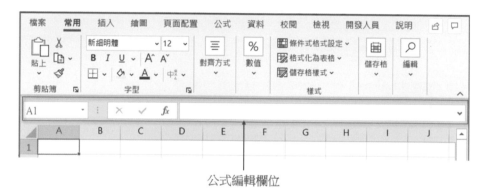

公式編輯欄位

程式實例 ch14_13.xlsm：隱藏與重新顯示公式編輯欄位。

```
1   Public Sub ch14_13()
2       MsgBox "預設公式編輯欄位   : " & Application.DisplayFormulaBar
3       Application.DisplayFormulaBar = False
4       MsgBox "公式編輯欄位已經隱藏"
5       Application.DisplayFormulaBar = True
6       MsgBox "公式編輯欄位重新顯示"
7   End Sub
```

執行結果　執行此程式首先看到下列對話方塊。

請按確定鈕，可以得到公式編輯欄位被隱藏。

請再按一次確定鈕，可以重新顯示公式編輯欄位。

14-3-7　隱藏和顯示狀態列

Application 物件的 DisplayStatusBar 屬性可以設定顯示或隱藏狀態列，預設是 True，也就是顯示狀態列。若是為 False 則是隱藏狀態列。

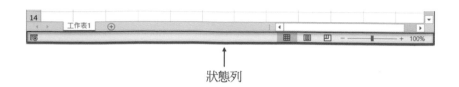

狀態列

程式實例 ch14_14.xlsm：隱藏與重新顯示狀態列。

```
1  Public Sub ch14_14()
2      Application.DisplayStatusBar = False
3      MsgBox ("狀態列已經隱藏" & vbCrLf & _
4              "按一下確定鈕狀態列會重新顯示")
5      Application.DisplayStatusBar = True
6  End Sub
```

執行結果

14-3-8　編輯狀態列的訊息

在一般的視窗程式設計，常常將目前程式執行過程在狀態列顯示，Application 物件的 StatusBar 屬性可以設定狀態列訊息。

> 註　因為在狀態列設定訊息後，此訊息會一直保留在狀態列，所以當專案工作完成後，須將 StatusBar 屬性設為 False，這樣可以復原預設的狀態列。

程式實例 ch14_15.xlsm：狀態列顯示資訊。

```
1  Public Sub ch14_15()
2      Application.StatusBar = "目前程式運算中 ... "
3      MsgBox "按一下確定鈕可以結束運算"
4      Application.StatusBar = False
5  End Sub
```

執行結果

14-3-9 滑鼠游標外形控制

Application 物件的 Cursor 屬性可以設定滑鼠游標,這是 XlMouserPointer 列舉參數,幾個設定選項如下:

xlDefault:預設游標。

xlIBeam:I 字形指標。

xlNorthwestArrow:西北向箭頭游標。

xlWait:等待游標。

須留意是當巨集結束後,滑鼠游標不會自動回到預設,所以必須重新設定 Cursor 屬性為 XlDefault。

程式實例 ch14_16.xlsm:認識滑鼠游標外形。

```
1   Public Sub ch14_16()
2       Application.Cursor = xlIBeam
3       MsgBox "目前滑鼠游標是 I 字形"
4       Application.Cursor = xlNorthwestArrow
5       MsgBox "目前滑鼠游標是西北箭頭"
6       Application.Cursor = xlWait
7       MsgBox "目前滑鼠游標是等待"
8       Application.Cursor = xlDefault
9   End Sub
```

執行結果

14-4　Application.ActiveWindow

Application 物件的 ActiveWindow 屬性代表目前 Excel 的工作視窗，就如同前面解說的，若是單獨看 ActiveWindow 這也是一個物件，這一節將講解這個物件內的常用屬性。

14-4-1　顯示與隱藏列號與欄編號

ActiveWindow 物件的 DisplayHeadings 屬性可以設定顯示或隱藏列編號 (1, 2, …) 與欄編號 (A, B, …)。如果 DisplayHeadings 屬性是 True 會顯示，這也是預設，如果 DisplayHeadings 屬性是 False 則不顯示。

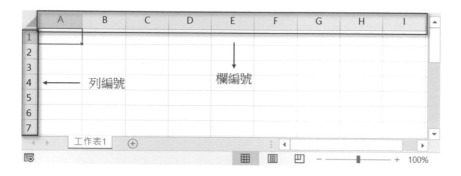

程式實例 ch14_17.xlsm：隱藏與重新顯示列編號與欄編號。

```
1  Public Sub ch14_17()
2      Application.ActiveWindow.DisplayHeadings = False
3      MsgBox ("列編號或欄編號隱藏中" & vbCrLf & _
4          "按一下確定鈕可以重新顯示列編號或欄編號")
5      Application.ActiveWindow.DisplayHeadings = True
6  End Sub
```

執行結果

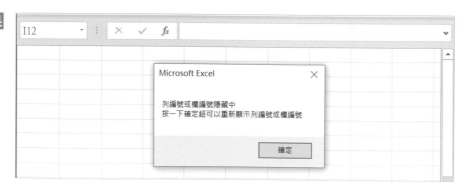

14-4-2 顯示與隱藏工作表標籤

ActiveWindow 物件的 DisplayWorkbookTabs 屬性可以設定顯示或隱藏工作表標籤。如果 DisplayWorkbookTabs 屬性是 True 會顯示，這也是預設，如果 DisplayHeadings 屬性是 False 則不顯示。

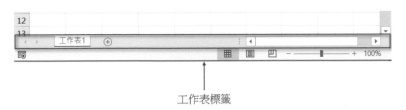

工作表標籤

程式實例 ch14_18.xlsm：顯示與隱藏工作表標籤。

```
1  Public Sub ch14_18()
2      Application.ActiveWindow.DisplayWorkbookTabs = False
3      MsgBox ("工作表標籤隱藏中" & vbCrLf & _
4              "按一下確定鈕可以重新顯示工作表標籤")
5      Application.ActiveWindow.DisplayWorkbookTabs = True
6  End Sub
```

執行結果

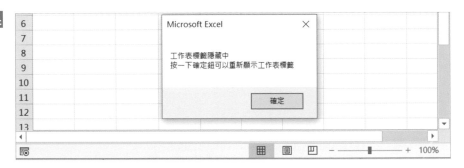

14-4-3 顯示與隱藏水平捲軸

ActiveWindow 物件的 DisplayHorizontalScrollBar 屬性可以設定顯示或隱藏水平捲軸。如果 DisplayHorizontalScrollBar 屬性是 True 會顯示，這也是預設，如果 DisplayHorizontalScrollBar 屬性是 False 則不顯示。

水平捲軸

程式實例 ch14_19.xlsm：顯示與隱藏水平捲軸。

```
1  Public Sub ch14_19()
2      Application.ActiveWindow.DisplayHorizontalScrollBar = False
3      MsgBox ("水平捲軸隱藏中" & vbCrLf & _
4          "按一下確定鈕可以重新顯示水平捲軸")
5      Application.ActiveWindow.DisplayHorizontalScrollBar = True
6  End Sub
```

執行結果

14-4-4 顯示與隱藏垂直捲軸

ActiveWindow 物件的 DisplayVerticalScrollBar 屬性可以設定顯示或隱藏垂直捲軸。如果 DisplayVerticalScrollBar 屬性是 True 會顯示，這也是預設，如果 DisplayVerticalScrollBar 屬性是 False 則不顯示。

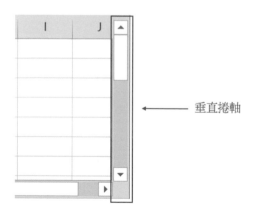

垂直捲軸

程式實例 ch14_20.xlsm：顯示與隱藏垂直捲軸。

```
1  Public Sub ch14_20()
2      Application.ActiveWindow.DisplayVerticalScrollBar = False
3      MsgBox ("垂直捲軸隱藏中" & vbCrLf & _
4          "按一下確定鈕可以重新顯示垂直捲軸")
5      Application.ActiveWindow.DisplayVerticalScrollBar = True
6  End Sub
```

執行結果

14-4-5 顯示與隱藏儲存格格線

ActiveWindow 物件的 DisplayGridlines 屬性可以設定顯示或隱藏儲存格格線。如果 DisplayGridlines 屬性是 True 會顯示，這也是預設，如果 DisplayGridlines 屬性是 False 則不顯示。

程式實例 ch14_21.xlsm：顯示與隱藏儲存格格線。

```
1  Public Sub ch14_21()
2      Application.ActiveWindow.DisplayGridlines = False
3      MsgBox ("儲存格格線隱藏中" & vbCrLf & _
4              "按一下確定鈕可以重新顯示儲存格格線")
5      Application.ActiveWindow.DisplayGridlines = True
6  End Sub
```

執行結果

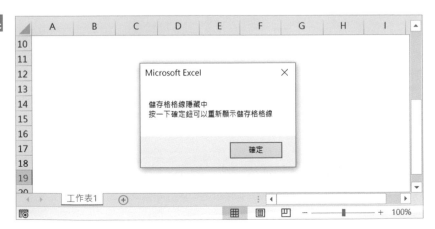

14-5 Excel 視窗更新與認識對話方塊

14-5-1 暫停和恢復 Excel 螢幕更新

ActiveWindow 物件的 ScreenUpdating 屬性可以設定是否更新 Excel 視窗螢幕內容。如果一個大型的巨集，在執行過程可能需要不斷的更新視窗內容，這會消耗系統資源，降低巨集的執行速度，我們可以使用將這個屬性設為 False，這時可以暫停 Excel 視窗螢幕更新，執行完成後再重新設為 True。

程式實例 ch14_22.xlsm：使用預設的 ScreenUpdating 屬性，了解程式執行過程，儲存格內容可以時時更新。

```
1  Public Sub ch14_22()
2      Dim data1 As Integer, data2 As Integer
3      data1 = 100
4      data2 = 200
5      Cells(1, 1) = data1
6      MsgBox "A1儲存格內容是 : " & data1
7      Cells(2, 1) = data2
8      MsgBox "A2儲存格內容是 : " & data2
9  End Sub
```

執行結果

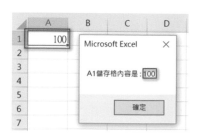

程式實例 ch14_22_1.xlsm：將 ScreenUpdating 屬性設為 False，了解程式執行過程，儲存格內容將不更新。最後筆者將 ScreenUpdating 屬性設為 True，主要是讓 Excel 視窗恢復系統預設。

```
1   Public Sub ch14_22_1()
2       Dim data1 As Integer, data2 As Integer
3       Application.ScreenUpdating = False
4       data1 = 100
5       data2 = 200
6       Cells(1, 1) = data1
7       MsgBox "A1儲存格內容是 : " & data1
8       Cells(2, 1) = data2
9       MsgBox "A2儲存格內容是 : " & data2
10      Application.ScreenUpdating = True
11  End Sub
```

執行結果

最後才更新

14-5-2 不顯示警告對話方塊

當我們在刪除活頁簿的工作表，或是關閉有更新但是尚未儲存的活頁簿時，Excel 會自動出現警告對話方塊。ActiveWindow 物件的 DisplayAlerts 屬性可以設定是否顯示警告對話方塊。如果將這個屬性設為 False 就是不顯示，這個屬性預設是 True。

例如：一般若是刪除活頁簿的工作表時，可以看到下列警告對話方塊。

程式實例 ch14_23.xlsm：使用 ActiveWindow 物件的 DisplayAlerts 屬性設定刪除工作表時不顯示警告對話方塊。這個程式第 5 列筆者使用了尚未教的語法，讀者只要先了解這是刪除第 2 個工作表即可，未來 2 章筆者會介紹 Workbook 物件與 Worksheet 物件，讀者即可以完全了解。

```
1   Public Sub ch14_23()
2       MsgBox "預設顯示警告對話方塊 : " & Application.DisplayAlerts
3       Application.DisplayAlerts = False
4       MsgBox "顯示警告對話方塊 : " & Application.DisplayAlerts
5       ThisWorkbook.Worksheets(2).Delete
6       Application.DisplayAlerts = True
7   End Sub
```

執行結果 程式執行時可以看到下列對話方塊告知目前預設狀態。

請留意上述有工作表 2，上述按確定鈕後可以看到下列對話方塊。

上述告知顯示警告對話方塊是 False，上述按確定鈕後可以直接刪除工作表 2，刪除過程不會出現警告對話方塊。

14-5-3　顯示 Excel 內建對話方塊

Excel 內建有幾百個對話方塊，ActiveWindow 物件的 Dialogs 屬性可以回傳所有內建對話方塊的集合 Dialogs，然後可以使用 Show 方法顯示內建的對話方塊，Excel 使用 XlBuitinDialog 列舉結構保存這些對話方塊的常數，下列是常見的列舉常數名稱與相對應的對話方塊。

常數名稱	常數值	說明
xlDialogOpen	1	開啟檔案對話方塊
xlDialogSaveAs	5	另存新檔對話方塊
xlDialogFileDelete	6	刪除檔案對話方塊
xlDialogPageSetup	7	版面設定對話方塊
xlDialogPrint	8	列印對話方塊
xlDiglogPrinterSetup	9	印表機設定對話方塊
xlDialogSort	39	排序對話方塊
xlDialogWorkbookNew	302	新活頁簿對話方塊
xlDialogWorkbookProtect	417	保護活頁簿對話方塊

　　從上表我們可以知道列舉結構的對話方塊是以 xlDialog 字串開頭，然後接著是對話方塊的英文名稱，例如：開新檔案是 xlDialogOpen、另存新檔是 xlDialogSaveAs。在程式設計時，可以使用常數名稱調用這些對話方塊，也可以使用常數值調用他們。

14-5-3-1　Count 屬性

　　Dialogs 單獨看待也是一個物件，可以使用了解內建對話方塊的總數。

程式實例 ch14_24.xlsm：列出內建對話方塊的數量。

```
1   Public Sub ch14_24()
2       MsgBox "內建對話方塊的數量 : " & Application.Dialogs.Count
3   End Sub
```

執行結果

14-5-3-2　Show 屬性

　　Dialogs 物件，可以使用 Show 屬性了解內建對話方塊的內容。

程式實例 ch14_25.xlsm：列出對話方塊的內容。

```
1  Public Sub ch14_25()
2      Dim i As Integer
3      For i = 5 To 9
4          Application.Dialogs(i).Show
5          If MsgBox("是否繼續 ? ", vbYesNo) = vbNo Then
6              Exit Sub
7          End If
8      Next i
9  End Sub
```

執行結果 這個程式執行時會先看到下列常數值是 5 的，另存新檔對話方塊。

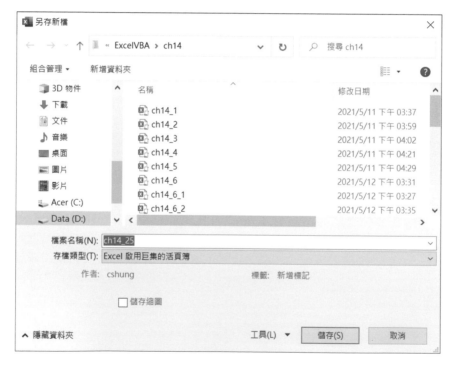

然後可以看到是否繼續內容的對話方塊。

　　當按是鈕後,可以繼續看到下一個刪除文件對話方塊,整個程式會持續執行直到常數值是 9 的印表機設定對話方塊。

14-5-3-3　On Error Resume Next 指令

　　8-7-1 節筆者有介紹 On Error GoTo,8-7-2 節筆者介紹了 Resume Next。

　　這一節要說明的是 On Error Resume Next 是 Excel VBA 的錯誤處理程式,功能是上述組合,主要意義是程式碼發生錯誤時不要中斷,繼續往下執行。

　　在程式 ch14_25.xlsm 中,讀者可能覺得奇怪為何筆者不讓第 3 ~ 8 列的 For … Next 迴圈從 1 開始,一直到 ch14_24.xlsm 的 Application.Dialogs.Count,這樣我們就可以徹底了解 Excel 內建的對話方塊了,原因是 XlBuitinDialog 列舉結構有些常數值目前是空的,例如:2 ~ 4,如果這樣設計會讓程式產生錯誤。不過我們可以使用本節所述的 On Error Resume Next 指令當錯誤發生時不理會,繼續往下執行,這樣就可以瀏覽所有的對話方塊了。

程式實例 ch14_26.xlsm:使用 On Error Resume Next 指令改良 ch14_25.xlsm,列出所有的對話方塊。

```
1   Public Sub ch14_26()
2       Dim i As Integer, n As Integer
3       n = Application.Dialogs.Count
4       On Error Resume Next
5       For i = 1 To n
6           Application.Dialogs(i).Show
7           If MsgBox("是否繼續 ? ", vbYesNo) = vbNo Then
8               Exit Sub
9           End If
10      Next i
11  End Sub
```

執行結果　可以參考 ch14_25.xlsm,當有的常數尚未有對話方塊搭配時,會直接跳過顯示是否繼續內容的對話方塊。

14-5-3-4　On Error GoTo 0

　　這個錯誤處理語法是指關閉先前的錯誤捕捉,所以執行此指令後,未來若有錯誤將不再捕捉。

程式實例 ch14_26_1.xlsm：重新設計 ch14_26.xlsm，增加第 10 ～ 12 列，當 n >= 5 後，關閉錯誤捕捉，所以一開始可以執行，但是後來會有錯誤。

```
1  Public Sub ch14_26_1()
2      Dim i As Integer, n As Integer
3      n = Application.Dialogs.Count
4      On Error Resume Next
5      For i = 1 To n
6          Application.Dialogs(i).Show
7          If MsgBox("是否繼續 ? ", vbYesNo) = vbNo Then
8              Exit Sub
9          End If
10         If n >= 5 Then
11             On Error GoTo 0            ' 不再捕捉錯誤
12         End If
13     Next i
14 End Sub
```

執行結果

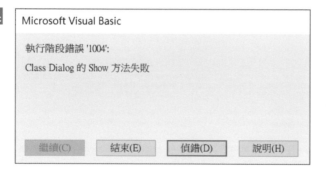

第十五章

Workbooks 物件

Excel 的檔案英文名稱是 Workbook，中文翻譯為活頁簿，本章重點在介紹活頁簿物件操作，在程式設計時有時候我們會看到 Workbook，有時候會看到 Workbooks，其實 Workbook 代表的是一個活頁簿，Workbooks 代表是所有的活頁簿，也就是活頁簿的集合。

當我們定義活頁簿資料類型的物件時是使用 Workbook，例如：下列是定義 wb 為活頁簿資料類型物件：

    Dim wb As Workbook

但 是 在 Excel VBA 中 Application 底 下 的 物 件 是 Workbooks 物 件，也 就 是 Workbook 右邊包含 s 字元。未來本章會有許多實例，所以讀者可以輕鬆瞭解彼此的差異與用法。

15-1 開啟與建立新的活頁簿

一個完整的開啟活頁簿語法，內部有許多參數，本節將分成各小節說明常用的參數，Open 函數的常見的參數語法如下：

    Open([FileName], [UpdateLinks], [ReadOnly], [Password], [Delimiter], …)

讀者可以使用下列方式看到完整的參數：

```
Public Sub test()
    Workbooks.Open(|
End Sub          Open(Filename As String, [UpdateLinks], [ReadOnly], |
                     [Editable], [Notify], [Converter], [AddToMru], [Local], [C
```

本章將針對上述常用部分做完整的說明。

15-1-1　開啟活頁簿

在 Open( ) 函數 (也可以稱方法) 內，參數使用檔案名稱或是完整的檔案路徑及可以開啟目前已經在磁碟內的活頁簿。如果所開啟的檔案是在目前工作目錄，可以只用檔案名稱開啟。

程式實例 ch15_1.xlsm：分別以檔案名稱和完整的檔案路徑開啟 data15_1_1.xlsx 和 data15_1_2.xlsx 檔案。

```
1  Public Sub ch15_1()
2      Workbooks.Open ("data15_1_1.xlsx")
3      Workbooks.Open ("D:\ExcelVBA\ch15\data15_1_2.xlsx")
4  End Sub
```

執行結果

在 10-1-2 節筆者有說明常用物件關係圖，我們可以知道 Workbooks 物件是 Application 物件的子物件，我們也可以直接使用下列方式調用 Open。

> Application.Workbooks.Open( )

不過一般皆用 ch15_1.xlsm 方式簡化省略了 Application。

程式實例 ch15_2.xlsm：使用完整物件呼叫方式重新設計 ch15_1.xlsm。

```
1  Public Sub ch15_2()
2      Application.Workbooks.Open ("data15_1_1.xlsx")
3      Application.Workbooks.Open ("D:\ExcelVBA\ch15\data15_1_2.xlsx")
4  End Sub
```

執行結果 與 ch15_1.xlsm 相同。

15-1-2 以唯讀方式開啟檔案

在開啟檔案 Open( ) 增加 ReadOnly 參數，可以設定檔案開啟方式，ReadOnly 預設是 False，如果設為 True 則表示以唯讀方式開啟。

程式實例 ch15_3.xlsm：以唯讀方式開啟 data15_3.xlsx。

```
1  Public Sub ch15_3()
2      Workbooks.Open Filename:="data15_3.xlsx", ReadOnly:=True
3  End Sub
```

執行結果

上述是以呼叫函數是用不加括號方式處理，筆者增加了具名參數：

Filename := "data15_3.xlsx"

ReadOnly := True

15-1-3　開啟含密碼的檔案

有的 Excel 檔案是有密碼，使用一般方式開啟時會出現對話方塊要求輸入密碼。

註　data15_4.xlsx 的密碼是 data15_4

程式實例 ch15_4.xlsm：開啟 data15_4.xlsx。

```
1  Public Sub ch15_4()
2      Workbooks.Open Filename:="data15_4.xlsx"
3  End Sub
```

執行結果

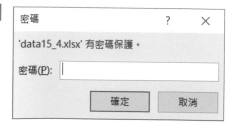

我們可以使用 Password 參數直接在 Open 函數的參數中設定此密碼而直接開啟檔案。

程式實例 ch15_5.xlsm：開啟 data15_4.xlsx，開啟時直接使用 Password 具名參數設定密碼。

```
1   Public Sub ch15_5()
2       Workbooks.Open Filename:="data15_4.xlsx", Password:="data15_4"
3   End Sub
```

執行結果

15-1-4　開啟文字檔案

我們也可以使用 Excel VBA 開啟文字檔案,有一個文字檔案內容如下:

上述每一列的分隔符號是 ",",分隔符號可以將資料放在同列右邊欄位的儲存格。使用 Open 函數時可以將 Format 參數設為 6,設定分隔符號 Delimiter 為逗號 (","),就可以開啟此文字檔案。

程式實例 ch15_6.xlsm:以 Excel 視窗開啟 data15_6.txt。

```
1   Public Sub ch15_6()
2       Workbooks.Open Filename:="data15_6.txt", _
3                      Delimiter:=",", Format:=6
4   End Sub
```

執行結果

	A	B	C
1	Taipei	500	
2	Beijing	300	

15-1-5　使用對話方塊開啟活頁簿

可以使用 Application 物件的 GetOpenFilename( ),透過對話方塊開啟檔案,所開啟的檔案限定是 *.xlsx 檔案。

程式實例 ch15_7.xlsm：使用對話方塊開啟 data15_7.xlsx，開啟對話方塊限定顯示 *.xlsx 類的 Excel 檔案。

```
1   Public Sub ch15_7()
2       Dim fn As String
3       fn = Application.GetOpenFilename("Excel files(*.xlsx), *.xlsx")
4       If fn <> "False" Then
5           Workbooks.Open Filename:=fn
6       Else
7           MsgBox "沒有選擇活頁簿"
8       End If
9   End Sub
```

執行結果

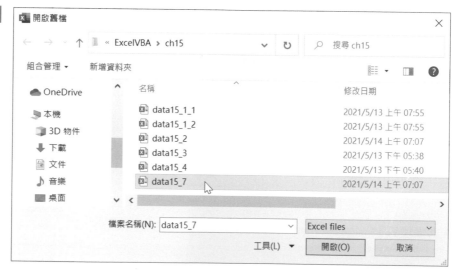

上述選取 data15_7.xlsx 檔案後，按開啟鈕就可以開啟 data15_7.xlsx 檔案。如果限定開啟對話方塊顯示的是 *.txt 檔案，GetOpenFilename( ) 函數可以使用下列參數。

GetOpenFilename("Text files(*.txt), *.txt")

這時開啟舊檔對話方塊只顯示文字檔案，如下所示：

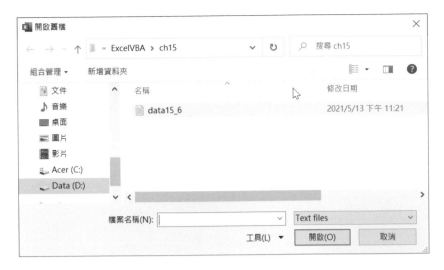

讀者可以參考所附實例的 ch15_7_1.xlsm。如果 GetOpenFilename( ) 函數不加上任何參數，相當於使用預設，如下：

GetOpenFilename( )

相當於開啟舊檔對話方塊可以顯示所有的檔案。

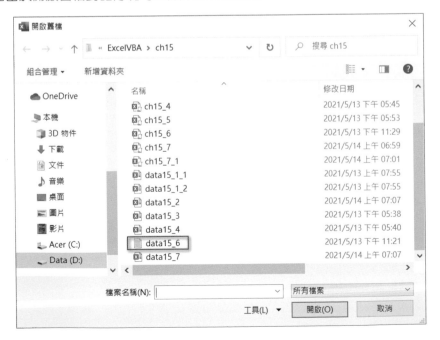

讀者可以參考所附實例 ch15_7_2.xlsm。

15-1-6　建立新的活頁簿

Workbooks 物件的 Add 方法可以建立新的活頁簿，不過在建立活頁簿物件前，我們需要宣告活頁簿物件，如下：

Dim wb As Workbook

未來就可以使用 wb 參照引用指定的活頁簿。

程式實例 ch15_8.xlsm：建立新的活頁簿。

```
1    Public Sub ch15_8()
2        Dim wb As Workbook
3        Set wb = Workbooks.Add
4    End Sub
```

執行結果 執行後可以看到新建立的活頁簿。

15-1-7　重新啟動 Excel 同時建立新的活頁簿

我們可以用下列方式建立 Excel 應用程式物件：

Dim myexcel As Excel.Application

程式設計時若是尚未想好物件名稱的類別也可以使用下列方式定義：

Dim myexcel As Object

有了上述定義，我們可以使用 CreateObject("Excel.Application") 建立新的 Excel 應用程式物件。

Set myexcel = CreateObject("Excel.Application")

有了上述 Excel 應用程式物件，就可以使用下列方式建立活頁簿。

myexcel.Visible = True　　'顯示活頁簿
myexcel.Workbooks.Add

程式實例 ch15_8_1.xlsm：開啟新的 Excel 應用程式視窗。

```
1    Public Sub ch15_8_1()
2        Dim myexcel As Object
3        Set myexcel = CreateObject("Excel.Application")
```

```
4       myexcel.Visible = True
5       myexcel.Workbooks.Add
6   End Sub
```

執行結果　執行後有新的 Excel 應用程式被開啟。

```
活頁簿1 - Excel
```

上述第 4 和 5 列，其實可以改成下列更容易理解方式處理。

```
With myexcel
    .Visible = True
    .Workbooks.Add
End With
```

程式實例 ch15_8_2.xlsm：使用 With ⋯ End With，同時在第 2 列將 myexcel 設為 Excel.Application 物件。

```
1   Public Sub ch15_8_2()
2       Dim myexcel As Excel.Application
3       Set myexcel = CreateObject("Excel.Application")
4       With myexcel
5           .Visible = True
6           .Workbooks.Add
7       End With
8   End Sub
```

執行結果　與 ch15_8_1.xlsm 相同。

15-2　目前工作的活頁簿

15-2-1　Application 物件的 ActiveWorkbook 屬性

Application 物件的 ActiveWorkbook 屬性可以回傳目前工作的活頁簿，對於這個屬性可以使用下列方式引用。

Application.ActiveWorkbook

也可以省略 Application，直接使用 ActiveWorkbook 引用。

程式實例 ch15_9.xlsxm：列出目前工作的活頁簿，請同時開啟 data15_9.xlsx 檔案，請先切換到 data15_9.xlsm，再執行 VBE 環境的執行 / 執行 Sub 或 UserFrom。下列第 4 列使用了 Name 屬性，這是可以回傳活頁簿的名稱。

```
1  Public Sub ch15_9()
2      Dim wb As Workbook
3      Set wb = Application.ActiveWorkbook
4      MsgBox "目前工作的活頁簿 : " & wb.Name
5      Set wb = ActiveWorkbook
6      MsgBox "省略Application目前工作的活頁簿 : " & wb.Name
7  End Sub
```

執行結果 可以在 data15_9.xlsm 的視窗執行開發人員 / 程式碼 / 巨集，可以得到相同的結果。

　　上述程式在執行時，如果將目前工作視窗設在 ch15_9.xlsm，則目前工作的活頁簿就是 ch15_9.xlsm。上述第 4 列所回傳的是目前工作目錄（或稱資料夾）的檔案，一個完整的路徑是由資料夾與活頁簿名稱所組成。若是想更進一步了解檔案仍須瞭解目前所在的資料夾，這時可以使用 Path 屬性，我們可以將 wb.Name 改為 wb.Path 獲得目前活頁簿所在的資料夾位置。

程式實例 ch15_9_1.xlsm：列出目前工作活頁簿所在資料夾與檔案名稱。

```
1  Public Sub ch15_9_1()
2      Dim wb As Workbook
3      Set wb = ActiveWorkbook
4      MsgBox ("目前工作的活頁簿路徑 : " & wb.Path & vbCrLf & _
5              "目前工作的活頁簿名稱 : " & wb.Name & vbCrLf & _
6              "完整活頁簿名稱 : " & wb.Path & "\" & wb.Name)
7  End Sub
```

上述程式第 6 列，筆者使用 wb.Path 和 wb.Name 組成，Workbook 物件有 FullName 屬性，我們可以改為 wb.FullName，就可以回傳含完整路徑的活頁簿檔案名稱。

程式實例 ch15_9_2.xlsm：列出含完整路徑的活頁簿檔案名稱。

```
1   Public Sub ch15_9_2()
2       Dim wb As Workbook
3       Set wb = ActiveWorkbook
4       MsgBox "目前工作的活頁簿 : " & wb.FullName
5   End Sub
```

15-2-2　取消物件變數的關聯

在設計 Excel VBA 時，有時候想將變數與物件關聯取消，可以使用下列 Nothing 關鍵字。

程式實例 ch15_10.xlsm：重新設計 ch15_9.xlsm，在設計完成後將 wb 變數與 Workbook 物件的關聯取消。

```
1   Public Sub ch15_10()
2       Dim wb As Workbook
3       Set wb = Application.ActiveWorkbook
4       MsgBox "目前工作的活頁簿 : " & wb.Name
5       Set wb = ActiveWorkbook
6       MsgBox "省略Application目前工作的活頁簿 : " & wb.Name
7       Set wb = Nothing          ' 將wb與Workbook的關聯取消
8   End Sub
```

執行結果 與 ch15_9.xlsm 相同。

15-2-3　Application 物件的 ThisWorkbook 屬性

Application 物件的 ThisWorkbook 屬性可以回傳目前巨集功能的活頁簿，對於這個屬性可以使用下列方式引用。

> Application.ThisWorkbook

也可以省略 Application，直接使用 ThisWorkbook 引用。

程式實例 ch15_11.xlsxm：列出目前含巨集工作的活頁簿。

```
1  Public Sub ch15_11()
2      Dim wb As Workbook
3      Set wb = Application.ThisWorkbook
4      MsgBox "目含巨集作的活頁簿 : " & wb.Name
5      Set wb = ThisWorkbook
6      MsgBox "省略Application目前含巨集的活頁簿 : " & wb.Name
7  End Sub
```

執行結果

15-3　儲存與關閉活頁簿

15-3-1　儲存活頁簿使用 Save

Workbook 物件類別的 Save 方法可以將目前編輯的活頁簿以目前的檔案名稱儲存，在儲存後，這個檔案仍是開啟狀態。

程式實例 ch15_12.lxsm：以目前名稱儲存活頁簿，相當於檔案 / 儲存檔案功能。

```
1  Public Sub ch15_12()
2      Dim wb As Workbook
3      Set wb = ActiveWorkbook
4      wb.Save                    '儲存目前工作的活頁簿
5  End Sub
```

執行結果 假設目前工作的活頁簿是 data15_12.xlsx，內容是下方左邊。在 A3 儲存格筆者輸入 "bbb"，然後按 Enter 鍵，可以得到下列結果，可以參考下方右邊。

	A	B
1	data15_12	
2	aaa	
3		

	A	B
1	data15_12	
2	aaa	
3	bbb	

現在執行這個程式 ch15_12 巨集，就可以得到 data15_12.xlsx 內容已經儲存，如果現在關閉 data15_12.xlsx，再重新開啟，data15_12.xlsx 內容可以得到下列結果。

	A	B
1	data15_12	
2	aaa	
3	bbb	

15-3-2 另存活頁簿 SaveAs

Workbook 物件類別的 SaveAs 方法可以將目前編輯的活頁簿以新的檔案名稱儲存，在儲存後，這個檔案仍是開啟狀態。

程式實例 ch15_13.lxsm：以新的名稱儲存活頁簿，相當於檔案 / 另存新檔功能。

```
1  Public Sub ch15_13()
2      Dim wb As Workbook
3      Set wb = ActiveWorkbook
4      wb.SaveAs Filename:="data15_13_1.xlsx"
5  End Sub
```

執行結果 假設目前工作的活頁簿是 data15_13.xlsx，內容是下方左邊。在 A3 儲存格筆者輸入 "ccc"，然後按 Enter 鍵，可以得到下列結果，可以參考下方右邊。

	A	B
1	data15_13	
2	aaa	
3		

	A	B
1	data15_13	
2	aaa	
3	ccc	

現在執行這個程式 ch15_13 巨集，就可以得到 data15_13_1.xlsx 內容已經儲存。

15-3-3　另存活頁簿時增加密碼保護

參考前一小節執行 SaveAs 方法時，增加 Password 屬性設定，可以儲存檔案時增加密碼保護。

先前筆者介紹實例皆是使用一般活頁簿儲存，當然也可以將含巨集的活頁簿做儲存，可以參考下列實例：

程式實例 ch15_14.xlsm：將 ch15_14.xlsm 以 ch15_14_1.xlsm 儲存，未來開啟需要密碼 "123"。

```
1  Public Sub ch15_14()
2      Dim fn As String
3      Dim wb As Workbook
4      Set wb = ActiveWorkbook
5      fn = "ch15_14_1.xlsm"
6      wb.SaveAs Filename:=fn, Password:="123"
7  End Sub
```

執行結果

Excel VBE視窗

關閉 ch15_14_1.xlsm 檔案後，未來開啟這個檔案 ch15_14_1.xlsm 可以得到需要輸入密碼的對話方塊。

未來如果想要取消密碼保護，可以重新儲存此檔案，但是設定 Password:=""。

程式實例 ch15_14_2.xlsx：這個程式練習時，讀者需要輸入 "123" 當作密碼才可以開啟這個活頁簿，執行這個程式後就不用密碼就可以開啟，下列是開啟後讀者看到的原始程式，也是本書所附的程式。

```
1   Public Sub ch15_14_2()
2       Dim fn As String
3       Dim wb As Workbook
4       Set wb = ThisWorkbook
5       wb.SaveAs Filename:=ThisWorkbook.FullName, Password:="123"
6   End Sub
```

請將上述 Password 屬性設為 ""，就可以取消此活頁簿的密碼設定，讀者需修改如下：

```
1   Public Sub ch15_14_2()
2       Dim fn As String
3       Dim wb As Workbook
4       Set wb = ThisWorkbook
5       wb.SaveAs Filename:=ThisWorkbook.FullName, Password:=""
6   End Sub
```

執行結果 請關閉 ch15_14_2.xlsm，再重新開啟時就不需密碼了。

15-3-4 另存活頁簿的副本

編輯 Excel 報表時，有時候想要將目前工作資料另外保留一份副本，可以使用 Workbook 物件類別的 SaveCopyAs 方法。這個方法儲存後，磁碟內會多了這個副本檔案，原來 Excel 視窗內容不變。

程式實例 ch15_15.xlsm：為現在的 ch15_15.xlsm 儲存一份副本 ch15_15_copy.xlsm。

```
1   Public Sub ch15_15()
2       Dim fn As String
3       Dim wb As Workbook
4       Set wb = ActiveWorkbook
5       fn = "ch15_15_copy.xlsm"
6       wb.SaveCopyAs Filename:=fn
7   End Sub
```

執行結果

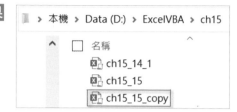

15-3-5　關閉活頁簿但不儲存

Workbook 物件類別的 Close() 方法可以關閉活頁簿，在關閉活頁簿過程常使用下列屬性：

- SaveChanges：選用，如果是 True 則會儲存變更再關閉活頁簿，如果是 False 則是不會儲存變更。

- FileName：選用，會使用這個新名稱儲存檔案。

- RouteWorkbook：如果不需要將此活頁簿傳給下一個，可以忽略。否則 Excel 會依據此參數設定將此活頁簿傳送給指定的人。

程式實例 ch15_16.xlsm：關閉目前工作的活頁簿 data15_16.xlsx，但不儲存修訂的內容。

```
1   Public Sub ch15_16()
2       Dim wb As Workbook
3       Set wb = ActiveWorkbook
4       wb.Close SaveChanges:=False
5   End Sub
```

執行結果　假設目前工作的活頁簿是 data15_16.xlsx，內容是下方左邊。在 A3 儲存格筆者輸入 "bbb"，然後按 Enter 鍵，可以得到下列結果，可以參考下方右邊。

	A	B
1	data15_16	
2	aaa	
3		

	A	B
1	data15_16	
2	aaa	
3	bbb	

現在執行這個程式 ch15_16 巨集，就可以得到 data15_16.xlsx 視窗已經關閉，但是內容沒有儲存，所看到的 data15_16.xlsx 內容如下：

	A	B
1	data15_16	
2	aaa	
3		

15-3-6 關閉活頁簿但是儲存所有變更

程式實例 ch15_17.xlsm：關閉目前工作的活頁簿 data15_17.xlsx，同時儲存修訂的內容。

```
1   Public Sub ch15_17()
2       Dim wb As Workbook
3       Set wb = ActiveWorkbook
4       wb.Close SaveChanges:=True
5   End Sub
```

執行結果 假設目前工作的活頁簿是 data15_17.xlsx，內容是下方左邊。在 A3 儲存格筆者輸入 "bbb"，然後按 Enter 鍵，可以得到下列結果，可以參考下方右邊。

	A	B
1	data15_17	
2	aaa	
3		

	A	B
1	data15_17	
2	aaa	
3	bbb	

現在執行這個程式 ch15_17 巨集，就可以得到 data15_17.xlsx 視窗已經關閉，同時內容已經儲存，所看到的 data15_17.xlsx 內容如下：

	A	B
1	data15_17	
2	aaa	
3	bbb	

15-3-7 關閉所有活頁簿但是不保存變更

Workbooks 類別的 Close 方法可以關閉所有的活頁簿,如果不希望出現是否保存的對話方塊,可以增加 Application.DisplayAlert = False 的設定。

程式實例 ch15_18.xlsm:關閉所有活頁簿但是不保存。

```
1  Public Sub ch15_18()
2      Application.DisplayAlerts = False
3      Workbooks.Close
4  End Sub
```

執行結果 下列是關閉後的 Excel 視窗。

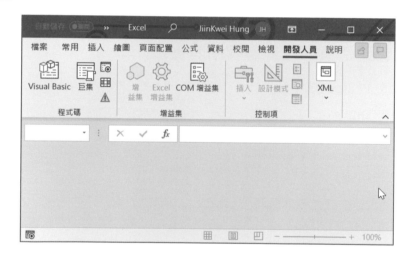

15-3-8 關閉所有活頁簿但是保存變更

如果想要關閉所有活頁簿但是保存所有的變更,可以取消 Application 物件的 DisplayAlert 的設定。

程式實例 ch15_19.xlsm:關閉所有活頁簿但是保存所有的變更。

```
1  Public Sub ch15_19()
2      Workbooks.Close
3  End Sub
```

執行結果 如果目前所開啟的活頁簿內容有變更,筆者實例是 data15_19.xlsx,可以看到下列對話方塊。

15-3-9 關閉 Excel 應用程式但是不保存變更

可以使用 Application.Quit 關閉 Excel 應用程式，如果關閉 Excel 應用程式時不想保存所有開啟活頁簿有變更的部分，可以增加 Application.DisplayAlert = False。

程式實例 ch15_20.xlsm：關閉 Excel 應用程式時不想保存所有開啟活頁簿有變更的部分。

```
1  Public Sub ch15_20()
2      Application.DisplayAlerts = False
3      Application.Quit
4  End Sub
```

執行結果 Excel 應用程式將會直接被關閉。

15-3-10 關閉 Excel 應用程式但是保存變更

如果關閉 Excel 應用程式時想保存所有開啟活頁簿有變更的部分，可以不要使用 Application.DisplayAlert = False 指令。

程式實例 ch15_21.xlsm：關閉 Excel 應用程式時要保存所有開啟活頁簿有變更的部分。

```
1  Public Sub ch15_21()
2      Application.Quit
3  End Sub
```

執行結果 如果目前所開啟的活頁簿內容有變更，筆者實例是 data15_21.xlsx，可以看到下列對話方塊。

15-3-11　判斷活頁簿內容是否被修改

Workbook 物件的 Saved 屬性可以判斷活頁簿內容是否被修改，如果 Saved 是 True 則表示未被修改，如果是 False 表示已經修改。

程式實例 ch15_21_1.xlsm：回傳活頁簿內容修改部分是否已經儲存。

```
1  Public Sub ch15_21_1()
2      If ActiveWorkbook.Saved = True Then
3          MsgBox "活頁簿內容修改部分已經儲存"
4      Else
5          MsgBox "活頁簿內容修改部分尚未儲存"
6      End If
7  End Sub
```

執行結果

15-4　參考引用活頁簿

在 15-2-1 節筆者說明了目前工作的活頁簿可以使用 ActiveWorkbook 得到，在 15-2-3 節說明了含目前巨集的活頁簿可以使用 ThisWorkbook 得到，這一節將講解更多參考引用活頁簿的知識。

15-4-1　Count 屬性

Workbooks 物件的 Count 屬性可以獲得目前開啟活頁簿的數量。

程式實例 ch15_22.xlsm：假設目前 Excel 開啟了 ch15_22.xlsm、活頁簿 1 和活頁簿 2，如下所示：

這個程式會計算所開啟的活頁簿數量。

```
1  Public Sub ch15_22()
2      Dim num As Integer
3      num = Workbooks.Count
4      MsgBox "目前開啟的活頁簿數量 : " & num
5  End Sub
```

執行結果

15-4-2　使用索引參考活頁簿

當 Excel 視窗開啟多個活頁簿後，可以使用索引來參考活頁簿，如下：

Workbooks(1)：第 1 個開啟的活頁簿。

Workbooks(2)：第 2 個開啟的活頁簿。

Workbooks(3)：第 3 個開啟的活頁簿。

　…

Workbooks(Workbooks.Count)：最後一個開啟的活頁簿。

當某個活頁簿被關閉後，Excel 會自動將索引編號重新編號，所以索引編號不會中斷。執行下列實例前，先關閉 ch15_22.xlsm，然後保留活頁簿 1 和活頁簿 2，接著設計 ch15_23.xlsm。

程式實例 ch15_23.xlsm：設計這個程式列出目前開啟的活頁簿名稱。

```
1  Public Sub ch15_23()
2      Dim wb As Workbook
3      Dim num As Integer
4      num = Workbooks.Count
5      For i = 1 To num
6          Set wb = Workbooks(i)
7          Debug.Print wb.Name
8      Next i
9  End Sub
```

執行結果

15-4-3　使用名稱引用活頁簿

除了可以使用索引引用活頁簿外，也可以使用活頁簿名稱引用活頁簿，在繁體中文 Windows 環境下，如果活頁簿尚未命名，可以看到標題欄是活頁簿 1、活頁簿 2，…等。如果要引用名稱，因為尚未儲存所以沒有延伸檔名，引用方式如下：

　　Workbooks(" 活頁簿 1")

假設有一個檔案名稱是 data.xlsx，則引用方式如下：

　　Workbooks("data.xlsx")

程式實例 ch15_24.xlsm：假設目前開啟了活頁簿 1、活頁簿 2 與 ch15_24.xlsm 活頁簿，將活頁簿 1 工作表 1 的 A1 儲存格內容設為 " 洪錦魁 "，下列程式使用了尚未說明的指令，如下：

　　wb.ActiveSheet.Range("A1") = " 洪錦魁 "

有關 ActiveSheet 物件的完整說明是在下一章，這個指令是設定目前活頁簿目前工作表 A1 儲存格內容是 " 洪錦魁 "。

```
1  Public Sub ch15_24()
2     Dim wb As Workbook
3     Dim fn As String
4     fn = "活頁簿1"
5     Set wb = Workbooks(fn)
6     wb.ActiveSheet.Range("A1") = "洪錦魁"
7  End Sub
```

執行結果　上述執行後可以在 A1 儲存格看到洪錦魁字串。

程式實例 ch15_25.xlsm：假設目前開啟了活頁簿 1、活頁簿 2、data15_25.xlsx 與 ch15_25.xlsm 活頁簿，將 data15_25.xlsx 工作表 1 的 A1 儲存格內容設為 " 明志工專 "。

```
1   Public Sub ch15_25()
2       Dim wb As Workbook
3       Dim fn As String
4       fn = "data15_25.xlsx"
5       Set wb = Workbooks(fn)
6       wb.ActiveSheet.Range("A1") = "明志工專"
7   End Sub
```

執行結果

| A1 | | × | ✓ | fx | 明志工專 |

	A	B	C	D	E
1	明志工專				

15-4-4　啟動活頁簿 Activate

Workbooks 物件有 Activate 屬性可以啟動特定的活頁簿，有一個 VBA 指令如下：

Workbooks("data15_26.xlsm").Activate

上述相當於將 data15_26.xlsm 設為目前工作的活頁簿。

程式實例 ch15_26.xlsm：假設目前開啟了活頁簿 1、活頁簿 2、data15_26.xlsx 與 ch15_26.xlsm 活頁簿，將 data15_26.xlsx 工作表 1 的 A1 儲存格內容設為 " 深智數位 "。

```
1   Public Sub ch15_26()
2       Dim fn As String
3       fn = "data15_26.xlsx"
4       Workbooks(fn).Activate
5       Range("A1") = "深智數位"
6   End Sub
```

執行結果

| A1 | | × | ✓ | fx | 深智數位 |

	A	B	C	D	E
1	深智數位				

15-5 獲得活頁簿的基本訊息

15-5-1 認識活頁簿的基本訊息屬性名稱

每個活頁簿皆有基本訊息,例如:標題、主旨、… 字元數等,這些訊息是定義在 BuiltinDocumentProperties 物件,這個物件也是活頁簿基本訊息項目的集合,也可以稱屬性名稱的集合,屬性名稱的集合可以由 Name 屬性取得,這個 Name 屬性可以由 ActiveWorkbook 物件啟動。

程式實例 ch15_27.xlsm:將空白內容的 data15_27.xlsx 設為目前活頁簿,然後使用 Name 屬性,將活頁簿基本訊息屬性名稱輸出至 A 欄的儲存格。

```
1  Public Sub ch15_27()
2    Dim row As Integer
3    Workbooks("data15_27.xlsx").Activate
4    row = 1
5    For Each data In ActiveWorkbook.BuiltinDocumentProperties
6      Cells(row, 1).Value = data.Name
7      row = row + 1
8    Next
9  End Sub
```

執行結果

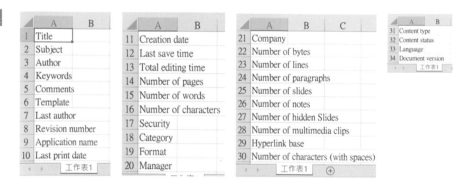

15-5-2 認識活頁簿的基本屬性名稱的內容

前一小節我們認識了活頁簿訊息的屬性名稱,屬性名稱的內容可以由 Value 屬性取得,這個 Value 屬性也是由 ActiveWorkbook 物件啟動。

程式實例 ch15_28.xlsm:將 ch15_28.xlsm 活頁簿基本訊息的項目與內容分別輸出至 A 欄與 B 欄的儲存格,在這個程式可以看到許多項目內容目前是空白。

```
1   Public Sub ch15_28()
2       Dim row As Integer
3       row = 1
4       On Error Resume Next
5       For Each data In ActiveWorkbook.BuiltinDocumentProperties
6           Cells(row, 1).Value = data.Name
7           Cells(row, 2).Value = data.Value
8           row = row + 1
9       Next
10  End Sub
```

執行結果　下列筆者適度擴充欄位寬度與列出部分內容的結果。

	A	B
1	Title	
2	Subject	
3	Author	cshung
4	Keywords	
5	Comments	
6	Template	
7	Last author	cshung
8	Revision number	
9	Application name	Microsoft Excel
10	Last print date	
11	Creation date	2021/5/14 23:27
12	Last save time	2021/5/15 14:07

工作表1

15-5-3　使用索引了解特定屬性名稱

我們可以使用索引了解 BuiltinDocumentProperties 物件特定屬性名稱，觀念如下：

BuiltinDocumentProperties(1)

程式實例 ch15_29.xlsm：以索引列出活頁簿的基本訊息屬性名稱。

```
1   Public Sub ch15_29()
2       Dim i As Integer
3       For i = 1 To 34
4           msg = ActiveWorkbook.BuiltinDocumentProperties(i).Name
5           Debug.Print msg
6       Next i
7   End Sub
```

執行結果 讀者可以捲動看更多內容。

15-5-4 以數字與字串索引了解屬性名稱的內容

除了可以使用數字索引外,也可以使用字串索引。從上述實例可以知道屬性名稱 Author 是在索引 3,我們將使用這個特性做說明。

程式實例 ch15_30.xlsm:使用數字與字串索引取得屬性名稱的內容。

```
1  Public Sub ch15_30()
2      writer1 = ActiveWorkbook.BuiltinDocumentProperties(3).Value
3      writer2 = ActiveWorkbook.BuiltinDocumentProperties("Author").Value
4      MsgBox (writer1 & vbCrLf & writer2)
5  End Sub
```

執行結果

15-5-5 Item( ) 函數

Item( ) 函數是 BuiltinDocumentProperties 集合預設的方法,所以前幾小節其實是省略了 Item( ) 函數,下列敘述其實意義是一樣的。

BuiltinDocumentProperties.Item("Author")

BuiltinDocumentProperties("Author")

BuiltinDocumentProperties.Item(3)

BuiltinDocumentProperties(3)

程式實例 ch15_31.xlsm：Item( ) 函數的應用。

```
1   Public Sub ch15_31()
2       Dim wb As Workbook
3       Set wb = ActiveWorkbook
4       writer1 = wb.BuiltinDocumentProperties(3).Value
5       writer2 = wb.BuiltinDocumentProperties("Author").Value
6       MsgBox (writer1 & vbCrLf & writer2)
7       writer3 = wb.BuiltinDocumentProperties.Item(3).Value
8       writer4 = wb.BuiltinDocumentProperties.Item("Author").Value
9       MsgBox ("含Item函數" & vbCrLf & writer3 & vbCrLf & writer4)
10  End Sub
```

執行結果

15-5-6 判斷活頁簿是否已經開啟

這類問題可以使用迴圈方式判斷。

程式實例 ch15_32.xlsm：輸入一個檔案，本程式可以判斷是否已經開啟這個檔案了。

```
1   Public Sub ch15_32()
2       Dim wb As Workbook
3       Dim openwb As String
4       openwb = InputBox("請輸入活頁簿名稱 : ")
5       For Each wb In Workbooks
6           If wb.Name = openwb Then
7               MsgBox (openwb & " 已經開啟")
8               Exit Sub
9           End If
10      Next
11      MsgBox (openwb & " 尚未開啟")
12  End Sub
```

執行結果

15-5-7　判斷活頁簿是否已經儲存

尚未儲存的活頁簿名稱是 ""，可以利用這個特性了解活頁簿是否已經儲存。

程式實例 ch15_33.xlsm：判斷目前活頁簿是否已經儲存，如果已經儲存請列出所儲存的名稱。

```
1   Public Sub ch15_33()
2       Dim wb As Workbook
3       Dim wbsave As String
4       wbsave = ThisWorkbook.Name
5       Set wb = Workbooks(wbsave)
6
7       If wb.Name = "" Then
8           MsgBox "尚未儲存"
9       Else
10          MsgBox "已經用 " & wb.Name & " 儲存"
11      End If
12  End Sub
```

執行結果

15-6　判斷活頁簿是否有巨集

Workbook 物件的 HasVBProject 屬性如果是 True 表示活頁簿有巨集，如果是 False 表示活頁簿沒有巨集。

程式實例 ch15_34.xlsm：判斷活頁簿是否有巨集。

```
1   Public Sub ch15_34()
2       If ActiveWorkbook.HasVBProject = True Then
3           MsgBox "活頁簿有巨集"
4       Else
5           MsgBox "活頁簿沒有巨集"
6       End If
7   End Sub
```

執行結果

15-7 再談活頁簿的保護

15-7-1　保護活頁簿

Workbook 物件的 Protect 方法可以設定保護活頁簿，這個屬性常用的參數如下：

Workbook.Protect Password Structure Window

- Password：選用，如果增加未來活頁簿會以密碼保護。
- Structure：選用，可以保護工作表相對位置，未來無法插入、刪除、更改工作表的位置。
- Windows：選用，如果 True 會保護活頁簿視窗。

程式實例 ch15_35.xlsm：保護活頁簿。

```
1  Public Sub ch15_35()
2      Dim wb As Workbook
3      Set wb = ThisWorkbook
4      wb.Protect Password:="123", Structure:=True, Windows:=True
5      MsgBox "這個活頁簿已經被保護"
6  End Sub
```

執行結果

　　經過上述程式執行後可以得到活頁簿已經被保護，如果現在執行檔案 / 資訊，可以看到保護活頁簿功能已經被啟動。

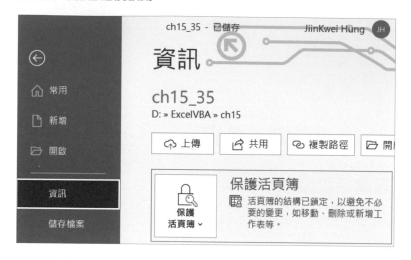

你可以點選保護活頁簿了解保護的內容。

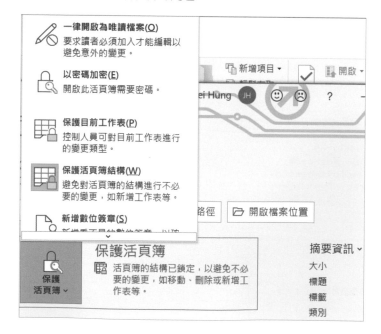

15-7-2　取消保護活頁簿

Workbook 物件的 Unrotect 方法可以設定保護活頁簿，這個屬性常用的參數如下：

　　Workbook.Unrotect Password

Password 的用法與前一小節相同。

程式實例 ch15_36.xlsm：這個實例基本上是拷貝 ch15_35.xlsm，然後執行取消保護活頁簿。

```
1  Public Sub ch15_36()
2      Dim wb As Workbook
3      Set wb = ThisWorkbook
4      wb.Unprotect Password:="123"
5      MsgBox "這個活頁簿已經被取消保護"
6  End Sub
```

執行結果

15-8　AI 輔助「.xls」轉換成「.xlsx」

　　在數位化快速發展的今天，資料的保存與轉換成為了日常工作的一部分。尤其是在處理 Excel 檔案時，我們經常面臨著將舊版「.xls」格式 (Excel 97-2003) 轉換為更現代、更安全的「.xlsx」格式 (Excel 2007 起) 的需求。這不僅關乎於檔案大小的優化和數據處理的效率提升，更涉及到檔案兼容性與數據安全性的重大升級。這一節旨在探討如何將「.xls」轉換成「.xlsx」的方法。

15-8-1　認識「.xls」和「.xlsx」的差異

　　「.xls」和「.xlsx」是 Microsoft Excel 的兩種不同檔案格式，它們主要的差異在於文件結構、容量、安全性和兼容性方面。

❏ 文件結構

- .xls：是一種二進位檔案格式，用在 Excel 97 到 Excel 2003。它採用 Microsoft Office 專有二進位檔案格式，稱為 BIFF（Binary Interchange File Format）。

- .xlsx：首先應用在 Excel 2007，直到現在的 Office 365，這是一種以 XML 開放檔案格式為基礎，稱為 Office Open XML。「.xlsx」檔案實際上是一個壓縮的 ZIP 容器，包含多個 XML 檔案，這些 XML 檔案描述了工作簿的結構和內容。

❏ 容量

- .xls：支援最多 65,536 列和 256 欄位的數據在單一工作表中。

- .xlsx：支援最多 1,048,576 列和 16,384 欄位的數據在單一工作表中，大大增加了數據處理能力。

❏ 安全性和恢復能力

- .xls：由於其二進位性質，較難直接檢視和修改檔案內容，可能較容易隱藏惡意程式碼。

- .xlsx：這是開放的 XML 結構，可以用任何文本編輯器查看，增加了透明度，從而提高了檔案的安全性。此外，由於其結構的開放性，檔案在受損時更容易恢復部分數據。

❏ 相容性

- .xls：廣泛相容於各版本的 Excel 和其他辦公軟體，但在新版本的 Excel 中開啟舊版「.xls」檔案可能會觸發相容模式。

- .xlsx：作為較新的格式，「.xlsx」在舊版本的 Excel（2003 及更早版本）無法直接打開，需要安裝相容包或進行轉換。然而，它在新版 Excel 及其他許多現代辦公軟件中得到了原生支援。

總結來說「.xlsx」格式相較於「.xls」，提供了更大的數據容量、更高的安全性、更好的錯誤恢復能力以及更廣泛的相容性，特別是在處理大型數據集時。

15-8-2　ChatGPT 輔助設計轉換程式

我們可以自己寫這類的程式，也可以應用 ChatGPT 協助寫這類程式。

程式實例 ch15_37.xlsm：將目前資料夾 ch15 底下「data37」子資料夾內所有「.xls」檔案轉成「.xlsx」，請 ChatGPT 批次處理，同時將結果儲存到「out37」的結果。

 您
請設計Excel VBA程式，將目前資料夾底下data37子資料夾內的所有「.xls」檔案轉成「.xlsx」檔案，同時將轉換結果儲存到out37子資料夾。

 ChatGPT
要完成這個任務，我們將編寫一個 VBA 程式，這個程式會遍歷 `data37` 子資料夾中的所有 `.xls` 檔案，將它們轉換為 `.xlsx` 格式，並將轉換後的檔案儲存到 `out37` 子資料夾中。請按照以下步驟操作：

步驟 1：準備工作

- 確保你的 Excel 工作簿與 `data37` 和 `out37` 子資料夾位於同一個父資料夾下。

步驟 2：打開 VBA 編輯器

- 在 Excel 中按 `Alt + F11` 打開 VBA 編輯器。

步驟 3：插入新模組

- 在 VBA 編輯器中，右鍵點擊 VBA 專案（你的工作簿名稱），選擇「插入」->「模組」。

步驟 4：輸入 VBA 程式碼

- 在新模組中輸入以下 VBA 程式碼：

```
1  Sub ConvertXlsToXlsx()
2      Dim sourceFolder As String, targetFolder As String
3      Dim fileName As String
4      Dim excelApp As Object
5      Dim Workbook As Workbook
6
7      ' 設定原始資料夾和目標資料夾的路徑
8      sourceFolder = ThisWorkbook.Path & "\data37\"
9      targetFolder = ThisWorkbook.Path & "\out37\"
10
11     ' 創建 Excel 應用實例
12     Set excelApp = CreateObject("Excel.Application")
13     excelApp.Visible = False ' 設定為不可見以加快處理速度
14
15     fileName = Dir(sourceFolder & "*.xls*") ' 獲取第一個 .xls 檔案
16
17     ' 遍歷所有 .xls 檔案
18     Do While fileName <> ""
19         Set Workbook = excelApp.Workbooks.Open(sourceFolder & fileName)
20
```

```
21              ' 使用 .xlsx 格式另存新檔
22          Workbook.SaveAs fileName:=targetFolder & Replace(fileName, ".xls", ".xlsx"), _
23                          FileFormat:=xlOpenXMLWorkbook
24
25          Workbook.Close SaveChanges:=False
26          fileName = Dir() ' 獲取下一個檔案
27      Loop
28
29      excelApp.Quit ' 關閉 Excel 應用實例
30      Set excelApp = Nothing
31
32      MsgBox "所有 .xls 檔案已成功轉換為 .xlsx 格式！"
33  End Sub
```

註 1：上述程式第 13 列是設定不顯示 Excel 視窗，可以加快轉換速度。整個 Excel VBA
　　　程式是 ChatGPT 生成，筆者將第 22 列分 2 列，改為第 22 ~ 23 列。

註 2：使用「.xlsx」格式儲存的重點是第 22 ~ 23 列，當呼叫 SaveAs 函數時，須設定
　　　「FileFormat:=xlOpenXMLWorkbook」。

執行結果

步驟 5：運行程式

- 在 VBA 編輯器中，按下 `F5` 鍵或點擊「運行」按鈕來執行程式。

　這個 VBA 程式將會自動處理 `data37` 資料夾中的所有 `.xls` 檔案，並將轉換後的
　`.xlsx` 檔案儲存到 `out37` 資料夾中。

注意事項

- 確保 `data37` 和 `out37` 子資料夾存在於你的工作簿所在的目錄中。
- 轉換過程中，Excel 應用實例被設定為不可見，以提高處理速度。轉換完成後，會顯示一
  個消息框通知用戶。
- 如果 `out37` 資料夾中已經存在同名的 `.xlsx` 檔案，原有檔案將被覆蓋。

註　上述程式執行前須先建立空的 out37 子資料夾，否則會有 1004 的錯誤。

❑ 解釋 Dir 函數

上述程式用了筆者未介紹的 Dir 函數，這個函數可以回傳一個指定路徑的文件名，可以用來檢查文件或資料夾的存在，或遍歷一個資料夾中的所有文件。Dir 函數的基本用法非常簡單，但它也支持一些參數來擴展其功能。

Dir(pathname[, attributes])

- pathname：必需。一個字串表達式，代表要檢查的文件或資料夾的路徑。它可以包括文件名、資料夾名、或兩者的組合。你也可以使用通配字元（如 * 和？）來指定一組文件。

- attributes：可選。一個或多個指示要返回的文件類型的數值，可以是以下任意值的組合：

  vbNormal（0）：返回普通的文件。

  vbReadOnly（1）：返回唯讀文件。

  vbHidden（2）：返回隱藏文件。

  vbSystem（4）：返回系統文件。

  vbVolume（8）：返回磁盤卷標。

  vbDirectory（16）：返回資料夾。

  vbArchive（32）：返回標記為可存檔的文件。

實例 1：檢查文件是否存在。

```
If Dir("C:\test\myfile.txt") <> "" Then
    MsgBox " 文件存在 "
Else
    MsgBox " 文件不存在 "
End If
```

實例 2：遍歷資料夾中的所有文件。

```
Dim fileName As String
fileName = Dir("C:\test\*.*")          ' 獲取資料夾中的第一個文件
While fileName <> ""                    ' 當 fileName 不是空字符串時繼續循環
    MsgBox fileName                     ' 處理文件，這裡僅僅是顯示文件名
    fileName = Dir( )                   ' 獲取下一個文件
Wend
```

在這個範例中，Dir 函數首先被用來獲取指定資料夾中的第一個文件，隨後透過不帶任何參數，調用 Dir 函數來逐一獲取後續的文件名，直到返回空字串，表示沒有更多的文件。

15-8-3　ChatGPT 協助 Debug 錯誤

在前一小節如果沒有先建立 out37 時，會產生下列錯誤。

我們可以使用下列方式詢問 ChatGPT 錯誤原因。

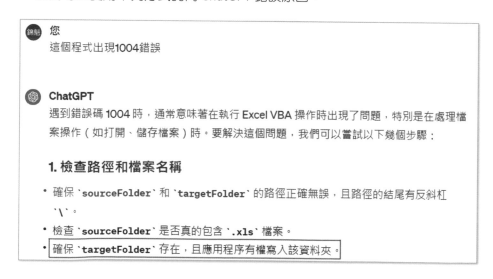

從上述可以看到 targetFolder 必須存在，否則會有此錯誤。

如果期待 Excel VBA 可以檢查 out37 子資料夾，如果不存在則建立此資料夾，必須在第 9 列和 11 列間增加下列程式碼。

```
'檢查目標資料夾是否存在，如果不存在則創建
Set fsObj = CreateObject("Scripting.FileSystemObject")
If Not fsObj.FolderExists(targetFolder) Then
    fsObj.CreateFolder(targetFolder)
End If
```

當 CreateObject 函數的參數是「Scripting.FileSystemObject」時，它表示創建一個 FileSystemObject（FSO）的實例。FileSystemObject 是一個提供對資料夾的訪問的物件，使得你能夠使用 VBA 建立、讀取、編輯和刪除資料夾。這個物件來自於 Microsoft 的 Scripting Runtime 庫，用於文件資料夾系統管理任務。

上述是先建立 FileSystemObject 實例物件 fsObj，接著由 fsObj 物件的方法 FloderExists( )，檢查 targetFolder 是否存在，如果不存在就使用 CreateFolder( ) 建立 targetFolder 所指的資料夾。相關程式應用，讀者可以參考 ch15_37_1.xlsm，這個程式會檢查 out37_1 資料夾是否存在，如果不存在則建立此資料夾。

15-9　AI 輔助執行 CSV 與 Excel 檔案的轉換

在當今數據驅動的時代，有效管理和轉換數據檔案成為了基本需求。特別是在處理大量的「.csv」和「.xlsx」檔案時，自動化轉換流程不僅提高效率，也降低了人為錯誤的風險。本文將探討如何利用 ChatGPT 提供的指導，編寫 Excel VBA 程式，實現「.csv」和「.xlsx」檔案之間的無縫轉換。

15-9-1　Excel 與 CSV 檔案格式的差異

在資料科學領域，常用的數據文件是 Excel 檔案格式（如 `.xlsx` 和 `.xls`）與 CSV 檔案格式（逗號分隔值），這 2 個檔案的關鍵差異如下：

❑　文件格式和結構

- Excel（.xlsx 或 .xls）：這是 Microsoft Excel 的原生檔案格式。它可以存儲複雜的數據，如文字、數字、公式、圖表、巨集、格式設定（如字體大小、顏色等）以及嵌入的圖像。此外，Excel 格式支持多個工作表在一個文件中。

- CSV（.csv）：CSV 是一種純文本格式，以逗號（或其他分隔符）來分隔數據值。CSV 文件不支持公式、多工作表、圖表、格式設定或嵌入的圖像。每一列對應於數據表中的一列，每個分隔符表示一個單元格。

❏ 兼容性

- Excel 檔案通常最佳用於 Excel 應用程序本身，雖然許多其他辦公軟件也能夠打開和編輯這種格式的文件。然而，這可能導致一些格式或功能的喪失。
- CSV 是一種廣泛支持的格式，可以由多種應用程序包括文本編輯器讀取和寫入，這使得它非常適合數據交換和跨平台的數據傳輸。

❏ 文件大小

- Excel 文件通常比 CSV 文件大，因為它們包含更多的功能和格式訊息。
- CSV 文件通常較小，因為它們只包含純文字數據。

❏ 使用情境

- Excel 格式適合需要復雜數據處理、格式化和報告的情況。
- CSV 格式則適合簡單的數據存儲，例如當數據需要從一個應用程序導出到另一個應用程序時。

15-9-2　CSV 格式轉 Excel 檔案

在數據分析和處理領域，能夠高效轉換文件格式是提升工作流程效率的關鍵。尤其是將「.csv」格式轉換為「.xlsx」格式，這不僅有助於提高數據的可讀性和靈活性，還能充分利用 Excel 強大的數據處理和分析功能。這一節將介紹如何使用 Excel VBA，實現從「.csv」到「.xlsx」的自動化轉換過程。透過簡單的 Excel VBA 程式碼，我們可以快速轉換大量文件，從而節省時間，專注於數據分析的更深層次工作。

程式實例 ch15_38.xlsm：請 ChatGPT 設計程式，將目前資料夾 ch15 底下「data38」子資料夾內所有「.csv」檔案轉成「.xlsx」，請 ChatGPT 批次處理，同時將結果儲存到「out38」的結果。

您

請設計 Excel VBA 程式，將目前資料夾底下 data38 子資料夾內的所有「.csv」檔案轉成「.xlsx」檔案，同時將轉換結果儲存到 out38 子資料夾，如果 out38 子資料夾不存在則先建立此子資料夾。

ChatGPT

要完成這個任務，我們將編寫一個 Excel VBA 程式，這個程式將會遍歷 `data38` 子資料夾中的所有 `.csv` 檔案，將它們轉換為 `.xlsx` 格式，並將轉換後的檔案儲存到 `out38` 子資料夾中。如果 `out38` 子資料夾不存在，程式將會自動創建它。

步驟 1：開啟 Excel VBA 編輯器

在 Excel 中按 `Alt + F11` 鍵開啟 VBA 編輯器。

步驟 2：插入新模組

在 VBA 編輯器中，右鍵點擊你的 VBA 專案（通常是你的工作簿名稱），選擇「插入」->「模組」。

步驟 3：輸入以下 VBA 程式碼

```vba
Sub ConvertCSVtoXLSX()
    Dim sourceFolder As String, targetFolder As String
    Dim fileName As String
    Dim csvWorkbook As Workbook
    Dim fs As Object

    ' 設定原始資料夾和目標資料夾的路徑
    sourceFolder = ThisWorkbook.Path & "\data38\"
    targetFolder = ThisWorkbook.Path & "\out38\"

    ' 檢查並創建目標資料夾
    Set fs = CreateObject("Scripting.FileSystemObject")
    If Not fs.FolderExists(targetFolder) Then
        fs.CreateFolder (targetFolder)
    End If

    ' 獲取第一個 CSV 檔案
    fileName = Dir(sourceFolder & "*.csv")

    ' 遍歷所有 CSV 檔案
    Do While fileName <> ""
        Set csvWorkbook = Workbooks.Open(fileName:=sourceFolder & fileName)

        ' 以 XLSX 格式儲存檔案
        csvWorkbook.SaveAs fileName:=targetFolder & Replace(fileName, ".csv", ".xlsx"), _
                            FileFormat:=xlOpenXMLWorkbook

        ' 關閉工作簿
        csvWorkbook.Close SaveChanges:=False

```

```
31          ' 獲取下一個檔案
32          fileName = Dir()
33      Loop
34
35      MsgBox "所有 CSV 檔案已成功轉換為 XLSX 格式！"
36  End Sub
```

執行結果

步驟 4：運行程式

在 VBA 編輯器中，按下 `F5` 鍵或點擊「運行」按鈕執行此子程序。

這個 VBA 程式會自動處理 `data38` 資料夾中的所有 `.csv` 檔案，並將轉換後的 `.xlsx` 檔案儲存到 `out38` 資料夾中。如果 `out38` 資料夾不存在，程式會先創建它，確保檔案轉換過程能夠順利進行。

注意事項

- 確保你的 Excel 版本支援 VBA。
- 調整 `sourceFolder` 和 `targetFolder` 的路徑以匹配你的實際檔案位置。
- 執行此 VBA 程式時，Excel 將會打開每個 `.csv` 檔案並將其另存為 `.xlsx` 格式，這可能會花費一些時間，具體取決於檔案的數量和大小。

註　上述程式是 ChatGPT 生成，筆者只有將第 25 列改為第 25 ～ 26 列。

15-9-3　Excel 檔案轉 CSV 格式

我們也可以將「.xlsx」檔案轉成「.csv」。

程式實例 ch15_39.xlsm：下列是請 ChatGPT 將目前資料夾 ch15 底下「out38」子資料夾內所有「.xlsx」檔案轉成「.csv」，請 ChatGPT 批次處理，同時將結果儲存到「out39」的結果。

您

請設計 Excel VBA 程式，將目前資料夾底下 out38 子資料夾內的所有「.xlsx」檔案轉成「.csv」檔案，同時將轉換結果儲存到 out39 子資料夾，如果 out39 子資料夾不存在則先建立此子資料夾。

ChatGPT

要完成這個任務，你可以使用以下的 Excel VBA 程式來將 `out38` 子資料夾下的所有 `.xlsx` 檔案轉換成 `.csv` 格式，並將轉換後的檔案儲存到 `out39` 子資料夾中。如果 `out39` 子資料夾不存在，程式將會自動創建它。

步驟 1：開啟 Excel VBA 編輯器

在 Excel 中按 `Alt + F11` 鍵開啟 VBA 編輯器。

步驟 2：插入新模組

在 VBA 編輯器中，右鍵點擊你的 VBA 專案（通常是你的工作簿名稱），選擇「插入」-> 「模組」。

步驟 3：輸入以下 VBA 程式碼

```
1   Sub ConvertXLSXtoCSV()
2       Dim sourceFolder As String, targetFolder As String
3       Dim fileName As String
4       Dim xlsxWorkbook As Workbook
5       Dim ws As Worksheet
6       Dim fs As Object
7
8       ' 設定原始資料夾和目標資料夾的路徑
9       sourceFolder = ThisWorkbook.Path & "\out38\"
10      targetFolder = ThisWorkbook.Path & "\out39\"
11
12      ' 檢查並創建目標資料夾
13      Set fs = CreateObject("Scripting.FileSystemObject")
14      If Not fs.FolderExists(targetFolder) Then
15          fs.CreateFolder (targetFolder)
16      End If
17
18      ' 獲取第一個 XLSX 檔案
19      fileName = Dir(sourceFolder & "*.xlsx")
20
21      ' 遍歷所有 XLSX 檔案
22      Do While fileName <> ""
23          Set xlsxWorkbook = Workbooks.Open(fileName:=sourceFolder & fileName)
24
25          ' 假設只轉換第一個工作表
```

```
26          Set ws = xlsxWorkbook.Sheets(1)
27
28          ' 以 CSV 格式儲存檔案
29          ws.SaveAs fileName:=targetFolder & Replace(fileName, ".xlsx", ".csv"), _
30                          FileFormat:=xlCSV
31
32          ' 關閉工作簿
33          xlsxWorkbook.Close SaveChanges:=False
34
35          ' 獲取下一個檔案
36          fileName = Dir()
37      Loop
38
39      MsgBox "所有 XLSX 檔案已成功轉換為 CSV 格式！"
40  End Sub
```

註 1：上述程式是 ChatGPT 生成，筆者將第 29 列改為第 29 ~ 30 列。

註 2：使用「.csv」格式儲存的重點是第 29 ~ 30 列，當呼叫 SaveAs 函數時，須設定「FileFormat:=xlCSV」。

執行結果

步驟 4：運行程式

在 VBA 編輯器中，按下 `F5` 鍵或點擊「運行」按鈕來執行此子程序。

這個 VBA 程式將遍歷 `out38` 資料夾中的所有 `.xlsx` 檔案，將每個檔案的第一個工作表轉換為 `.csv` 格式，並將轉換後的檔案儲存到 `out39` 資料夾中。如果 `out39` 資料夾不存在，程式會先創建它。

注意事項

- 確保你的 Excel 版本支援 VBA。
- 調整 `sourceFolder` 和 `targetFolder` 的路徑以匹配你的實際檔案位置。
- 本程式預設只轉換每個 `.xlsx` 檔案的第一個工作表。如果需要轉換多個工作表，需要對程式進行適當修改。
- 執行此 VBA 程式時，Excel 將會打開每個 `.xlsx` 檔案並將其另存為 `.csv` 格式，這可能會花費一些時間，具體取決於檔案數量和大小。

15-10 AI 輔助 Excel 檔案用 PDF 輸出

我們也可以將「.xlsx」檔案轉成「.pdf」，下列是 data 資料夾下的 test1.xlsx 與 test2.xlsx 活頁簿內容。

B	C	D	E	F	G
		2022年銷售統計表			
地區	第一季	第二季	第三季	第四季	總計
台北市	1890	2300	2500	3200	9890
高雄市	2800	3200	3300	3500	12800
金馬區	580	600	620	650	22690

B	C	D	E	F	G
		深智公司人事資料表			
個人近照		個人資料			
		姓名			
		出生日期			
		性別			
		聯絡電話			
		地址			
填表日期					

程式實例 ch15_40.xlsm：下列是請 ChatGPT 將目前資料夾 ch15 底下「data40」子資料夾內所有「.xlsx」檔案轉成「.pdf」，請 ChatGPT 批次處理，同時將結果儲存到「out40」的結果。

 您
請讀取data40資料夾內所有的「.xlsx」檔案，用Excel VBA讀取這些檔案，然後轉換成「.pdf」檔案，所有轉換的結果儲存在out40資料夾，如果out40資料夾不存在需要先建立此資料夾。

> **ChatGPT**
>
> 要使用Excel VBA讀取`.xlsx`檔案並將它們轉換成`.pdf`格式的檔案，並且將轉換後的文件儲存在指定的`out40`資料夾中（如果該資料夾不存在則先建立它），你可以按照以下步驟進行操作：
>
> 1. **開啟Excel**：首先，打開Excel以便開始撰寫VBA程式碼。
> 2. **啟用開發工具**：確保開發工具在Excel中是可用的。如果未看到開發工具選項卡，需要在Excel選項中啟用它。
> 3. **按下`Alt + F11`開啟VBA編輯器**：這將打開VBA編輯器，讓你可以撰寫和運行VBA程式碼。
> 4. **插入一個新模塊**：在VBA編輯器中，右鍵點擊你的Excel工作簿名稱下的`VBAProject`，選擇`插入` -> `模塊`。
> 5. **複製並貼上以下VBA程式碼到新模塊：**

```
1   Sub ConvertXlsxToPDF()
2       Dim sourceFolder As String, targetFolder As String
3       Dim xlsxFile As String, pdfFile As String
4       Dim excelApp As Object
5       Dim wb As Workbook
6
7       ' 設定源資料夾和目標資料夾的路徑
8       sourceFolder = ThisWorkbook.Path & "\data40\"
9       targetFolder = ThisWorkbook.Path & "\out40\"
10
11      ' 檢查目標資料夾是否存在，如果不存在則創建
12      If Dir(targetFolder, vbDirectory) = "" Then MkDir targetFolder
13
14      ' 初始化Excel應用
15      Set excelApp = CreateObject("Excel.Application")
16
17      ' 獲取第一個.xlsx文件
18      xlsxFile = Dir(sourceFolder & "*.xlsx")
19
20      Do While xlsxFile <> ""
21          ' 完整的源文件路徑和目標PDF文件路徑
22          pdfFile = targetFolder & Left(xlsxFile, InStrRev(xlsxFile, ".")) & "pdf"
23
24          ' 打開.xlsx文件
25          Set wb = excelApp.Workbooks.Open(sourceFolder & xlsxFile)
26
27          ' 將.xlsx文件另存為PDF
28          wb.ExportAsFixedFormat Type:=xlTypePDF, Filename:=pdfFile
29
30          ' 關閉工作簿，不保存更改
31          wb.Close False
32
33          ' 獲取下一個.xlsx文件
34          xlsxFile = Dir
35      Loop
36
```

```
37        ' 釋放資源
38        excelApp.Quit
39        Set excelApp = Nothing
40        Set wb = Nothing
41
42        MsgBox "所有.xlsx文件已轉換成.pdf格式並儲存到指定資料夾。"
43    End Sub
```

註　上述程式重點是第 28 列，wb 活頁簿物件呼叫 ExportAsFixedFormat 函數，然後用「Type:=xlTypePDF」參數，就可以將物件寫入 PDF。

執行結果

請將`**sourceFolder**`和`**targetFolder**`變數的值替換成你的實際路徑。

1. **執行VBA程式碼**：在VBA編輯器內，你可以按`**F5**`鍵或從運行選單選擇`**運行子程序/使用者定義型態**`來執行你剛剛創建的子程序。

   這段程式碼會遍歷指定資料夾中的所有`**.xlsx**`文件，將它們轉換成`**.pdf**`格式，並將轉換後的文件儲存在指定的資料夾中。這個過程是自動化的，節省了手動轉換每個文件的時間和勞力。如果有很多文件需要轉換，這個方法尤其有效。

所產生的 PDF 須由瀏覽器展示，如下所示：

第十六章

Worksheet 物件

Excel 的活頁簿是由工作表 (Sheets) 所組成，這一章主要就是說明使用 Excel VBA 操作工作表。

在 VBA 觀念中 Workbook 物件的下一層就是 Worksheets 物件，Worksheets 物件有 s，這表示 Worksheets 物件是一個集合物件，在這個集合內包含這個活頁簿內所有的 Worksheet 物件，筆者將一步一步以實例解說這方面的知識。

16-1 統計工作表的數量

16-1-1 統計工作表視窗

如果細分可以將工作表分 2 種，一是以網格呈現的普通工作表，另一種是圖表的工作表。在 Workbook 物件下有 Worksheet 物件與 Sheet 物件，觀念如下：

Worksheet 物件：指的是普通網格呈現的工作表。

Sheet 物件：指的是所有工作表 (普通網格呈現的工作表和圖表工作表)。

Worksheet 物件和 Sheet 物件下有 Count 屬性，這個屬性的內容可以統計活頁簿的工作表的數量。

註　Excel 2013(含) 以前的版本，建立活頁簿後預設的工作表數量是 3 個。Excel 2016(含) 以後的版本，建立活頁簿後預設的工作表數量是 1 個。

程式實例 ch16_1.xlsm：統計目前活頁簿的普通工作表總數量，和所有工作表的數量。這個 ch16_1.xlsm 活頁簿有 2 個工作表，分別是普通工作表與圖表工作表。

	A	B	C	D	E	F
1						
2		阿拉伯石油公司外銷統計表				
3			2020年	2021年	2022年	
4		亞洲	$ 3,350	$ 3,460	$ 3,780	
5		歐洲	$ 4,120	$ 4,480	$ 5,200	
6		美洲	$ 2,500	$ 2,800	$ 3,500	
7		總計	$ 9,970	$10,740	$12,480	
8						

工作表1　Chart1　⊕

```
1  Public Sub ch16_1()
2      Dim wb As Workbook
3      Dim num1 As Integer, num2 As Integer
4      Set wb = ThisWorkbook
5      num1 = wb.Sheets.Count
6      num2 = wb.Worksheets.Count
7      MsgBox ("所有工作表數量是 = " & num1 & vbCrLf & _
8              "普通工作表數量是 = " & num2)
9  End Sub
```

執行結果

16-1-2 進一步認識專案視窗

筆者在 3-2-1 節簡單的介紹了 VBAProject 專案視窗,就沒有多做說明,原因是讀者是初學者,很困難用文字表達專案視窗內容。在 ch16_1.xlsx,這個活頁簿有 2 個工作表,一個是工作表 1,另一個是新增的圖表 2。下列是點選工作表 1 時的專案視窗內容。

下列是點選圖表 2 時的專案視窗內容。

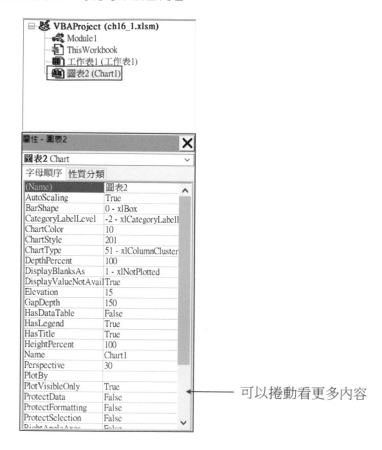

可以捲動看更多內容

現在讀者只要了解上述觀念即可，未來有用到時筆者會作解說。

16-2 引用工作表

16-2-1　宣告工作表物件

不過在建立工作表物件前，我們需要宣告工作表物件，如下：

Dim ws As Worksheet

未來就可以使用 ws 參照引用指定的工作表。

16-2-2　使用數字索引引用工作表

使用索引 (index) 引用工作表觀念如下：

```
Worksheets(index)
Sheets(index)
```

16-2-3　工作表名稱

工作表物件的 Name 屬性記載工作表名稱。

程式實例 ch16_2.xlsm：使用索引列出目前 2 個工作表名稱，本活頁簿工作表如下：

```
1   Public Sub ch16_2()
2       MsgBox (Worksheets(1).Name & vbCrLf & _
3               Worksheets(2).Name)
4   End Sub
```

執行結果

註　上述實例若是將 Worksheets 改為 Sheets 也可以獲得一樣的結果。

程式實例 ch16_2_1.xlsm：使用 Sheets 重新設計 ch16_2.xlsm。

```
1   Public Sub ch16_2_1()
2       MsgBox (Sheets(1).Name & vbCrLf & _
3               Sheets(2).Name)
4   End Sub
```

執行結果　與 ch16_2.xlsm 相同。

16-2-4　使用字串索引引用工作表

這一節使用字串索引，字串就是指工作表名稱，使用字串索引 (工作表名稱) 引用工作表觀念如下：

> Worksheets(工作表名稱)
> Sheets(工作表名稱)

程式實例 ch16_3.xlsm：使用 Worksheets 在工作表 1 的 A1 輸入 Excel 函數庫與 A2 儲存格輸入作者：洪錦魁，使用 Sheets 在工作表 2 的 A1 儲存格輸入明志工專。

```
1   Public Sub ch16_3()
2       Dim wb As Workbook
3       Dim ws As Worksheet
4       Set ws = Worksheets("工作表1")
5       ws.Cells(1, 1) = "Excel函數庫"
6       ws.Cells(2, 1) = "作者:洪錦魁"
7       Set ws = Sheets("工作表2")
8       ws.Cells(1, 1) = "明志工專"
9   End Sub
```

執行結果

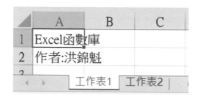

16-2-5　使用 ActiveSheet 引用目前工作表

在 15-2-1 節筆者介紹了 ActiveWorkbook 可以引用目前的活頁簿，工作表的觀念類似可以使用 ActiveSheet 引用目前的工作表。

程式實例 ch16_4.xlsm：在目前工作表的 A1 儲存格輸入 Excel 函數庫與 A2 儲存格輸入作者：洪錦魁。

```
1   Public Sub ch16_4()
2       Dim ws As Worksheet
3       Set ws = ActiveSheet
4       ws.Cells(1, 1) = "Excel函數庫"
5       ws.Cells(2, 1) = "作者:洪錦魁"
6   End Sub
```

執行結果

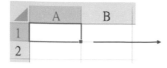
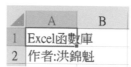

註　在本書前 13 章，當我們尚未介紹 Application 物件、Workbook 物件與 Worksheet 物件時，我們不指定任何 Workbook 物件與 Worksheet 物件也是可以執行工作表基本操作，Excel VBA 預設就是在目前活頁簿的目前工作表上操作，所以我們也可以將上述程式簡化如下實例。

程式實例 ch16_5.xlsm：使用簡化方式重新設計 ch16_4.xlsm。

```
1   Public Sub ch16_5()
2       Cells(1, 1) = "Excel函數庫"
3       Cells(2, 1) = "作者:洪錦魁"
4   End Sub
```

執行結果　與 ch16_4.xlsm 相同。

16-2-6　引用工作表使用 Activate 方法

引用工作表可以使用 Activate 方法，語法如下：

Worksheets("Sheet1").Activate

程式實例 ch16_5_1.xlsm：在預設的台北工作表的 A1 儲存格輸入金融中心，在新竹工作表的 A1 儲存格輸入科技城。

```
1   Public Sub ch16_5_1()
2       Cells(1, 1) = "金融中心"
3       Worksheets("新竹").Activate
4       Cells(1, 1) = "科技城"
5   End Sub
```

執行結果

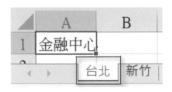 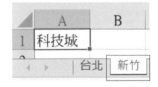

上述程式第 2 列是在預設的台北工作表輸入金融中心，第 3 列是將新竹工作表設為目前工作表，所以第 4 列可以在新竹工作表輸入科技城。

16-2-7　使用 Select 引用目前工作表

Select 方法直接的意義是選取工作表，如果選取某個工作表也相當於是將那個工作表當作是目前工作表。註：不過一般建議是使用 Activate 方法選取單一的工作表。

程式實例 ch16_5_2.xlsm：使用 Select 方法重新設計 ch16_5_1.xlsm。

```
1  Public Sub ch16_5_2()
2      Cells(1, 1) = "金融中心"
3      Worksheets("新竹").Select
4      Cells(1, 1) = "科技城"
5  End Sub
```

執行結果　與 ch16_5_1.xlsm 相同。

　　儘管 Microsoft 建議針對單一個工作表可以使用 Activate 方法，如果一次要選取多個工作表就是使用 Select 方法的好時機，下列是選取 3 個工作表的語法片段。

　　　　Worksheets(Array("Sheet1", "Sheet2", "Sheet3")).Select

　　選取多個工作表的目的有許多，也許是複製或移動到別的活頁簿，也許是刪除，…等。

16-2-8　再談專案視窗

　　過去筆者使用的工作表大都是使用預設工作表 1 名稱，上述 ch16_5_2.xlsm 活頁簿含有台北和新竹工作表，也可以在專案視窗內看到。

　　當選擇任一個工作表時，就可以看到該工作表的屬性和屬性內容，未來有需要時筆者會作解說。

16-3 獲得工作表的相關資訊

16-3-1 獲得所有工作表的名稱

在 16-2-3 節筆者說明取得工作表名稱的方法，如果想要獲得所有工作表的名稱可以使用迴圈方式處理。

程式實例 ch16_6.xlsm：這個活頁簿有多個工作表，我們將各分店工作表名稱填入分店列表工作表，工作表資料如下：

```
1   Public Sub ch16_6()
2       Dim wb As Workbook
3       Dim ws As Worksheet
4       Dim i As Integer
5       i = 1
6       Set wb = ActiveWorkbook
7       For Each ws In wb.Worksheets
8           Debug.Print ws.Name
9           wb.Worksheets("分店列表").Range("A" & i) = ws.Name
10          i = i + 1
11      Next
12  End Sub
```

執行結果

	A	B	C	D	E
1	分店列表				
2	台北店				
3	新北店				
4	新竹店				
5	台中店				

分店列表　台北店　新北店　新竹店　台中店

如果將上述第 7 列的 wb.Worksheets 改為 wb.Sheets 可以獲得一樣的結果，讀者可以參考本書所附的 ch16_6_1.xlsm。

```
7       For Each ws In wb.Sheets
```

16-3-2　更改工作表名稱

Worksheets 物件的 Name 屬性是工作表名稱，我們可以將 Name 屬性改為新的名稱即可。

程式實例 ch16_7.xlsm：將新竹店工作表改為竹北店工作表。

```
1   Public Sub ch16_7()
2       Dim wb As Workbook
3       Dim ws As Worksheet
4       Dim oldstore As String, newstore As String
5       oldstore = "新竹店"
6       newstore = "竹北店"
7       Set wb = ActiveWorkbook
8       For Each ws In wb.Worksheets
9           If ws.Name = oldstore Then
10              ws.Name = newstore
11              Exit For        ' 更改完成就離開For迴圈
12          End If
13      Next
14  End Sub
```

執行結果

16-3-3　判斷工作表是否存在

這方面的問題也可以使用迴圈方式處理。

程式實例 ch16_8.xlsx：輸入一個工作表名稱，這個程式可以輸出此工作表是否存在。

```
1   Public Sub ch16_8()
2       Dim wb As Workbook
3       Dim ws As Worksheet
4       Dim store As String
5
6       store = InputBox("請輸入要搜尋的工作表 : ")
7       Set wb = ActiveWorkbook
8       For Each ws In wb.Worksheets
9           If ws.Name = store Then
10              MsgBox (store & "工作表已經有了!")
11              Exit Sub        ' 更改完成就離開For迴圈
12          End If
13      Next
14      MsgBox ("目前沒有 " & store & " 工作表")
15  End Sub
```

執行結果

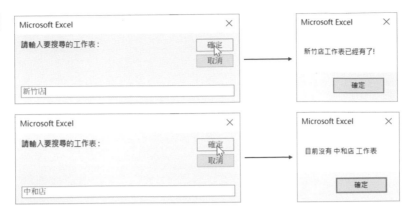

16-4 判斷工作表類型

Worksheet 物件的 Type 屬性定義工作表的類型，這是 XlSheetType 列舉常數，可以參考下表。

名稱	值	說明
xlWorksheet	-4167	工作表
xlChart	-4109	圖表
xlDialogSheet	-4116	對話方塊表
xlExcel4IntlMarcoSheet	4	Excel 版本 4 國際巨集表
xlExcel4MarcoSheet	3	Excel 版本 4 巨集表

程式實例 ch16_9.xlsm：判斷目前活頁簿的工作表類型，下列是目前的工作表。

```
1   Public Sub ch16_9()
2       Dim wb As Workbook
3       Dim ws As Worksheet
4
5       Set wb = ThisWorkbook
6       For Each ws In wb.Sheets
7           Select Case ws.Type
8               Case xlWorksheet
9                   MsgBox (ws.Name & " 是網格工作表")
10              Case xlChart
11                  MsgBox (ws.Name & " 是圖表工作表")
```

```
12              Case xlDialogSheet
13                  MsgBox (ws.Name & " 是對話方塊表")
14              Case Else
15                  MsgBox (ws.Name & " 是巨集工作表")
16          End Select
17      Next
18  End Sub
```

執行結果

16-5　建立與刪除工作表

16-5-1　建立新的工作表

Worksheets 物件 (或是 Sheets 物件) 的 Add 方法可以建立新的工作表，語法如下：

Worksheets.Add([Before], [After], [Count], [Type])
Sheets.Add([Before], [After], [Count], [Type])

上述各參數說明如下：

- Before：選用，在此工作表之前建立新的工作表。

- After：選用，在此工作表之後建立新的工作表。

- Count：選用，要新增的工作表數量。

- Type：選用，要建立的工作表類型，可以參考 16-4 節。

程式實例 ch16_10.xlsm：使用預設方式建立新的工作表。

```
1  Public Sub ch16_10()
2      Worksheets.Add
3  End Sub
```

執行結果

　　上述是使用預設值建立新的工作表，也就是在目前工作表之前建立新的工作表，至於新建立的工作表編號會隨著不斷建立而更新。

程式實例 ch16_11.xlsm：將目前工作表設為新竹工作表，在執行此程式驗證上述觀念，執行程式前將目前工作表切換到新竹，然後新增加的工作表在新竹工作表的左邊。

```
1   Public Sub ch16_11()
2       Worksheets.Add
3   End Sub
```

執行結果

程式實例 ch16_12.xlsm：在新竹工作表之前和之後建立新的工作表。

```
1   Public Sub ch16_12()
2       Worksheets.Add Before:=Worksheets("新竹")
3       Worksheets.Add After:=Worksheets("新竹")
4   End Sub
```

執行結果

　　上述建立新工作表也可以使用索引方式執行。

程式實例 ch16_13.xlsm：在新竹工作表 (目前是索引 2) 之前建立新的工作表，這個實例也改成建立 Sheets 工作表。

```
1   Public Sub ch16_13()
2       Sheets.Add before:=Sheets(2)
3   End Sub
```

執行結果

　　如果一個活頁簿有許多工作表，想要將新的工作表插入最後一個工作表的右邊，可以使用 16-1 節所述的 Count 屬性。

程式實例 ch16_14.xlsm：將新的工作表插入最後一個工作表的右邊。

```
1  Public Sub ch16_14()
2      Sheets.Add After:=Sheets(Sheets.Count)
3  End Sub
```

執行結果

16-5-2　為新建立的工作表命名

Worksheets.Add 也是一個物件，也可以在此物件下增加屬性 Name，然後為此新的工作表命名。

程式實例 ch16_15.xlsm：插入工作表時，同時命名工作表。

```
1  Public Sub ch16_15()
2      Sheets.Add.Name = "天母"
3  End Sub
```

執行結果

程式實例 ch16_16.xlsm：在新竹工作表左邊插入天母工作表。

```
1  Public Sub ch16_16()
2      Sheets.Add(Before:=Sheets("新竹")).Name = "天母"
3  End Sub
```

執行結果

程式實例 ch16_17.xlsm：將 city 工作表 A1:A5 儲存格的內容當作新建工作表的名稱。

```
1  Public Sub ch16_17()
2      Dim sheet_name As String
3      Dim i As Integer
4      For i = 1 To 5
5          sheet_name = Worksheets("city").Cells(i, 1).Value
6          Worksheets.Add(After:=Worksheets(i)).Name = sheet_name
7      Next i
8  End Sub
```

執行結果

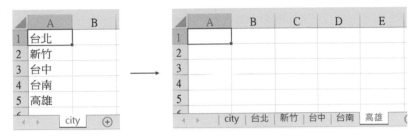

16-5-3　刪除工作表

Worksheets 物件 (或是 Sheets 物件) 的 Delete 方法可以刪除工作表，刪除工作表時會出現警告視窗，如果不想出現警告視窗，可以設定如下：

Application.DisplayAlerts = False

未來若是想恢復出現警告視窗，可以設定為 True。

Application.DisplayAlerts = True

註　如果此活頁簿只剩下一個工作表，此最後一個工作表不可以刪除。

程式實例 ch16_18.xlsm：先刪除台北工作表，再刪除最後一個高雄工作表。

```
1  Public Sub ch16_18()
2      Worksheets("台北").Delete
3      Worksheets(Worksheets.Count).Delete
4  End Sub
```

執行結果

16-5-4　建立多張連續的工作表

程式實例 ch16_18_1.xlsm：建立連續 1 月至 5 月的工作表。

```
1  Public Sub ch16_18_1()
2      Dim i As Integer
3      For i = 1 To 5
4          Sheets.Add(after:=Sheets(Sheets.Count)).Name = i & "月"
5      Next i
6  End Sub
```

執行結果　| 工作表1 |　⟶　| 工作表1 | 1月 | 2月 | 3月 | 4月 | 5月 |

16-6　複製工作表

16-6-1　複製工作表

Worksheets 物件 (或是 Sheets 物件) 的 Copy 方法可以建立複製工作表，語法如下：

　　Worksheets.Copy([Before], [After])
　　Sheets.Copy([Before], [After])

上述各參數說明如下：

- Before：選用，複製的工作表放在此工作表之前。
- After：選用，複製的工作表在此工作表之後。

程式實例 ch16_19.xlsm：複製台北工作表，同時將所複製的工作表放在新竹工作表右邊。

```
1  Public Sub ch16_19()
2      Worksheets("台北").Copy After:=Worksheets("新竹")
3  End Sub
```

執行結果　| 台北 | 新竹 |　⟶　| 台北 | 新竹 | 台北 (2) |

　　因為所複製的工作表將被設為目前工作表，所以我們可以在複製工作表後同時為此工作表重新命名。

程式實例 ch16_20.xlsm：複製台北工作表，同時將所複製的工作表放在新竹工作表右邊，最後將工作表命名台中。

```
1  Public Sub ch16_20()
2      Sheets("台北").Copy After:=Worksheets("新竹")
3      ActiveSheet.Name = "台中"
4  End Sub
```

執行結果　台北 ┃ 新竹 ┃ ⟶ 台北 ┃ 新竹 ┃ 台中

16-6-2 將工作表複製到新建立的活頁簿

使用 Copy 時省略 Before 和 After 參數，相當於在預設情況下複製檔案，這時 Excel 會建立新的活頁簿所複製的檔案會出現在此新的活頁簿內。

程式實例 ch16_21.xlsm：將目前台北工作表複製到新的活頁簿內。

```
1  Public Sub ch16_21()
2      Worksheets("台北").Copy
3  End Sub
```

執行結果

16-6-3 將工作表複製到新建的活頁簿同時儲存與編譯此活頁簿

程式實例 ch16_22.xlsm：這是 ch16_21.xlsm 的擴充，將新建立的活頁簿用 data16_22. xlsx 儲存，同時使用 Close 方法關閉此 data16_22.xlsx 活頁簿。

```
1  Public Sub ch16_22()
2      Worksheets("台北").Copy
3      With ActiveWorkbook
4          .SaveAs Filename:="data16_22.xlsx"
5          .Close SaveChanges:=True
6      End With
7  End Sub
```

執行結果

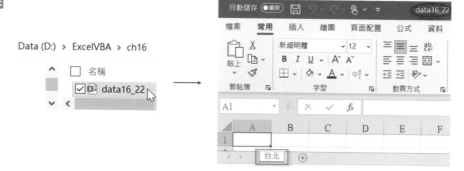

16-6-4 複製多個工作表到新建的活頁簿

程式實例 ch16_22_1.xlsm：延續前一小節實例，一次複製台北、新北和新竹多個工作表到 data16_22_1.xlsm。

```
1  Public Sub ch16_22_1()
2      Worksheets(Array("台北", "新北", "新竹")).Copy
3      With ActiveWorkbook
4          .SaveAs Filename:="data16_22_1.xlsx"
5          .Close SaveChanges:=True
6      End With
7  End Sub
```

執行結果

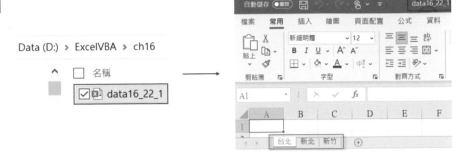

16-6-5 將工作表複製到另一個的活頁簿

程式實例 ch16_23.xlsm：將台北工作表複製到已經存在的 data16_23.xlsm 內工作表 1 的右邊，筆者是在複製前建立 data16_23.xlsx 工作表。

```
1   Public Sub ch16_23()
2       Dim wb1 As Workbook
3       Dim wb2 As Workbook
4       Dim ws As Worksheet
5       Set wb1 = ThisWorkbook
6       Set wb2 = Workbooks.Add
7       wb2.SaveAs Filename:="data16_23.xlsx"
8       Set ws = wb1.Worksheets("台北")
9       ws.Copy after:=wb2.Worksheets("工作表1")
10  End Sub
```

執行結果

16-7 移動工作表

16-7-1 在相同活頁簿內移動工作表

Worksheets 物件 (或是 Sheets 物件) 的 Move 方法可以建立移動工作表,語法如下:

Worksheets.Move([Before], [After])
Sheets.Move([Before], [After])

上述各參數說明如下:

- Before:選用,移動的工作表放在此工作表之前。

- After:選用,移動的工作表在此工作表之後。

程式實例 ch16_24.xlsm:移動台北工作表,同時將所移動的工作表放在新竹工作表右邊。

```
1  Public Sub ch16_24()
2      Worksheets("台北").Move after:=Worksheets("新竹")
3  End Sub
```

執行結果　| 台北 | 新竹 | 台中 | ⟶ | 新竹 | 台北 | 台中 |

程式實例 ch16_25.xlsm:移動台北工作表,同時將所移動的工作表放在台中工作表左邊。

```
1  Public Sub ch16_25()
2      Worksheets("台北").Move Before:=Worksheets("台中")
3  End Sub
```

執行結果　| 台北 | 新竹 | 台中 | ⟶ | 新竹 | 台北 | 台中 |

16-7-2 將工作表移動到另一個新的活頁簿

使用 Move 方法時,如果沒有參數 After 或 Before,Excel 會開啟一個新的活頁簿然後將工作表移到該新的活頁簿。

程式實例 ch16_26.xlsm：將台北工作表移到新的活頁簿。

```
1  Public Sub ch16_26()
2      Worksheets("台北").Move
3  End Sub
```

執行結果

ch16_26.xlsm

新建的活頁簿

16-7-3 將工作表移動到另一個已經建立的活頁簿內

程式實例 ch16_27.xlsm：將台北工作表移到已經建立的 data16_27.xlsx 活頁簿內。

```
1   Public Sub ch16_27()
2       Dim wb1 As Workbook
3       Dim wb2 As Workbook
4       Dim ws As Worksheet
5       Set wb1 = ThisWorkbook
6       Set wb2 = Workbooks.Add
7       wb2.SaveAs Filename:="data16_27.xlsx"
8       Set ws = wb1.Worksheets("台北")
9       ws.Move After:=wb2.Worksheets(1)
10  End Sub
```

執行結果

ch16_27.xlsm

程式建立的活頁簿

16-8 隱藏和顯示工作表

Worksheets 物件的 Visible 屬性可以設定隱藏或是顯示工作表，這個屬性相關參數如下：

```
Worksheets("Sheet1").Visible = False          '隱藏工作表 Sheet1
Worksheets("Sheet1").Visible = True           '顯示工作表 Sheet2
```

這是 XlSheetVisibility 列舉常數，可以參考下表方式做設定：

常數名稱	值	說明
xlSheetHidden	0	隱藏功能表，可以使用 Excel 功能表取消隱藏
xlSheetVeryHidden	2	隱藏功能表，無法使用 Excel 功能表取消隱藏，只能將此屬性設為 True 取消隱藏
xlSheetVisible	-1	顯示工作表

16-8-1　使用 Excel 功能表取消與顯示工作表

將滑鼠游標移至工作表名稱按一下滑鼠右鍵可以開啟快顯功能表，在此可以看到隱藏指令功能，執行此指令就可以隱藏所選的工作表。

當有工作表被隱藏後，將滑鼠游標移至工作表名稱按一下滑鼠右鍵可以開啟快顯功能表，在此可以看到取消隱藏指令功能。

執行此指令可以看到取消隱藏對話方塊，然後可以選擇要取消隱藏的功能表。

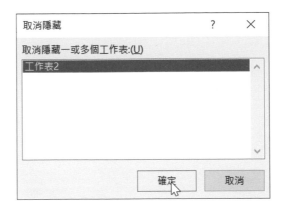

16-8-2 隱藏工作表

程式實例 ch16_28.xlsm：使用 False、xlSheetHidden、xlSheetVeryHidden 常數分別隱藏新竹、台中和台南工作表。

```
1   Public Sub ch16_28()
2       Worksheets("新竹").Visible = False
3       Worksheets("台中").Visible = xlSheetHidden
4       Worksheets("台南").Visible = xlSheetVeryHidden
5   End Sub
```

執行結果

　　如同 16-8-1 節所述，使用 xlSheetVeryHidden 常數設定隱藏工作表時，無法使用 Excel 功能表的取消隱藏功能取消隱藏，所以在取消隱藏功能表看不到台南工作表。

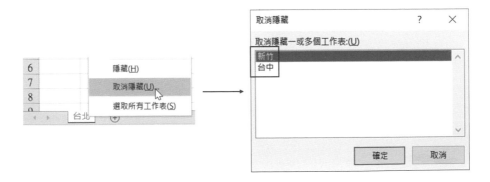

16-8-3 顯示被隱藏的工作表

程式實例 ch16_29.xlsm：這是複製 ch18_28.xlsm，但是將程式內容修改顯示隱藏的工作表。

```
1   Public Sub ch16_29()
2       Worksheets("新竹").Visible = True
3       Worksheets("台中").Visible = True
4       Worksheets("台南").Visible = True
5   End Sub
```

執行結果　　台北 ⊕ ⟶ 台北 | 新竹 | 台中 | 台南 | ⊕

16-9 保護與取消保護工作表

16-9-1 保護工作表

Worksheet 物件的 Protect 方法可以設定保護工作表，這個方法常用的語法如下：

Worksheet.Protect(Password)

如果省略 Password，未來要使用 Unprotect 取消保護。如果設定密碼，未來一定要有密碼才可以取消保護。

程式實例 ch16_30.xlsm：不加上密碼，保護台北工作表。加上 "123" 保護新竹工作表。

```
1   Public Sub ch16_30()
2       Dim ws1 As Worksheet, ws2 As Worksheet
3       Set ws1 = Worksheets("台北")
4       ws1.Protect
5       Set ws2 = Worksheets("新竹")
6       ws2.Protect Password:="123"
7   End Sub
```

執行結果　未來如果要在台北或新竹工作表輸入資料會看到下列對話方塊。

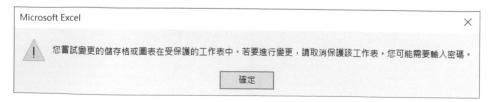

Microsoft Excel ✕

⚠ 您嘗試變更的儲存格或圖表在受保護的工作表中。若要進行變更，請取消保護該工作表。您可能需要輸入密碼。

確定

16-9-2 取消保護工作表

Worksheet 物件的 Unprotect 屬性可以取消保護工作表,這個方法常用的語法如下。

Worksheet.Unprotect(Password)

上述使用方法,可以參考下列實例。

程式實例 ch16_31.xlsm:這是複製 ch16_30.xlsm,所以台北工作表和新竹工作表是使用 ch16_30.xlsm 設定保護,這個程式主要是取消保護台北和新竹工作表。

```
1  Public Sub ch16_31()
2      Dim ws1 As Worksheet, ws2 As Worksheet
3      Set ws1 = Worksheets("台北")
4      ws1.Unprotect
5      Set ws2 = Worksheets("新竹")
6      ws2.Unprotect Password:="123"
7  End Sub
```

執行結果 未來就可以在台北和新竹工作表編輯資料。

16-10 建立工作表背景

SetBackgroundPicture 方法可以在工作表設定背景圖片,這可以增加工作表的豐富度,這個背景圖片未來在列印時不會被列印。

程式實例 ch16_32.xlsm:在工作表設定背景圖片。

```
1  Public Sub ch16_32()
2      ActiveSheet.SetBackgroundPicture "sea5.jpg"
3  End Sub
```

執行結果

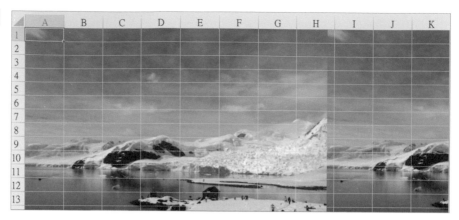

第十七章

Range 物件 – 參照 儲存格區間

　　Range 物件是 Worksheet 物件的下一層物件，Worksheet 物件是工作表，Range 物件則是指單一儲存格、儲存格區間、列、欄、多個連續或不連續的儲存格區間。這也是 Excel VBA 中使用最頻繁，也是最重要的物件，這個物件內容廣泛，筆者將依功能分類在未來幾個章節解說。

　　雖然直到本章筆者才正式解說 Range 物件，但是前面所有牽涉在儲存格內輸入或是取得資料皆是 Range 物件的功能，所以無形中讀者已經體會此物件的基礎用法了。

17-1　基本觀念複習 – 單一儲存格內容

　　Range 物件底下有 Range 屬性與 Cells 屬性，這 2 個屬性是最常用於設定或取得單一儲存格的內容。

　　其實 Worksheet 物件底下也有 Range 屬性與 Cells 屬性，許多時候不論是使用 Worksheet 物件或 Range 物件呼叫 Range 屬性與 Cells 屬性，結果相同，不過也會有結果不同的時候，筆者將在 17-3 節解說。

17-1-1　單一儲存格使用 Range 屬性

　　Excel VBA 可以使用 Range("A1") 設定儲存格內容，我們可以使用不同的位址設定其他儲存格內容。

程式實例 ch17_1.xlsm：使用完整與簡略方式設定單一儲存格內容。

```
1   Public Sub ch17_1()
2       Worksheets(1).Range("A1").Value = "明志工專"    ' 最完整
3       Worksheets(1).Range("A2") = "明志工專"          ' 完整
4       Range("A3") = "明志工專"                        ' 最常用
5   End Sub
```

執行結果

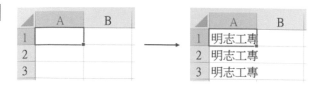

　　第 2 列 的 Value 可 以 省 略，VBA 會 認 定 就 是 設 定 Value 屬 性 值。另 外，Worksheets(1) 指的是所有工作表中的第 1 個工作表，由於上述只有一個工作表，所以也可以省略。第 4 列是輸出至目前工作表，這也是使用最頻繁的方式，未來也將用此處理。

註　在本章或未來的程式設計中，請參考第 2 和 3 列，筆者會省略 Worksheets(1)，代表是使用目前的工作表，如果要參考其他工作表可以依此觀念設定。上述觀念讀者一定要了解，因為未來章節筆者也會介紹許多物件，也都是依此原則。

17-1-2　單一儲存格使用 Cells 屬性

Cells 屬性也是常用在處理單一的儲存格內容，基本觀念如下：

Cells(row, col)

參數 row 是指列，col 是指欄，這可以設定指定儲存格的內容。

程式實例 ch17_2.xlsm：使用 Cells 屬性重新設計 ch17_1.xlsm。

```
1  Public Sub ch17_2()
2      Worksheets(1).Cells(1, 1).Value = "明志工專"      ' 最完整
3      Worksheets(1).Cells(2, 1) = "明志工專"           ' 完整
4      Cells(3, 1) = "明志工專"                        ' 最常用
5  End Sub
```

執行結果　與 ch17_1.xlsm 相同。

17-1-3　將迴圈應用在 Cells 屬性列出儲存格的內容

程式實例 ch17_3.xlsm：使用雙層迴圈列出 9 x 9 儲存格的 row 和 col 編號。

```
1  Public Sub ch17_3()
2      Dim i As Integer, j As Integer
3      For i = 1 To 9
4          For j = 1 To 9
5              Cells(i, j) = "(" & i & " x " & j & ")"
6          Next j
7      Next i
8  End Sub
```

執行結果

	A	B	C	D	E	F	G	H	I
1	(1 x 1)	(1 x 2)	(1 x 3)	(1 x 4)	(1 x 5)	(1 x 6)	(1 x 7)	(1 x 8)	(1 x 9)
2	(2 x 1)	(2 x 2)	(2 x 3)	(2 x 4)	(2 x 5)	(2 x 6)	(2 x 7)	(2 x 8)	(2 x 9)
3	(3 x 1)	(3 x 2)	(3 x 3)	(3 x 4)	(3 x 5)	(3 x 6)	(3 x 7)	(3 x 8)	(3 x 9)
4	(4 x 1)	(4 x 2)	(4 x 3)	(4 x 4)	(4 x 5)	(4 x 6)	(4 x 7)	(4 x 8)	(4 x 9)
5	(5 x 1)	(5 x 2)	(5 x 3)	(5 x 4)	(5 x 5)	(5 x 6)	(5 x 7)	(5 x 8)	(5 x 9)
6	(6 x 1)	(6 x 2)	(6 x 3)	(6 x 4)	(6 x 5)	(6 x 6)	(6 x 7)	(6 x 8)	(6 x 9)
7	(7 x 1)	(7 x 2)	(7 x 3)	(7 x 4)	(7 x 5)	(7 x 6)	(7 x 7)	(7 x 8)	(7 x 9)
8	(8 x 1)	(8 x 2)	(8 x 3)	(8 x 4)	(8 x 5)	(8 x 6)	(8 x 7)	(8 x 8)	(8 x 9)
9	(9 x 1)	(9 x 2)	(9 x 3)	(9 x 4)	(9 x 5)	(9 x 6)	(9 x 7)	(9 x 8)	(9 x 9)

從上述可以得到，雖然一次設定一個儲存格區間的值，但是使用上非常便利。

17-1-4　將迴圈應用在 Range 屬性建立連續數據

Range 屬性應用在迴圈，可以使用將列號 (Row) 與欄位 (Col) 連接的 & 符號。因為欄位編號 A … Z，不方便應用在迴圈，所以一般較常的使用格式如下：

Range("A" & i)，i 是迴圈的索引數值。

程式實例 ch17_4.xlsm：列出連續的索引數值。

```
1  Public Sub ch17_4()
2      Dim i As Integer
3      For i = 1 To 5
4          Range("A" & i) = i * 2 - 1
5      Next i
6  End Sub
```

執行結果

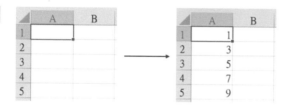

17-1-5　不同工作表間數據拷貝

程式實例 ch17_5.xlsm：將大安店工作表標題資料複製到天母店。

```
1  Public Sub ch17_5()
2      Dim i As Integer
3      For i = 2 To 4
4          Worksheets(2).Cells(1, i) = Worksheets(1).Cells(1, i)
5      Next i
6      For i = 2 To 4
7          Worksheets(2).Cells(i, 1) = Worksheets(1).Cells(i, 1)
8      Next i
9  End Sub
```

執行結果

17-1-6　目前所在的儲存格 ActiveCell 屬性

一般可以輸入的儲存格稱作用儲存格，在 Excel VBA 可以使用 ActiveCell 屬性代表作用儲存格，下列觀念相同：

ActiveCell

Application.ActiveCell

ActiveWindow.ActiveCell

Application.ActiveWindow.ActiveCell

程式實例 ch17_6.xlsm：輸出作用儲存格的內容。

```
1  Public Sub ch17_6()
2      MsgBox "作用儲存格內容 " & ActiveCell.Value
3      MsgBox "作用儲存格內容 " & Application.ActiveCell.Value
4  End Sub
```

執行結果

17-2　連續的儲存格區間

許多時候使用儲存格區間可以簡化迴圈工作，下列將解說設定儲存格區間與簡化程式設計的實例。

17-2-1　使用 Range 屬性設定儲存格區間

使用 Range 屬性時有 2 種方法可以設定儲存格區間：

方法 1

在 Range 屬性的參數使用冒號隔開儲存格區間的左上角儲存格與右下角的儲存格，例如：Range("A1:E3") 儲存格區間。

方法 2

　　儲存格區間的左上角儲存格與右下角的儲存格之間使用逗號隔開，例如：
Range("A1", "E3")。

程式實例 ch17_7.xlsm：使用方法 1 計算業績加總與最大業績。

```
1  Public Sub ch17_7()
2      Range("B5") = WorksheetFunction.Sum(Range("B2:B4"))
3      Range("B6") = WorksheetFunction.Max(Range("B2:B4"))
4  End Sub
```

執行結果

程式實例 ch17_8.xlsm：使用方法 2 計算業績加總與最大業績。

```
1  Public Sub ch17_8()
2      Range("B5") = WorksheetFunction.Sum(Range("B2", "B4"))
3      Range("B6") = WorksheetFunction.Max(Range("B2", "B4"))
4  End Sub
```

執行結果　與 ch17_7.xlsm 相同。

17-2-2　將 Cells 屬性當作 Range 屬性的參數

　　將 Cells 屬性當作 Range 屬性的參數，使用與 ch17-2-1 節相同的實例，可以使用
下列方式引用。

　　　Range(Cells(1, 1), Cells(3, 5))

程式實例 ch17_9.xlsm：將 Cells 屬性當作 Range 屬性的參數重新設計 ch17_7.xlsm。

```
1  Public Sub ch17_9()
2      Range("B5") = WorksheetFunction.Sum(Range(Cells(2, 2), Cells(4, 2)))
3      Range("B6") = WorksheetFunction.Max(Range(Cells(2, 2), Cells(4, 4)))
4  End Sub
```

執行結果 與 ch17_7.xlsm 相同。

17-3 進一步認識 Cells 屬性

在 17-1 節筆者有說明可以使用 Worksheet 物件或是 Range 的 Cells 屬性，這一節將講解彼此的差異。

17-3-1 Worksheet 物件的 Cells 屬性

前面 2 節我們講解使用 Cells 參照了許多儲存格，其實 Cells 本身就是工作表所有儲存格的集合，因此在 Worksheet 物件中的 Cells 屬性可以當作索引值使用，這時 A1 是索引 1、B1 是索引 2、C1 是索引 3，⋯ 等。Excel 工作表預設欄位數是 16384，所以索引儲存格 B1 的索引是 16385，下列實例會驗證此數據。

程式實例 ch17_9_1.xlsm：列出 Excel 工作表從 1 至 163841 的索引內容。

```
1  Public Sub ch17_9_1()
2      For i = 1 To 163841
3          ActiveSheet.Cells(i) = i
4      Next i
5  End Sub
```

執行結果

	A	B	C	D	E	F	G	H	I	J
1	1	2	3	4	5	6	7	8	9	10
2	16385	16386	16387	16388	16389	16390	16391	16392	16393	16394
3	32769	32770	32771	32772	32773	32774	32775	32776	32777	32778
4	49153	49154	49155	49156	49157	49158	49159	49160	49161	49162
5	65537	65538	65539	65540	65541	65542	65543	65544	65545	65546
6	81921	81922	81923	81924	81925	81926	81927	81928	81929	81930
7	98305	98306	98307	98308	98309	98310	98311	98312	98313	98314
8	114689	114690	114691	114692	114693	114694	114695	114696	114697	114698
9	131073	131074	131075	131076	131077	131078	131079	131080	131081	131082
10	147457	147458	147459	147460	147461	147462	147463	147464	147465	147466
11	163841									

工作表1

上述第 3 列也可以省略 ActiveSheet，讀者可以參考本書所附的 ch17_9_2.xlsm。

```
3            Cells(i) = i
```

17-3-2　Range 物件的 Cells 屬性

使用 Range 物件的屬性時，索引值就是 Range 物件的儲存格區間先從左到右，右邊超出範圍後從上到下計算索引內容。

程式實例 ch17_9_3.xlsm：列出 B2:G5 儲存格區間的索引值。

```
1   Public Sub ch17_9_3()
2       For i = 1 To 24
3           Range("B2:G5").Cells(i) = i
4       Next i
5   End Sub
```

執行結果

	A	B	C	D	E	F	G	H
1								
2		1	2	3	4	5	6	
3		7	8	9	10	11	12	
4		13	14	15	16	17	18	
5		19	20	21	22	23	24	
6								

17-3-3　Cells 單獨存在

17-3-1 節筆者有提過，其實 Cells 本身就是工作表所有儲存格的集合。

程式實例 ch17_9_4.xlsm：選取目前工作表所有的儲存格。

```
1   Public Sub ch17_19_4()
2       Dim rng As Range
3       Set rng = Cells
4       rng.Select
5   End Sub
```

執行結果

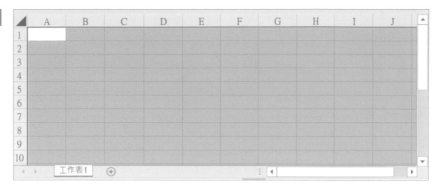

17-4 Worksheet 物件的 UsedRanged 屬性

17-4-1　回傳工作表的使用範圍

UsedRanged 屬性指的是目前工作表的使用範圍，所回傳的是 Range 物件。

程式實例 ch17_10.xlsm：選取目前工作表的使用範圍。

```
1   Public Sub ch17_10()
2       ActiveSheet.UsedRange.Select
3   End Sub
```

執行結果

	A	B	C	D	E	F
1						
2			深智業績表			
3		地區	北區	中區	南區	
4		主管	陳雪薇	張雨昇	許棟樑	總業績
5		第一季	89000	54000	76500	219500
6		第二季	98000	39000	49000	186000
7		第三季	77800	65000	58000	200800
8		第四季	65790	84200	62000	211990

	A	B	C	D	E	F
1						
2			深智業績表			
3		地區	北區	中區	南區	
4		主管	陳雪薇	張雨昇	許棟樑	總業績
5		第一季	89000	54000	76500	219500
6		第二季	98000	39000	49000	186000
7		第三季	77800	65000	58000	200800
8		第四季	65790	84200	62000	211990

　　如果目前工作表內的儲存格區域的數據是分散的，工作表的使用範圍會以已經使用的矩行區域為準。

程式實例 ch17_10_1.xlsm：這個程式基本上與 ch17_10.xlsm 內容相同，但是工作表內有 3 個表格區域，讀者可以參考所選的儲存格區間。

內容與 ch17_10.xlsm 相同。

執行結果

	A	B	C	D	E	F	G	H	I
1									
2				深智業績表				排名	地區
3		地區	北區	中區	南區			第一名	張雨昇
4		主管	陳雪薇	張雨昇	許棟樑	總業績			
5		第一季	89000	54000	76500	219500			
6		第二季	98000	39000	49000	186000			
7		第三季	77800	65000	58000	200800			
8		第四季	65790	84200	62000	211990			
9									
10		海外	亞洲	歐洲					
11		主管	John	Kelly					

17-4-2　目前已經使用工作表的列數訊息

UsedRange 雖是屬性，但是單獨存在也是一個物件，此物件底下有 Row 屬性可以回傳目前已經使用工作表的第一列序數。Rows.Count 屬性則可以回傳目前已經使用工作表佔用的列數。

UsedRange.Row：指出目前已經使用工作表的第一列序數。

UsedRange.Rows.Count：指出目前已經使用工作表佔用的列數。

程式實例 ch17_11.xlsm：使用與 ch17_10.xlsm 相同的工作表內容，此程式會列出目前工作表第一列的序數、已經使用工作表的列數和目前工作表最後一列的序數。

```
1  Public Sub ch17_11()
2      Dim rng As Range
3      Set rng = ActiveSheet.UsedRange
4      MsgBox ("佔據第一列的序列數 : " & rng.Row)
5      MsgBox ("佔據所有列數 : " & rng.Rows.Count)
6      MsgBox ("佔據最後一列的序列數 : " & _
7              rng.Row + rng.Rows.Count - 1)
8  End Sub
```

執行結果

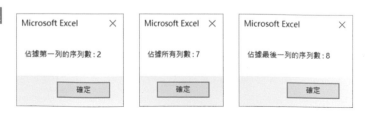

17-4-3　目前已經使用工作表的欄數訊息

UsedRange 物件底下有 Column 屬性可以回傳目前已經使用工作表的第一欄 (也可稱行) 序數。Columns.Count 屬性則可以回傳目前已經使用工作表佔用的欄數。

UsedRange.Column：指出目前已經使用工作表的第一欄序數。

UsedRange.Columns.Count：指出目前已經使用工作表佔用的欄數。

程式實例 ch17_12.xlsm：使用與 ch17_11.xlsm 相同的工作表內容，此程式會列出目前工作表第一欄的序數、已經使用工作表的欄數和目前工作表最後一欄的序數。

```
1  Public Sub ch17_12()
2      Dim rng As Range
3      Set rng = ActiveSheet.UsedRange
4      MsgBox ("佔據第一欄的序數 : " & rng.Column)
5      MsgBox ("佔據所有欄數 : " & rng.Columns.Count)
6      MsgBox ("佔據最後一欄的序數 : " & _
7              rng.Column + rng.Columns.Count - 1)
8  End Sub
```

執行結果

17-5　Range 物件的 CurrentRegion 屬性

CurrentRegion 屬性會回傳目前 Range 物件儲存格所在位置的連續矩形區域。

程式實例 ch17_12_1.xlsm：工作表內有 3 個表格區，這個程式會選取目前 C5 儲存格所在的連續表格區。

```
1  Public Sub ch17_12_1()
2      Range("C5").CurrentRegion.Select
3  End Sub
```

執行結果

	A	B	C	D	E	F	G	H	I
1									
2			深智業績表					排名	地區
3		地區	北區	中區	南區			第一名	張雨昇
4		主管	陳雪薇	張雨昇	許棟樑	總業績			
5		第一季	89000	54000	76500	219500			
6		第二季	98000	39000	49000	186000			
7		第三季	77800	65000	58000	200800			
8		第四季	65790	84200	62000	211990			
9									
10		海外	亞洲	歐洲					
11		主管	John	Kelly					

同樣此 CurrentRegion 屬性也可以當作物件，17-4 節所使用的屬性也可以應用在此物件。

CurrentRegion.Row：指出目前已經使用表格的第一列序數。

CurrentRegion.Rows.Count：指出目前已經使用表格佔用的列數。

CurrentRegion.Column：指出目前已經使用表格的第一欄序數。

CurrentRegion.Columns.Count：指出目前已經使用表格佔用的欄數。

程式實例 ch17_12_2.xlsm：列出目前已經使用表格序列數、列數、欄序數和欄數。

```
1  Public Sub ch17_12_2()
2      Dim rng As Range
3      Range("C5").CurrentRegion.Select
4      Set rng = Range("C5").CurrentRegion
5      MsgBox "表格第一列的序列數 : " & rng.Row
6      MsgBox "表格所有列數 : " & rng.Rows.Count
7      MsgBox "表格第一欄的序列數 : " & rng.Column
8      MsgBox "表格所有欄數 : " & rng.Columns.Count
9  End Sub
```

執行結果

Microsoft Excel ✕	Microsoft Excel ✕	Microsoft Excel ✕	Microsoft Excel ✕
表格第一列的序列數:2	表格所有列數:7	表格第一欄的序列數:2	表格所有欄數:5
確定	確定	確定	確定

17-6 不連續的儲存格區間

17-6-1　以 Range 處理不連續的儲存格區間

使用 Range 屬性若是想要參考不連續的單一儲存格，可以在 Range 參數的儲存格間使用逗號隔開。例如：下列是參考 B3 和 F3 儲存格的方式。

Range("B3,F3")

程式實例 ch17_13.xlsm：將 B3 和 F3 儲存格設為底色是黃色。

```
1  Public Sub ch17_13()
2     Dim rng As Range
3     Set rng = Range("B3,F3")
4     rng.Interior.Color = vbYellow
5  End Sub
```

執行結果

B	C	D	E	F
		深智業績表		
地區	北區	中區	南區	統計
主管	陳雪薇	張雨昇	許棟樑	總業績

→

B	C	D	E	F
		深智業績表		
地區	北區	中區	南區	統計
主管	陳雪薇	張雨昇	許棟樑	總業績

上述觀念可以擴充到參照不連續的儲存格區間，可以在 Range 參數的儲存格區間之間使用逗號隔開即可，這個觀念可以擴充到 2 個以上的不連續儲存格區間。

程式實例 ch17_14.xlsm：將 B3:F3 和 C5:F8 連續的儲存格區間底色設為黃色。

```
1  Public Sub ch17_14()
2     Dim rng As Range
3     Set rng = Range("B3:F3, C5:F8")
4     rng.Interior.Color = vbYellow
5  End Sub
```

執行結果

B	C	D	E	F
		深智業績表		
地區	北區	中區	南區	統計
主管	陳雪薇	張雨昇	許棟樑	總業績
第一季	89000	54000	76500	219500
第二季	98000	39000	49000	186000
第三季	77800	65000	58000	200800
第四季	65790	84200	62000	211990

→

B	C	D	E	F
		深智業績表		
地區	北區	中區	南區	統計
主管	陳雪薇	張雨昇	許棟樑	總業績
第一季	89000	54000	76500	219500
第二季	98000	39000	49000	186000
第三季	77800	65000	58000	200800
第四季	65790	84200	62000	211990

17-6-2　Application 物件的 Union 方法

Application 物件的 Union 方法也可以完成上一小節的工作，語法如下：

　　Union(Arg1, Arg2, [Arg3, … Arg30])

Arg1 和 Arg2 是必要的，Arg3, … Arg30 則是選用，相當於可以將多個不連續的儲存格區間組合，再操作這個組合區間。

程式實例 ch17_14_1.xlsm：分別列出組合區間的數值。

```
1   Public Sub ch17_14_1()
2       Dim app
3       Dim val As Integer
4       val = 1
5       Set app = Application.Union(Range("A1:B2"), Range("C3:D4"))
6       For Each a In app
7           a.Value = val
8           val = val + 2
9       Next
10  End Sub
```

執行結果

	A	B	C	D
1	1	3		
2	5	7		
3			9	11
4			13	15

17-7　參照單列儲存格

17-7-1　使用 Range 屬性

Range 屬性也可以用於參照單列或多列儲存格，下列是參照第 3 列。

　　Range("3:3")

下列是參照第 2～3 列和第 5 列。

　　Range("2:3,5:5")

程式實例 ch17_15.xlsm：將第 2 ～ 3 列底色設為黃色和第 5 列底色設為綠色。

```
1   Public Sub ch17_15()
2       Dim rng As Range
3       Set rng = Range("2:3")
4       rng.Interior.Color = vbYellow
5       Set rng = Range("5:5")
6       rng.Interior.Color = vbGreen
7   End Sub
```

執行結果

註　未來若是想將整列儲存格設為白色，可以參考 4-5-2 節，使用下列指令：

　　rng.Interior.Color = vbWhite

若是想設為無色，可以使用下列指令。

　　rng.Interior.ColorIndex = xlNone

　　如果是想要一次參照不連續的多列，只要彼此使用逗號隔開即可，可以參考下列實例。

程式實例 ch17_16.xlsm：將第 2 ～ 3 列底色和第 5 列底色設為藍色。

```
1   Public Sub ch17_16()
2       Dim rng As Range
3       Set rng = Range("2:3,5:5")
4       rng.Interior.Color = vbBlue
5   End Sub
```

執行結果

17-7-2　使用 Rows 屬性

Rows 屬性也可以用於參照單列或多列儲存格，下列是參照第 3 列。

> Rows(3) 或是 Rows("3:3")

下列是參照第 2 ~ 3 列和第 5 列。

> Rows("2:3,5:5")

程式實例 ch17_17.xlsm：使用 Rows 屬性，將第 2 ~ 3 列底色設為黃色和第 5 列底色設為綠色。

```
1  Public Sub ch17_17()
2      Dim rng As Range
3      Set rng = Rows("2:3")
4      rng.Interior.Color = vbYellow
5      Set rng = Rows("5:5")
6      rng.Interior.Color = vbGreen
7  End Sub
```

執行結果 　與 ch17_15.xlsm 相同。

註 　ch17_17_1.xlsm 筆者將第 5 列改為 Set rng = Rows(5)，獲得一樣的結果。

```
5          Set rng = Rows(5)
```

程式實例 ch17_18.xlsm：將單數列的儲存格區間設為淺藍色。

```
1  Public Sub ch17_18()
2      Dim i As Integer
3      For i = 1 To 10 Step 2
4          Rows(i).Interior.ColorIndex = 20
5      Next i
6  End Sub
```

執行結果

	A	B	C	D	E	F	G
1							
2							
3							
4							
5							
6							
7							
8							
9							
10							

註 有關 Interior.ColorIndex 的色彩值可以參考 ch8_26.xlsm。

17-8 參照單欄儲存格

17-8-1 使用 Range 屬性

Range 屬性也可以用於參照單欄或多欄的儲存格,下列是參照第 B 欄。

Range("B:B")

下列是參照第 B ～ C 欄和第 E 欄。

Range("B:C,E:E")

程式實例 ch17_19.xlsm:將第 B ～ C 欄、底色設為黃色和第 E 欄底色設為綠色。

```
1  Public Sub ch17_19()
2      Dim rng As Range
3      Set rng = Range("B:C")
4      rng.Interior.Color = vbYellow
5      Set rng = Range("E:E")
6      rng.Interior.Color = vbGreen
7  End Sub
```

執行結果

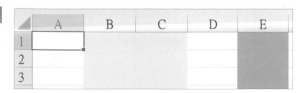

程式實例 ch17_20.xlsm：將第 B～C 欄和第 E 欄底色設為洋紅色。

```
1  Public Sub ch17_20()
2      Dim rng As Range
3      Set rng = Range("B:C,E:E")
4      rng.Interior.Color = vbMagenta
5  End Sub
```

執行結果

17-8-2　使用 Columns 屬性

Columns 屬性也可以用於參照單欄或多欄儲存格，下列是參照第 B 欄。

Columns(2) 或 Columns("B")

下列是參照第 B～C 欄。

Columns("B:C")

程式實例 ch17_21.xlsm：使用 Columns 屬性，將第 C～D 欄底色設為綠色，第 E 欄底色設為藍色，第 F 欄底色設青色。

```
1  Public Sub ch17_21()
2      Dim rng As Range
3      Set rng = Columns("C:D")
4      rng.Interior.Color = vbGreen
5      Set rng = Columns(5)
6      rng.Interior.Color = vbBlue
7      Set rng = Columns("F")
8      rng.Interior.Color = vbCyan
9  End Sub
```

執行結果

17-9　更多 Range 物件參照的應用

17-9-1　多個儲存格區間的交集區域

使用 Range 屬性，在雙引號內的多個儲存格區間彼此使用空格隔開，就可以參照彼此的交集區間。

程式實例 ch17_21_1.xlsm：在交集區間設定 5。

```
1  Public Sub ch17_21_1()
2      Range("C2:D6").Interior.ColorIndex = 15      ' 淺灰色
3      Range("A3:F4").Interior.ColorIndex = 6       ' 黃色
4      Range("C2:D6 A3:F4").Value = 5
5  End Sub
```

執行結果

	A	B	C	D	E	F
1						
2						
3			5	5		
4			5	5		
5						
6						

17-9-2　Application 物件的 Intersect 方法

Application 物件的 Intersect 方法也可以完成上一小節的工作，語法如下：

Intersect(Arg1, Arg2, [Arg3, … Arg30])

Arg1 和 Arg2 是必要的，Arg3, … Arg30 則是選用，相當於可以獲得儲存格區間的交集。

程式實例 ch17_21_2.xlsm：使用 Intersect 方法重新設計 ch17_21_1.xlsm。

```
1  Public Sub ch17_21_2()
2      Range("C2:D6").Interior.ColorIndex = 15      ' 淺灰色
3      Range("A3:F4").Interior.ColorIndex = 6       ' 黃色
4      Intersect(Range("C2:D6"), Range("A3:F4")).Value = 5
5  End Sub
```

執行結果 與 ch17_21_1.xlsm 相同。

17-9-3 兩個儲存格區間圍成的區間

使用 Range 屬性，在雙引號內的建立 2 個儲存格區間 (或儲存格) 彼此使用逗號 (,) 隔開，就可以圍成儲存格區間。

程式實例 ch17_21_3.xlsm：簡單使用 2 個儲存格圍成的儲存格區間。

```
1  Public Sub ch17_21_3()
2      Range("A2").Interior.ColorIndex = 15      ' 淺灰色
3      Range("E6").Interior.ColorIndex = 6       ' 黃色
4      Range("A2", "E6").Value = 5
5  End Sub
```

執行結果

	A	B	C	D	E
1					
2	5	5	5	5	5
3	5	5	5	5	5
4	5	5	5	5	5
5	5	5	5	5	5
6	5	5	5	5	5

其實上述第 4 列 Range 參數可以寫成我們熟知的 ("A2:E6")，可以參考本書所附的 ch17_21_4.xlsm，指令如下：

```
4      Range("A2:E6").Value = 5
```

這一節更重要的是下列 2 個儲存格區間圍成的區間。

程式實例 ch17_21_5.xlsm：使用 2 個儲存格區間圍成的儲存格區間。

```
1  Public Sub ch17_21_5()
2      Range("A2:B3").Interior.ColorIndex = 15      ' 淺灰色
3      Range("E6:G9").Interior.ColorIndex = 6       ' 黃色
4      Range("A2:B3", "E6:G9").Value = 5
5  End Sub
```

執行結果

	A	B	C	D	E	F	G
1							
2	5	5	5	5	5	5	5
3	5	5	5	5	5	5	5
4	5	5	5	5	5	5	5
5	5	5	5	5	5	5	5
6	5	5	5	5	5	5	5
7	5	5	5	5	5	5	5
8	5	5	5	5	5	5	5
9	5	5	5	5	5	5	5

17-9-4 更簡潔方式參照儲存格

Excel VBA 也可以使用中括號參照儲存格，下列是相關說明。

```
[C3]                            ' 參照 C3
[A1:D3]                         ' 參照 A1:D3
[C2:D6 A3:F4]                   ' 參照 C2:D6 和 A3:F4 的交集區間
```

程式實例 ch17_21_6.xlsm：使用更簡潔方式重新設計 ch17_21_1.xlsm。

```
1   Public Sub ch17_21_6()
2       [C2:D6].Interior.ColorIndex = 15       ' 淺灰色
3       [A3:F4].Interior.ColorIndex = 6        ' 黃色
4       [C2:D6 A3:F4].Value = 5
5   End Sub
```

執行結果 與 ch17_21_1.xlsm 相同。

17-10 指定儲存格的位移 Range.Offset

Offset 屬性會回傳儲存格位移結果的位置，語法如下：

expression.Offset(RowOffset, ColumnOffset)

expresison 是 Range 的物件變數，上述參數意義如下：

- RowOffset：選用，預設是 0，正值表示往下位移，負值表示往上位移。
- ColumnOffset：選用，預設是 0，正值表示往右位移，負值表示往左位移。

程式實例 ch17_22.xlsm：觀察作用儲存格的移動，先將作用儲存格移至 A1，再將作用儲存格右移 4 格至 A5。

```
1  Public Sub ch17_22()
2      Range("A1").Activate
3      MsgBox ("作用儲存格在 A1")
4      Range("A1").Offset(0, 4).Select
5      MsgBox ("作用儲存格在 A5")
6  End Sub
```

 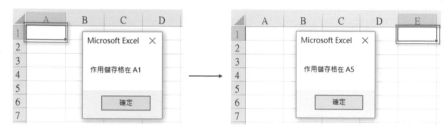

上述程式第 4 列的 Offset 也可以省略第一個參數 0，讀者可以參考本書所附的 ch17_22_1.xlsm。

```
4          Range("A1").Offset(, 4).Select
```

程式實例 ch17_23.xlsm：使用 Offset 屬性將 B3:F3 儲存格區間的屬性底色設為黃色。

```
1  Public Sub ch17_23()
2      Dim rng As Range
3      Set rng = Range("B3", Range("B3").Offset(0, 4))
4      rng.Interior.Color = vbYellow
5  End Sub
```

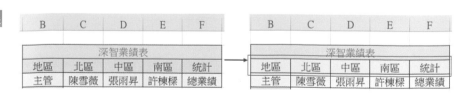

程式實例 ch17_24.xlsm：查詢 iPhone 庫存數量，有一個庫存表如下：

	A	B	C	D	E	F	G
1							
2			iPhone庫存表			型號	
3		型號	顏色	庫存		顏色	
4		C101	黑色	3		庫存	
5		C102	太空黑	4			
6		C103	黃金色	8			
7		C104	銀白色	6			
8		C105	寶藍色	2			
9		C106	白色	5			
10							

工作表1

```
1  Public Sub ch17_24()
2      Dim pattern As String
3      Dim patterns As Range
4      Set patterns = Range("B4:B9")
5      pattern = InputBox("請輸入型號 : ")
6      Range("G2").Value = pattern
7      For Each p In patterns
8          If p = pattern Then
9              Range("G3").Value = p.Offset(0, 1)
10             Range("G4").Value = p.Offset(0, 2)
11             Exit Sub
12         End If
13     Next
14     MsgBox ("查無此型號")
15 End Sub
```

執行結果 如果輸入型號正確可以得到下列結果。

如果輸入型號錯誤，則出現對話方塊輸出查無此型號。

17-11　調整儲存格區間 Range.Resize

可以調整儲存格區間，語法如下：

expression.Resize(RowSize, ColumnSize)

exprssion 是 Range 物件的運算式，其中參數皆是選用，但是不能同時省略，其實如果同時省略就不要加上此方法即可。

- RowSize：選用，儲存格區間的列數，如果省略則儲存格區間的列數保持不變。
- ColumnSize：選用，儲存格區間的欄數，如果省略則儲存格區間的欄數保持不變。

程式實例 ch17_25.xlsm：觀察 Resize 的運作。

```
1  Public Sub ch17_25()
2      Range("A1:B1").Select
3      MsgBox "觀察執行狀態"
4      Range("A1:B1").Resize(2, 2).Offset(1, 1).Select
5      MsgBox "觀察執行狀態"
6      Range("A1:B1").Resize(3, 3).Offset(2, 2).Select
7      MsgBox "觀察執行狀態"
8  End Sub
```

執行結果

在操作 Excel VBA 程式設計時，常常需要將陣列資料置入儲存格內，直覺上這時只能將陣列資料放入 A1:E1 這類的水平儲存格區間，下列是使用 Resize( ) 很方便將陣列資料放入水平儲存格區間的應用。

程式實例 ch17_25_1.xlsm：將陣列資料放入水平的儲存格區間。

```
1  Public Sub ch17_25_1()
2      Dim school(3) As String
3      school(0) = "明志工專"
4      school(1) = "長庚大學"
5      school(2) = "長庚護理"
6      Range("B2").Resize(1, UBound(school) - LBound(school) + 1) = school
7  End Sub
```

執行結果

	A	B	C	D	E
1					
2		明志工專	長庚大學	長庚護理	
3					

如果想將陣列資料放入垂直的儲存格區間需要借助 Excel 的 Trapnspose( ) 函數，筆者將在 20-8-2 節說明。

17-12 Range.End

這個屬性會回傳 Range 物件，所回傳的是儲存格區間結尾處的儲存格，語法如下：

expression.End(Direction)

expression 是 Range 物件運算式，Direction 是 XlDirection 列舉常數，可以參考下表。

常數名稱	數值	說明
xlDown	-4121	向下
xlToLeft	-4159	向左
xlToRight	-4161	向右
xlUp	-4162	向上

請參考程式實例 ch17_24.xlsm，筆者再列出一次 iPhone 庫存表：

	A	B	C	D
1				
2		iPhone庫存表		
3		型號	顏色	庫存
4		C101	黑色	3
5		C102	太空黑	4
6		C103	黃金色	8
7		C104	銀白色	6
8		C105	寶藍色	2
9		C106	白色	5
10				

為了查詢 iPhone 的型號，筆者在第 4 列輸入下列指令。

　　Set patterns = Range("B4:B9")

上述程式雖然可以運作，但是產品的庫存型號會常常更新與變動，只要一更新 ch17_24.xlsm 就會產生不正確的結果，所以這就是使用 End 屬性的好時機，我們可以使用 Range 應用在儲存格區間的特性，增加 End 屬性，這樣就可以設計可以應付新增加型號的特性，指令如下：

　　Set patterns = Range("B4", Range("B4").End(xlDown))

程式實例 ch17_26.xlsm：使用 End 屬性，重新設計 ch17_24.xlsm，未來即使增加或減少產品型號，這個程式仍可以運作。

```
1   Public Sub ch17_26()
2       Dim pattern As String
3       Dim patterns As Range
4       Set patterns = Range("B4", Range("B4").End(xlDown))
5       pattern = InputBox("請輸入型號 : ")
6       Range("G2").Value = pattern
7       For Each p In patterns
8           If p = pattern Then
9               Range("G3").Value = p.Offset(0, 1)
10              Range("G4").Value = p.Offset(0, 2)
11              Exit Sub
12          End If
13      Next
14      MsgBox ("查無此型號")
15  End Sub
```

執行結果　　與 ch17_24.xlsm 相同。

當然這個程式最重要的是讀者試著增加 iPhone 型號或是減少 iPhone 型號測試，讀者才可以體會 Range.End 屬性的特色。本書所附 ch17_26_1.xlsm，是嘗試增加型號，仍可以運作的實例。

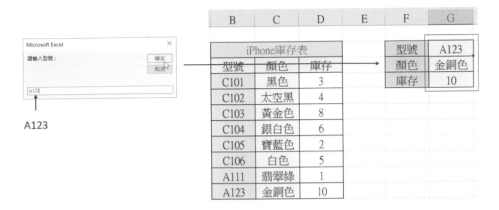

本書所附 ch17_26_2.xlsm，是嘗試減少 iPhone 型號，仍可以運作的實例。

Excel 是允許使用名稱定義儲存格區間，未來可以使用名稱操作所定義的儲存格區間。這一節筆者將講解使用 Excel VBA 定義名稱，同時講解 Excel 操作名稱的方法。

17-13-1 定義名稱

Names 是所有 Name 的集合，語法如下：

expression.Names.Add Name RefersTo

● Name：選用，代表名稱方塊。

● RefersTo：選用，名稱方塊的儲存格區間。

程式實例 ch17_27.xlsm：將 B3:B5 定義為 myJan，然後選取，同時觀察名稱方塊的變化。

```
1  Public Sub ch17_27()
2      ThisWorkbook.Names.Add _
3          Name:="myJan", _
4          RefersTo:="=$B$3:$B$5"
5      Range("myJan").Select
6  End Sub
```

執行結果

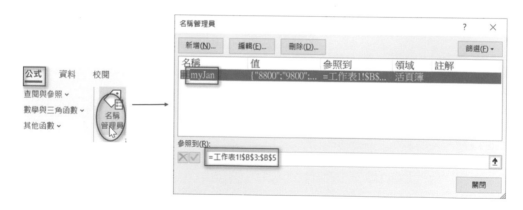

如果在 Excel 視窗執行公式 / 名稱管理員，也可以看到所建立的 myJan 名稱，以及此名稱所參照的儲存格區間。

程式實例 ch17_27_1.xlsm：擴充 ch17_27.xlsm，使用名稱計算一月份銷售加總。

```
1  Public Sub ch17_27_1()
2      Dim rng As Range
3      ThisWorkbook.Names.Add _
4          Name:="myJan", _
5          RefersTo:="=B3:B5"
6      Set rng = Range("myJan")
7      Range("B6") = Application.WorksheetFunction.Sum(rng)
8  End Sub
```

執行結果

	A	B	C	D
1				
2	產品	一月	二月	三月
3	飲料	8800	12000	7900
4	雜貨	9800	19000	6600
5	文具	6500	5200	4800
6	總計	25100		

17-13-2　刪除名稱

要刪除前一小節所定義的名稱可以使用 Names 的 Delete 方法。

程式實例 ch17_28.xlsm：將 ch17_27.xlsm 程式實例複製到 ch17_28.xlsm，然後刪除 myJan 名稱。

```
1   Public Sub ch17_28()
2       Names("myJan").Delete
3   End Sub
```

執行結果

myJan名稱已經被刪除了 ——▶

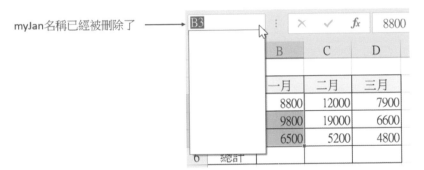

17-13-3　顯示與隱藏名稱

延續前一節的觀念，可以使用下列方式顯示與隱藏名稱。

```
Names("myJan").Visible = False          '隱藏名稱
Names("myJan").Visible = True           '顯示名稱
```

17-14 再談 Rows 和 Columns

17-14-1 Rows

17-4-2 節和 17-7-2 節已經有說明過 Rows 屬性了，我們也可以將該 2 節的觀念應用在所選取的區間。使用方法如下：

expression.Rows：所有列

expression.Rows(2)：第 2 列

expression.Rows("2:3")：第 2 至 3 列

程式實例 ch17_29.xlsm：觀察所選的資料列。

```
1   Public Sub ch17_29()
2       Dim rng As Range
3       Set rng = Range("B2:E5")
4       rng.Rows.Select
5       MsgBox "選取全部表格區間"
6       rng.Rows(2).Select
7       MsgBox "選取第2列區間"
8       rng.Rows("3:4").Select
9       MsgBox "選取第3和4列區間"
10  End Sub
```

執行結果

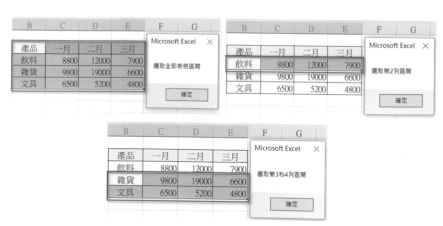

17-14-2 Columns

17-8-2 節已經有說明 Columns 屬性,我們也可以將觀念應用在所選取的區間,這個屬性可以回傳指定工作表的欄,使用方法如下:

expression.Columns:所有欄

expression.Columns(2):第 2 欄

expression.Columns("C:D"):第 3 至 4 欄

程式實例 ch17_30.xlsm:觀察所選的資料欄。

```
1   Public Sub ch17_30()
2       Dim rng As Range
3       Set rng = Range("B2:E5")
4       rng.Columns.Select
5       MsgBox "選取全部表格區間"
6       rng.Columns(2).Select
7       MsgBox "選取第2欄區間"
8       rng.Columns("C:D").Select
9       MsgBox "選取第3和4欄區間"
10  End Sub
```

執行結果

17-15 ChatGPT 輔助 Excel VBA - Line 訊息貼到工作表

ChatGPT 也可以輔助學習 Excel VBA，下列是筆者 Line 收到聯誼會的訊息，讀者練習時可以在 ch17 資料夾找到此 data.txt。

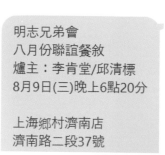

下列是筆者要求將上述資料轉成 Excel 表格，然後 ChatGPT 的回應。

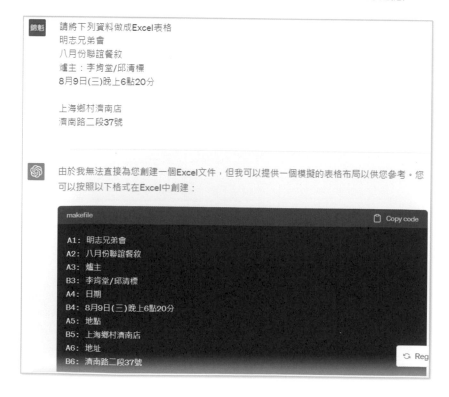

根據上述描述：

* `A1` 到 `A6` 存放的是各項目的標題，如"團體"、"活動"、"爐主"、"日期"等。
* `B3` 到 `B6` 存放的是相對應的資訊。

您可以將上述格式轉錄到Excel中，並根據需求進行格式化或增加其他細節。

從上述可以看到 ChatGPT 自動加上地點與地址欄位名稱，因為用手輸入太麻煩，筆者請求 ChatGPT 為此設計 Excel VBA 程式。

錦魁　請用Excel VBA將上述結果貼到Excel上

若您希望使用Excel VBA來自動填入上述資訊，以下是一個簡單的VBA宏代碼示例：

1. 打開您的Excel工作簿。
2. 按下 `ALT + F11` 來打開VBA編輯器。
3. 插入一個新的模組：在左邊的專案窗格中，右鍵點擊您的工作簿名稱，選擇 `插入` > `模組`。
4. 在新的模組視窗中，貼上以下代碼：

```vba
Sub FillInformation()

    Dim ws As Worksheet
    Set ws = ThisWorkbook.Sheets(1) 'Assumes you are writing to the first sh

    ' Fill in the information
    ws.Range("A1").Value = "明志兄弟會"
    ws.Range("A2").Value = "八月份聯誼餐敘"
    ws.Range("A3").Value = "爐主"
    ws.Range("B3").Value = "李岢堂/邱清標"
    ws.Range("A4").Value = "日期"
    ws.Range("B4").Value = "8月9日(三)晚上6點20分"
    ws.Range("A5").Value = "地點"
    ws.Range("B5").Value = "上海鄉村濟南店"
    ws.Range("A6").Value = "地址"
    ws.Range("B6").Value = "濟南路二段37號"

End Sub
```

> 1. 關閉VBA編輯器。
>
> 2. 按下 `ALT + F8` 在Excel中選擇並運行 `FillInformation` 宏。
>
> 完成上述步驟後，第一個工作表應該會自動填入提供的資訊。

參考上述步驟可以得到下列結果 (ch17_31.xlsm)。

```
1   Sub FillInformation()
2
3       Dim ws As Worksheet
4       Set ws = ThisWorkbook.Sheets(1) 'Assumes you are
5
6       ' Fill in the information
7       ws.Range("A1").Value = "明志兄弟會"
8       ws.Range("A2").Value = "八月份聯誼餐敘"
9       ws.Range("A3").Value = "爐主"
10      ws.Range("B3").Value = "李肯堂/邱清標"
11      ws.Range("A4").Value = "日期"
12      ws.Range("B4").Value = "8月9日(三)晚上6點20分"
13      ws.Range("A5").Value = "地點"
14      ws.Range("B5").Value = "上海鄉村濟南店"
15      ws.Range("A6").Value = "地址"
16      ws.Range("B6").Value = "濟南路二段37號"
17
18  End Sub
```

下列左圖是筆者參照上述步驟得到的結果 (ch17_31.xlsm)，右圖則是筆者手工適度格式化的結果 (ch17_32.xlsm)。

	A	B	C	D
1	明志兄弟會			
2	八月份聯誼餐敘			
3	爐主	李肯堂/邱清標		
4	日期	8月9日(三)晚上6點20分		
5	地點	上海鄉村濟南店		
6	地址	濟南路二段37號		

	A	B
1	明志兄弟會	
2	八月份聯誼餐敘	
3	爐主	李肯堂/邱清標
4	日期	8月9日(三)晚上6點20分
5	地點	上海鄉村濟南店
6	地址	濟南路二段37號

第十八章

Range 物件 – 設定儲存格的格式

本章將針對儲存格格式常用的屬性、方法與常數使用實例解說。

18-1 字型常用屬性

18-1-1 基礎觀念

　　Range 物件下有 Font 屬性，如同前面章節所述 Font 也可以稱是一個物件，這個物件下有一些常用的屬性，例如：Name、Bold、Italic、Size、Color、ColorIndex、… 等，我們可以使用這些屬性設定儲存格內文字的字型 (Font) 格式。

程式實例 ch18_1.xlsm：輸出 Excel 預設的常用字型屬性。

```
1   Public Sub ch18_1()
2       Dim rng As Range
3       Dim myfont As Font
4       Set rng = Range("A1:A5")
5       Set myfont = rng.Font
6       Debug.Print "字型名稱 : " & myfont.Name
7       Debug.Print "字型粗體 : " & myfont.Bold
8       Debug.Print "字型斜體 : " & myfont.Italic
9       Debug.Print "字型底線 : " & myfont.Underline
10      Debug.Print "字型大小 : " & myfont.Size
11      Debug.Print "字型顏色 : " & myfont.Color
12      Debug.Print "字型顏色 : " & myfont.ColorIndex
13  End Sub
```

執行結果

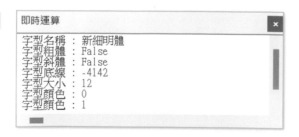

　　註 上述的細項說明筆者會在接下來的章節解說。

　　筆者在 9-1-2 節有說明使用 With … End With 語法，上述程式就是使用此語法的好時機。

程式實例 ch18_2.xlsm：使用 With … End With 重新設計 ch18_1.xlsm。

```
1   Public Sub ch18_2()
2       Dim rng As Range
3       Dim myfont As Font
4       Set rng = Range("A1:A5")
5       Set myfont = rng.Font
6       With myfont
7           Debug.Print "字型名稱 : " & .Name
8           Debug.Print "字型粗體 : " & .Bold
9           Debug.Print "字型斜體 : " & .Italic
10          Debug.Print "字型底線 : " & .Underline
11          Debug.Print "字型大小 : " & .Size
12          Debug.Print "字型顏色 : " & .Color
13          Debug.Print "字型顏色 : " & .ColorIndex
14      End With
15  End Sub
```

執行結果　與 ch18_1.xlsm 相同。

18-1-2　Name 屬性

Name 主要是字型設定，在 Excel 視窗中可以看到系列字型，皆可以應用在儲存格。

程式實例 ch18_3.xlsm：字體的選擇與應用。

```
1   Public Sub ch18_3()
2       Range("A1").Font.Name = "Old English Text MT"
3       Range("A2").Font.Name = "標楷體"
4       Range("A3").Font.Name = "微軟正黑體"
5   End Sub
```

執行結果

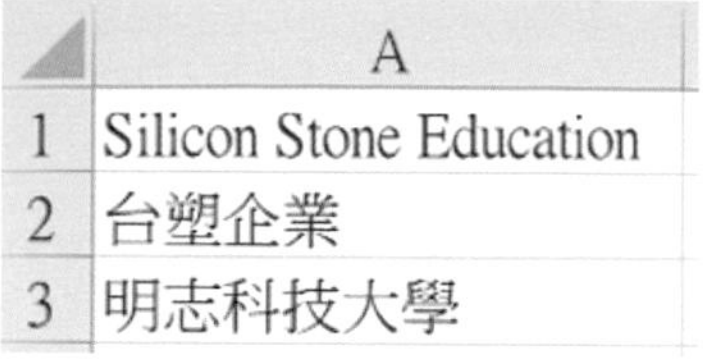

18-1-3　Bold 和 Italic 屬性

Bold 是粗體設定，Italic 是斜體設定，預設是普通字體，方法如下：

```
Font.Bold = False          ' 這是預設
Font.Bold = True           ' 這是粗體設定
Font.Italic = False        ' 這是預設
Font.Italic = True         ' 這是斜體設定
```

程式實例 ch18_4.xlsm：粗體與斜體設定。

```
1   Public Sub ch18_4()
2       Range("A1").Font.Bold = True
3       Range("A2").Font.Italic = True
4       With Range("A3").Font
5           .Bold = True
6           .Italic = True
7       End With
8   End Sub
```

執行結果

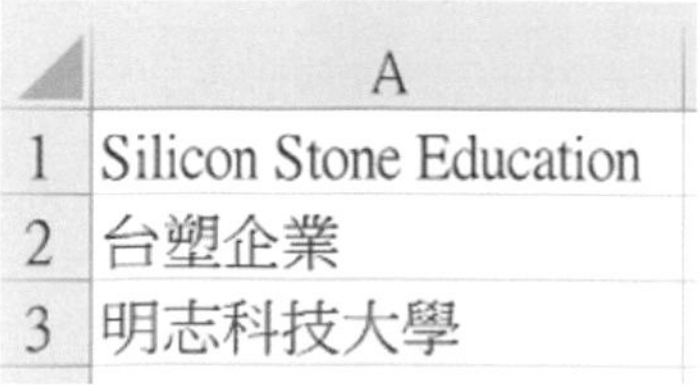

18-1-4　Font.Underline

Font.Underline 是設定字型底線，有關字型底線設定的常數是 XlUnderlineStyle，細節可以參考下表。

常數名稱	值	說明
xlUnderlineStyleDouble	-4119	雙粗底線
xlUnderlineStyleDoubleAccounting	5	兩條緊縮間距的細底線
xlUnderlineStyleNone	-4142	無底線
xlUnderlineStyleSingle	2	單底線
xlUnderlineStyleSingleAccounting	4	暫不支援

從上述的表讀者應該了解為何 ch18_1.xlsm 第 4 列的輸出結果是 -4142。

程式實例 ch18_5.xlsm：字型底線的應用。

```
1  Public Sub ch18_5()
2      Range("A1").Font.Underline = xlUnderlineStyleSingle
3      Range("A2").Font.Underline = xlUnderlineStyleDouble
4      Range("A3").Font.Underline = xlUnderlineStyleDoubleAccounting
5  End Sub
```

執行結果

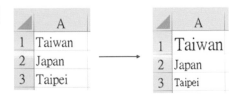

18-1-5　Font.Size

Font.Size 是設定字型大小，預設字型大小是 12，但是可以使用此屬性更改設定。

程式實例 ch18_6.xlsm：將 A1 儲存格字型大小改為 16，將 A3 儲存格字型大小改為 10。

```
1  Public Sub ch18_6()
2      Range("A1").Font.Size = 16
3      Range("A3").Font.Size = 10
4  End Sub
```

執行結果

18-2 色彩 Color 和 ColorIndex 屬性

18-2-1 字型色彩 Font.Color 屬性

可以使用 RGB(r, g, b) 函數引用色彩，r 代表 Red 紅色，g 代表 Green 綠色，b 代表 Blue 藍色，每個參數值是在 0 ~ 255 間。有關常見的色彩表組合可以參考附錄 B。當 r、g、b 皆是 0 時，可以得到黑色，所以讀者在 ch18_1.xlsm 可以得到第 6 列的輸出結果是 0。

設定字型顏色可以使用 Font.Color，細節可以參考下列實例。

程式實例 ch18_7.xlsm：使用 Font.Color 設定字型顏色。

```
1  Public Sub ch18_7()
2      Range("A1").Font.Color = RGB(255, 0, 0)
3      Range("A2").Font.Color = RGB(0, 255, 0)
4      Range("A3").Font.Color = RGB(0, 0, 255)
5  End Sub
```

執行結果

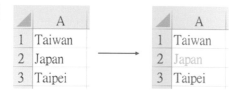

上述 RGB 的參數是使用 10 進位，筆者附錄 B 是使用 16 進位，如果要將 10 進位改為 16 進位當參數，可以使用 16 進位前面加上 &H。

程式實例 ch18_7_1.xlsm：將 RGB 的參數改為 16 進位方式重新設計 ch18_7.xlsm。

```
1  Public Sub ch18_7_1()
2      Range("A1").Font.Color = RGB(&HFF, 0, 0)
3      Range("A2").Font.Color = RGB(0, &HFF, 0)
4      Range("A3").Font.Color = RGB(0, 0, &HFF)
5  End Sub
```

執行結果 與 ch18_7.xlsm 相同。

18-2-2 物件引用 Color

在使用 Excel VBA 時可以有許多物件引用，例如筆者先前常常使用的 Interior，這是內部顏色，下列是可以引用 Color 屬性的物件。

物件	說明
Font	字型色彩
Interior	儲存格網底色彩或繪圖物件的色彩
Border	框線色彩
Borders	某區間所有 4 條邊框線的色彩，如果色彩不同會回傳 0
Tab	索引標籤色彩

我們先前使用儲存格網底色彩時，常常使用 Interior.Color 再加上色彩常數，例如：vbYellow 之類的，使用色彩常數非常方便，但是使用 RGB( ) 函數可以有更多色彩選擇，未來讀者可以參考附錄 B，使用 RGB( ) 函數直接輸入數值調配色彩。

程式實例 ch18_8.xlsm：重新設計 ch4_8.xlsm，但是使用 RGB( ) 重新調配色彩。

```
1   Public Sub ch18_8()
2       Range("A1:E1").Interior.Color = RGB(0, 255, 255)
3       Range("A3:E3").Interior.Color = RGB(255, 0, 255)
4       Range("A5:E5").Interior.Color = RGB(127, 255, 0)
5   End Sub
```

執行結果

18-2-3 Font.ColorIndex 屬性

這也是設定字型色彩，有關色彩值的對照可以參考 ch8_26.xlsm 的執行結果。

18-3 部分字串使用不同的格式

設計 VBA 時，有時候會碰上部分字元需要處理成上標字、下標字或是部分文字使用不同格式，這時可以使用本節所述功能。

18-3-1　Range.Characters 屬性

這個屬性主要是回傳代表某區間物件文字的字元，語法如下：

expression.Characters(Start, Length)

上述 expression 是 Range 物件，參數意義如下：

- Start：選用，這是設定要取的字元位置，如果省略則是取第一個字元。
- Length：選用，要回傳的字元數。

程式實例 ch18_9.xlsm：將回傳的字設為粗體。

```
1  Public Sub ch18_9()
2      Range("A1").Characters(2, 1).Font.Bold = True
3      Range("A2").Characters(5, 3).Font.Bold = True
4  End Sub
```

執行結果

18-3-2　Font.Subscript 下標字的處理

可以使用 Font.Subscript 屬性設定下標字。

程式實例 ch18_10.xlsm：下標字的設定。

```
1  Public Sub ch18_10()
2      Range("A1").Characters(2, 1).Font.Subscript = True
3  End Sub
```

執行結果

18-3-3　Font.Superscript 上標字的處理

可以使用 Font.Superscript 屬性設定上標字。

程式實例 ch18_11.xlsm：上標字的設定，下列第 3 個字元是英文字母 O。

```
1   Public Sub ch18_11()
2       Range("A1").Characters(3, 1).Font.Superscript = True
3   End Sub
```

執行結果

18-3-4　Characters 物件的 Count 屬性

Characters 物件也可以引用 Count 屬性，這時可以回傳字元的數量，我們可以利用這個特性，將最後一個字元處理成上標字。

程式實例 ch18_12.xlsm：固定讓最後一個字元成為上標字。

```
1   Public Sub ch18_12()
2       Dim n As Integer
3       n = Range("A1").Characters.Count
4       Range("A1").Characters(n, 1).Font.Superscript = True
5   End Sub
```

執行結果　與 ch18_11.xlsm 相同。

18-4　儲存格區間的外框設定

這邊講的儲存格區間也可以是單一的儲存格。

18-4-1　Borders 物件

Excel 的儲存格區間可以有左邊框、右邊框、上邊框、下邊框、內部水平邊框、內部垂直邊框或是斜角的邊框，Borders 物件就是這些邊框的集合，下列是儲存格外框的 XlBordersIndex 列舉常數。

常數名稱	值	說明
xlDiagonalDown	5	左上角到右下角框線
xlDiagonalUp	6	左下角到右上角框線
xlEdgeBottom	9	下邊框線
xlEdgeLeft	7	左邊框線
xlEdgeRight	10	右邊框線
xlEdgeTop	8	上邊框線
xlInsideHorizontal	12	區間內所有儲存格的水平格線
xlInsideVertical	11	區間內所有儲存格的垂直格線

此外，Range 物件有 BorderAround 屬性，這個屬性所代表的是儲存格區間的外框線。

有了以上觀念，我們接著可以使用 Border 物件，然後使用下列常見的邊框屬性。

● LineStyle：框線樣式，18-4-2 節解說。

● Weight：框線厚度，18-4-3 節解說。

● Color：框線顏色，18-4-4 節解說。

下列各小節將分別說明。

18-4-2　框線樣式 LineStyle

下列是儲存格外框樣式的 XlLineStyle 列舉常數。

常數名稱	值	說明
xlContinuous	1	連續線
xlDash	-4115	虛線
xlDashDot	4	交替虛線與點
xlDashDotDot	5	虛線後接兩點
xlDot	-4118	點狀線
xlDouble	-4119	雙線
xlSlantDashDot	13	斜虛線
xlLineStyleNone	-4142	無線條

下列 ch18_13.xlsm 至 ch18_20.xlsm 實例皆是使用下列表格區間做說明。

	A	B	C	D	E	F
1						
2		產品	一月	二月	三月	四月
3		飲料	8800	12000	7900	9200
4		雜貨	9800	19000	6600	7700
5		文具	6500	5200	4800	6100

程式實例 ch18_13.xlsm：設定 B2:F5 儲存格的外框線。

```
1  Public Sub ch18_13()
2      Dim rng As Range
3      Set rng = Range("B2:F5")
4      rng.BorderAround LineStyle:=xlContinuous
5  End Sub
```

執行結果

	A	B	C	D	E	F
1						
2		產品	一月	二月	三月	四月
3		飲料	8800	12000	7900	9200
4		雜貨	9800	19000	6600	7700
5		文具	6500	5200	4800	6100

程式實例 ch18_14.xlsm：第一列和第一欄加上外框線。

```
1  Public Sub ch18_14()
2      Dim rng As Range
3      Set rng = Range("B2:F5").Rows(1)
4      rng.BorderAround LineStyle:=xlContinuous
5      Set rng = Range("B2:F5").Columns(1)
6      rng.BorderAround LineStyle:=xlContinuous
7  End Sub
```

執行結果

	A	B	C	D	E	F
1						
2		產品	一月	二月	三月	四月
3		飲料	8800	12000	7900	9200
4		雜貨	9800	19000	6600	7700
5		文具	6500	5200	4800	6100

程式實例 ch18_15.xlsm：有外框線，框內部水平和垂直是點線。

```
1   Public Sub ch18_15()
2       Dim rng As Range
3       Dim bod As Borders
4       Set rng = Range("B2:F5")              ' 整體外框
5       rng.BorderAround LineStyle:=xlContinuous
6
7       Set bod = rng.Borders                 ' 內部水平線
8       bod(xlInsideHorizontal).LineStyle = xlDash
9
10      Set bod = rng.Borders                 ' 內部垂直線
11      bod(xlInsideVertical).LineStyle = xlDash
12  End Sub
```

執行結果

	A	B	C	D	E	F
1						
2		產品	一月	二月	三月	四月
3		飲料	8800	12000	7900	9200
4		雜貨	9800	19000	6600	7700
5		文具	6500	5200	4800	6100

18-4-3　框線厚度 Weight

下列是儲存格外框線厚度的 XlBorderWeight 列舉常數。

常數名稱	值	說明
xlHairline	1	毫線，最細的框線
xlMedium	-4138	中
xlThick	4	粗線，最粗的框線
xlThin	2	細

程式實例 ch18_16.xlsm：擴充 ch18_15.xlsm，增加粗外框，在 B2 儲存格增加左上到右下框線，B2:F2 下框線也是粗線。

```
1   Public Sub ch18_16()
2       Dim rng As Range
3       Dim bod As Borders
4       Set rng = Range("B2:F5")              ' 整體外框
5       rng.BorderAround LineStyle:=xlContinuous, _
6                        Weight:=xlThick
7
8       Set bod = rng.Borders                 ' 內部水平線
9       bod(xlInsideHorizontal).LineStyle = xlDash
```

```
10
11      Set bod = rng.Borders                ' 內部垂直線
12      bod(xlInsideVertical).LineStyle = xlDash
13
14      Set bod = rng.Rows(1).Borders        ' 第一列下框線也是粗線
15      With bod(xlEdgeBottom)
16          .LineStyle = xlContinuous
17          .Weight = xlThick
18      End With
19
20      Set bod = Range("B2").Borders        ' 第一列第一欄左上到右下
21      With bod(xlDiagonalDown)
22          .LineStyle = xlContinuous
23          .Weight = xlThin
24      End With
25  End Sub
```

執行結果

▲	A	B	C	D	E	F
1						
2			一月	二月	三月	四月
3		飲料	8800	12000	7900	9200
4		雜貨	9800	19000	6600	7700
5		文具	6500	5200	4800	6100

18-4-4 框線顏色 Color

框線顏色可以參考 18-2-1 節使用 RGB( ) 函數，也可以參考 4-5-2 節的顏色常數，下列將直接以實例解說。

程式實例 ch18_17.xlsm：擴充使用不同的顏色重新設計 ch18_16.xlsm，同時內部虛線也改為 xlDashDot 線條，讀者可以自行比較與 ch18_16.xlsm 的差異。

```
1   Public Sub ch18_17()
2       Dim rng As Range
3       Dim bod As Borders
4       Set rng = Range("B2:F5")            ' 整體外框
5       rng.BorderAround LineStyle:=xlContinuous, _
6                         Weight:=xlThick, _
7                         Color:=vbBlue
8
9       Set bod = rng.Borders               ' 內部水平線
10      bod(xlInsideHorizontal).LineStyle = xlDashDot
11
12      Set bod = rng.Borders               ' 內部垂直線
13      bod(xlInsideVertical).LineStyle = xlDashDot
14
```

```
15      Set bod = rng.Rows(1).Borders    ' 第一列下框線也是粗線
16      With bod(xlEdgeBottom)
17          .LineStyle = xlContinuous
18          .Weight = xlThick
19          .Color = vbBlue
20      End With
21
22      Set bod = Range("B2").Borders    ' 第一列第一欄左上到右下
23      With bod(xlDiagonalDown)
24          .LineStyle = xlContinuous
25          .Weight = xlThin
26          .Color = vbMagenta
27      End With
28  End Sub
```

執行結果

	A	B	C	D	E	F
1						
2			一月	二月	三月	四月
3		飲料	8800	12000	7900	9200
4		雜貨	9800	19000	6600	7700
5		文具	6500	5200	4800	6100

18-4-5　刪除儲存格的框線

刪除框線的線條可以使用 LineStyle 的常數 xlLineStyleNone，可以參考下列實例。

程式實例 ch18_18.xlsm：刪除 ch18_17.xlsm 所建立的格線。

```
1  Public Sub ch18_18()
2      Dim rng As Range
3      Dim i As Integer
4      Set rng = Range("B2:F5")
5      MsgBox ("按確定鈕後將刪除線條")
6      For i = xlDiagonalDown To xlInsideHorizontal
7          rng.Borders(i).LineStyle = xlLineStyleNone
8      Next i
9  End Sub
```

執行結果

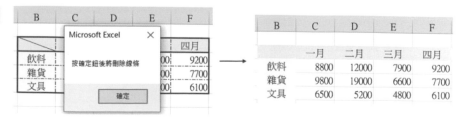

18-5　儲存格區間的背景顏色和圖樣

本書至今已經多次使用 Range.Interior 屬性，使用這個屬性可以設定儲存格的背景顏色，其實這個屬性可以有更多的設定，本小節將說明下列設定。

● Interior.Color 或 Interior.ColorIndex：可以設定儲存格區間背景顏色，本書已經有多次說明，這一節將會擴充到說明 TnitAndShade 屬性，以及漸層色的設計。

● Interior.Pattern 屬性：圖樣。

● Interior.PatternColor 屬性：圖樣顏色。

● Interior.PatternColorIndex 屬性：圖樣顏色。

18-5-1　Pattern 圖樣設定

下列是儲存格區間有關圖樣的 XlPattern 列舉常數。

常數名稱	數值	說明
xlPatternAutomatic	-4105	Excel 會控制圖樣
xlPatternChecker	9	棋盤式
xlPatternCrissCross	16	交叉十字線
xlPatternDown	-4121	深色對角從左上角到右下角
xlPatternGray16	17	16% 灰色
xlPatternGray25	-4124	25% 灰色
xlPatternGray50	-4125	50% 灰色
xlPatternGray75	-4126	75% 灰色
xlPatternGray8	18	8% 灰色
xlPatternGrid	15	格線
xlPatternHorizontal	-4128	深色水平線
xlPatternLightDown	13	淺色對角從左上角到右下角
xlPatternLightHorizontal	11	淺色水平線
xlPatternLightUp	14	淺色對角從左下角到右上角
xlPatternLightVertical	12	淺色垂直線
xlPatternNone	-4142	無圖樣
xlPatternSemiGray75	10	75% 深色灰色
xlPatternSolid	1	純色
xlPatternUp	-4162	深色對角從左下角到右上角
xlPatternVertical	-4166	深色垂直線

18-5-2　Interior.PatternColor 或 Interior.PatternCorlorIndex

有關 PatternColor 和 PatternColorIndex 的顏色設定方式和 18-2 節設定字型方式相同，所以下列將直接以程式實例解說。

程式實例 ch18_19.xlsm：C3:F5 儲存格區間背景使用黃色，內部使用綠色的棋盤線。

```
1   Public Sub ch18_19()
2       Dim rng As Range
3       Dim space As Interior          ' 宣告Interior物件
4       Set rng = Range("C3:F5")       ' 部分儲存格區間
5       Set space = rng.Interior
6       With space
7           .Color = vbYellow
8           .Pattern = xlPatternChecker
9           .PatternColor = vbGreen
10      End With
11  End Sub
```

執行結果

	A	B	C	D	E	F
1						
2			一月	二月	三月	四月
3		飲料	8800	12000	7900	9200
4		雜貨	9800	19000	6600	7700
5		文具	6500	5200	4800	6100

上述程式筆者第一次將 Interior 也當作物件 (第 3 列)，然後宣告 space 為此物件變數 (第 5 列)，最後使用此變數建立背景色、棋盤和棋盤顏色 (第 7 至 9 列)。當然也可以使用傳統方式設計，本書所附 ch18_19_1.xlsm 是傳統設計方式，因為這是一本教學書籍，所以筆者盡量將各種用法做說明，讀者可以依個人喜好自行應用在職場上。

```
1   Public Sub ch18_19_1()
2       Dim rng As Range
3       Set rng = Range("C3:F5")       ' 部分儲存格區間
4       With rng.Interior
5           .Color = vbYellow
6           .Pattern = xlPatternChecker
7           .PatternColor = vbGreen
8       End With
9   End Sub
```

程式實例 ch18_19_2.xlsm：其他圖樣設計的實例。

```
1   Public Sub ch18_19_2()
2       Dim rng As Range
3       Dim space As Interior          ' 宣告Interior物件
4       Set rng = Range("C3:F5")       ' 部分儲存格區間
5       Set space = rng.Interior
6       With space
7           .Pattern = xlPatternCrissCross
8       End With
9   End Sub
```

執行結果

	A	B	C	D	E	F
1						
2			一月	二月	三月	四月
3		飲料	8800	12000	7900	9200
4		雜貨	9800	19000	6600	7700
5		文具	6500	5200	4800	6100

程式實例 ch18_19_3.xlsm：其他圖樣設計的實例。

```
1   Public Sub ch18_19_3()
2       Dim rng As Range
3       Dim space As Interior          ' 宣告Interior物件
4       Set rng = Range("C3:F5")       ' 部分儲存格區間
5       Set space = rng.Interior
6       With space
7           .Pattern = xlPatternLightDown
8       End With
9   End Sub
```

執行結果

	A	B	C	D	E	F
1						
2			一月	二月	三月	四月
3		飲料	8800	12000	7900	9200
4		雜貨	9800	19000	6600	7700
5		文具	6500	5200	4800	6100

18-5-3　取消背景圖樣與顏色的設定

可以使用 Interior.Pattern = xlNone 取消背景圖樣與顏色的設定。

程式實例 ch18_20.xlsm：擴充設計 ch18_19.xlsm，出現對話方塊後將背景圖樣與顏色取消。

```
1   Public Sub ch18_20()
2       Dim rng As Range
3       Dim space As Interior          ' 宣告Interior物件
4       Set rng = Range("C3:F5")        ' 部分儲存格區間
5       Set space = rng.Interior
6       With space
7           .Color = vbYellow
8           .Pattern = xlPatternChecker
9           .PatternColor = vbGreen
10      End With
11      MsgBox "按確定鈕後可以取消圖樣背景與顏色"
12      space.Pattern = xlNone
13  End Sub
```

執行結果

B	C	D	E	F	G	H	I	J
	一月	二月	三月	四月				
飲料	8800	12000	7900	9200				
雜貨	9800	19000	6600	7700				
文具	6500	5200	4800	6100				

Microsoft Excel　　　✕

按確定鈕後可以取消圖樣背景與顏色

確定

18-5-4　Interior.Color 的 TintAndShade 屬性

TintAndShade 屬性值是在 -1 到 1 之間，1 是最亮整個是白色，-1 是最暗整個是黑色，可以使用這個屬性設定原色彩的明暗。

程式實例 ch18_20_1.xlsm：分別將 TintAndShade 屬性值設為 0.5、0、-0.5，讀者可以體會儲存格背景顏色的變化。

```
1   Public Sub ch18_20_1()
2       With Range("C3:F3").Interior
3           .Color = vbGreen
4           .TintAndShade = 0.5
5       End With
6       With Range("C4:F4").Interior
7           .Color = vbGreen
8           .TintAndShade = 0
9       End With
10      With Range("C5:F5").Interior
11          .Color = vbGreen
12          .TintAndShade = -0.5
13      End With
14  End Sub
```

執行結果

B	C	D	E	F
	一月	二月	三月	四月
飲料	8800	12000	7900	9200
雜貨	9800	19000	6600	7700
文具	6500	5200	4800	6100

$\longrightarrow$

B	C	D	E	F
	一月	二月	三月	四月
飲料	8800	12000	7900	9200
雜貨	9800	19000	6600	7700
文具	6500	5200	4800	6100

18-5-5 漸層色

要設計漸層色首先要將 Interior.Pattern 屬性設為 xlPatternLinearGradient，然後使用 Interior.Gradient 屬性設定漸層的方向，例如：

- 0 度：這是預設，顏色由左向右漸層。
- 90 度：顏色由上往下漸層。
- 180 度：顏色由右向左漸層。
- 360 度：顏色由下往上漸層。

漸層可以有許多顏色，每一個顏色點稱 ColorStops 點，其他細節讀者可以由下列實例體會。

程式實例 ch18_20_2.xlsm：漸層色設計，使用由左到右的漸層。

```
1  Public Sub ch18_20_2()
2  ' 建立漸層色
3      With Range("B2").Interior
4          .Pattern = xlPatternLinearGradient
5  ' 預設由左到右漸層
6          .Gradient.Degree = 0
7  ' 清除先前設定
8          .Gradient.ColorStops.Clear
9  ' 在 0 和 1 之間建立多個色彩層次
10         .Gradient.ColorStops.Add(0).Color = vbYellow
11 ' 建立多個色彩點Colorstop
12         .Gradient.ColorStops.Add(0.33).Color = vbRed
13         .Gradient.ColorStops.Add(0.66).Color = vbGreen
14         .Gradient.ColorStops.Add(1).Color = vbBlue
15     End With
16 End Sub
```

執行結果　請參考下方左圖。

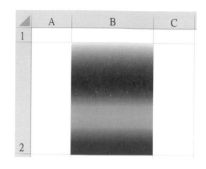

如果讀者想要雙色漸層，可以刪除上述第 12 和 13 列。

程式實例 ch18_20_3.xlsm：重新設計 ch18_20_2.xlsm，但是更改方向漸層色方向。

```
5    ' 使用上往下
6            .Gradient.Degree = 90
```

執行結果　請參考上方右圖。

18-5-6　輻射的漸層色

要設計漸層色首先要將 Interior.Pattern 屬性設為 xlPatternRectangularGradient，然後使用 Interior.Gradient.RectanguleLeft、RectanguleRight、RectanguleTop、RectanguleBottom 屬性設定色彩漸層的方向。至於色彩點 (ColorStop) 觀念和前一小節相同。

程式實例 ch18_20_4.xlsm：設定 4 個顏色的漸層。

```
1   Public Sub ch18_20_4()
2   ' 建立漸層色
3       With Range("B2").Interior
4           .Pattern = xlPatternRectangularGradient
5   ' 漸層設定
6           .Gradient.RectangleLeft = 0.5
7           .Gradient.RectangleRight = 0.5
8           .Gradient.RectangleTop = 0
9           .Gradient.RectangleBottom = 1
10  ' 清除先前設定
11          .Gradient.ColorStops.Clear
12  ' 在 0 和 1 之間建立多個色彩層次
13          .Gradient.ColorStops.Add(0).Color = vbYellow
14  ' 建立多個色彩點Colorstop
15          .Gradient.ColorStops.Add(0.33).Color = vbRed
16          .Gradient.ColorStops.Add(0.66).Color = vbGreen
17          .Gradient.ColorStops.Add(1).Color = vbBlue
18      End With
19  End Sub
```

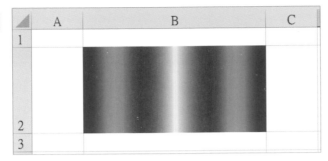

18-5-7 ThemeColor 屬性

Interior 物件有 ThemeColor 屬性，這是稱佈景主題色彩，儲存格的文字和背景顏色皆和佈景主題有關，下列是與佈景主題有關的 XlThemeColor 列舉常數表。

常數名稱	值	說明
xlThemeColorAccent1	5	Accent1
xlThemeColorAccent2	6	Accent2
xlThemeColorAccent3	7	Accent3
xlThemeColorAccent4	8	Accent4
xlThemeColorAccent5	9	Accent5
xlThemeColorAccent6	10	Accent6
xlThemeColorDark1	1	Dark1
xlThemeColorDark2	3	Dark2
xlThemeColorFollowedHyperlink	12	已經瀏覽過的超連結
xlThemeColorHyperlink	11	超連結
xlThemeColorLight1	2	Light1
xlThemeColorLight2	4	Light2

程式實例 ch18_20_5.xlsm：主題色彩的實例。

```
1  Public Sub ch18_20_5()
2      Range("B2").Interior.ThemeColor = xlThemeColorAccent1
3      Range("C2").Interior.ThemeColor = xlThemeColorAccent2
4      Range("D2").Interior.ThemeColor = xlThemeColorAccent3
5      Range("E2").Interior.ThemeColor = xlThemeColorAccent4
6      Range("F2").Interior.ThemeColor = xlThemeColorAccent5
7      Range("G2").Interior.ThemeColor = xlThemeColorAccent6
8  End Sub
```

執行結果

	A	B	C	D	E	F	G
1							
2							
3							

18-6　設定儲存格的列高度與欄寬度

Range.RowHeight 可以設定與取得儲存格的高度，如果 Range 物件只代表一個儲存格，則上述觀念沒有問題。如果 Range 物件是一個儲存格區間，而此區間的儲存格有不同高度或寬度則上述會回傳 Null。

18-6-1　認識 Excel 的單位

Excel 儲存格的寬度與高度如下：

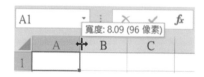 

上述很清楚可以看到單一儲存格的寬度是 96 像素，高度是 37 像素。寬度的值是 8.09，高度是 18.5，很明顯高度比寬度小但是數值卻比較大，這是因為採用不同的單位。

高度 Range.RowHeight 的單位是 point，所以儲存格的高度是 18.5point。寬度 Range.ColumnWidth 的單位是以標準字體的 0123456789 這 10 個字元的平均值為計算單位，預設是 8.09。

18-6-2　取得 Excel 儲存格預設的寬度和高度

程式實例 ch18_21.xlsm：列出目前工作儲存格預設的寬度和高度。

```
1  Public Sub ch18_21()
2      MsgBox ("預設儲存格的高度 : " & ActiveCell.RowHeight & _
3              vbCrLf & "預設儲存格的寬度 : " & ActiveCell.ColumnWidth)
4  End Sub
```

執行結果

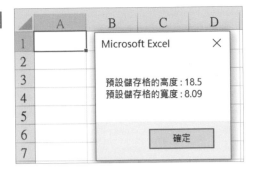

上述筆者使用 ActiveCell 是代表目前工作儲存格，如果想要了解特定的儲存格寬度與高度可以使用 Range 物件，例如：Range("A1")。

18-6-3 設定儲存格的欄寬與列高

Excel VBA 設定欄寬 (ColumnWidth) 與列高 (RowHeight) 時，所有相關欄的欄寬與相關列的列高皆會更動。

程式實例 ch18_22.xlsm：將 C ~ E 欄的欄寬設為 12，將 3 ~ 4 列的列高設為 30。

```
1   Public Sub ch18_22()
2       Dim rng As Range
3       Set rng = Range("C3:E4")
4       With rng
5           .ColumnWidth = 12
6           .RowHeight = 30
7       End With
8   End Sub
```

執行結果 下列是原先的工作表。

▲	A	B	C	D	E	F
1						
2			一月	二月	三月	四月
3		飲料	8800	12000	7900	9200
4		雜貨	9800	19000	6600	7700
5		文具	6500	5200	4800	6100

下列是執行結果。

18-6-4　最適寬度與高度 AutoFit 屬性

在說明最適欄寬或列高觀念前，在這裡筆者要先介紹 Range 物件的 2 個常數：

- Range.EntireColumn：指的是所有的欄 (Column)。

- Range.EntireRow：指的是所有的列 (Row)。

AutoFit 屬性可以將儲存格改為最適欄寬或列高，在過去使用 Excel 時需要將滑鼠游標移至兩個欄位間或兩個列之間連按 2 下，即可調整為最適欄寬或列高。現在可以使用 AutoFit 屬性調整。

程式實例 ch18_23.xlsm：調整欄寬的應用。

```
1  Public Sub ch18_23()
2      Dim rng As Range
3      Set rng = Range("B2:F2")
4      With rng
5          .EntireColumn.AutoFit
6      End With
7  End Sub
```

執行結果 下列是原先的工作表。

下列是執行結果。

	A	B	C	D	E
1					
2			機械工程系	電機工程系	化學工程系
3		招生人數			
4		必修學分數			

> **註** 如果要自動調整可以將第 5 列改為 ".EntireRow.AutoFit"。或是直接將這一列加入 ch18_23.xlsm，讀者可以參考本書籍所附的 ch18_23_1.xlsm，這個程式未來就可以自動調整所選儲存格區間的欄寬和列高。

```
1  Public Sub ch18_23_1()
2      Dim rng As Range
3      Set rng = Range("B2:F2")
4      With rng
5          .EntireColumn.AutoFit
6          .EntireRow.AutoFit
7      End With
8  End Sub
```

18-7 儲存格的對齊方式

使用 VBA 設計應用程式時，可以使用 HorizontalAlignment 屬性設定儲存格內容的水平對齊方式，使用 VeriticalAlignment 屬性設定儲存格內容的垂直對齊方式。

18-7-1　水平對齊 HorizontalAlignment 屬性

水平對齊 HorizontalAlignment 屬性可以設定 Range 物件內容的水平對齊方式，相關的水平對齊 XlHAlign 列舉常數內容可參考下表。

常數名稱	值	說明
xlHAlignCenter	-4108	置中對齊
xlHAlignCenterAcrossSelection	7	Excel 自動處理跨欄，和置中對齊
xlHAlignDistributed	-4117	分散對齊
xlHAlignFill	5	填滿
xlHAlignGeneral	1	根據資料類型對齊
xlHAlignJustify	-4130	段落重新排列成左右切齊
xlHAlignLeft	-4131	靠左對齊
xlHAlignRight	-4152	靠右對齊

程式實例 ch18_24.xlsm：字串置中、靠右與分散對齊的應用。

```
1   Public Sub ch18_24()
2       Dim rng As Range
3       Set rng = Range("B2")
4       rng.HorizontalAlignment = xlHAlignCenter
5       Set rng = Range("B3")
6       rng.HorizontalAlignment = xlHAlignRight
7       Set rng = Range("B4")
8       rng.HorizontalAlignment = xlHAlignDistributed
9   End Sub
```

執行結果

有一個屬性常數是 xlHAlignCenterAcrossSelection，這個常數的意義是 Excel VBA 會自動結合左右兩邊的儲存格寬度，然後置中處理。

程式實例 ch18_25.xlsm：對齊常數 xlHAlignCenterAcrossSelection 的意義。

```
1   Public Sub ch18_25()
2       Dim rng As Range
3       Set rng = Range("B2")
4       rng.HorizontalAlignment = xlHAlignCenterAcrossSelection
5   End Sub
```

執行結果

18-7-2　垂直對齊 VerticalAlignment 屬性

水平對齊 VerticalAlignment 屬性可以設定 Range 物件內容的垂直對齊方式，相關的垂直對齊 XlVAlign 列舉常數可參考下表。

常數名稱	值	說明
xlVAlignBottom	-4107	靠下對齊
xlVAlignCenter	-4108	置中對齊
xlVAlignDistributed	-4117	分散式對齊
xlAlignJustify	-4130	段落重排後左右對齊
xlVAlignTop	-4160	靠上對齊

程式實例 ch18_26.xlsm：垂直置中對齊的應用。

```
1   Public Sub ch18_26()
2       Range("B2").VerticalAlignment = xlVAlignBottom
3       Range("C2").VerticalAlignment = xlVAlignCenter
4       Range("D2").VerticalAlignment = xlVAlignTop
5   End Sub
```

執行結果

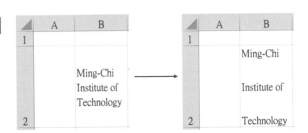

程式實例 ch18_27.xlsm：上下分散對齊的應用。

```
1   Public Sub ch18_27()
2       Range("B2").VerticalAlignment = xlVAlignDistributed
3   End Sub
```

執行結果

18-8 取消儲存格區間的格式設定

框線建立完成後，若是想要取消框線，可以使用 Range.ClearFormats 屬性。

程式實例 ch18_28.xlsm：取消儲存格區間所有的格式設定。

```
1  Public Sub ch18_28()
2      MsgBox "按確定鈕後將刪除所有格式設定"
3      Range("B2:F5").ClearFormats
4  End Sub
```

執行結果

18-9 工作表標籤的前景和背景顏色

18-5 節筆者講解了儲存格的顏色，同樣的觀念可以應用到設定標籤的顏色，只是將 Sheets 物件增加 Tab.Color 屬性設定。

程式實例 ch18_29.xlsm：將工作表 1 的標籤改為綠色。

```
1  Public Sub ch18_29()
2      Sheets("工作表1").Tab.Color = vbGreen
3  End Sub
```

執行結果

附錄 A

常數 / 關鍵字 / 函數索引表

附錄 B　RGB 色彩表

色彩名稱	16 進位	色彩樣式	色彩名稱	16 進位	色彩樣式
AliceBlue	#F0F8FF		DarkGray	#A9A9A9	
AntiqueWhite	#FAEBD7		DarkGrey	#A9A9A9	
Aqua	#00FFFF		DarkGreen	#006400	
Aquamarine	#7FFFD4		DarkKhaki	#BDB76B	
Azure	#F0FFFF		DarkMagenta	#8B008B	
Beige	#F5F5DC		DarkOliveGreen	#556B2F	
Bisque	#FFE4C4		DarkOrange	#FF8C00	
Black	#000000		DarkOrchid	#9932CC	
BlanchedAlmond	#FFEBCD		DarkRed	#8B0000	
Blue	#0000FF		DarkSalmon	#E9967A	
BlueViolet	#8A2BE2		DarkSeaGreen	#8FBC8F	
Brown	#A52A2A		DarkSlateBlue	#483D8B	
BurlyWood	#DEB887		DarkSlateGray	#2F4F4F	
CadetBlue	#5F9EA0		DarkSlateGrey	#2F4F4F	
Chartreuse	#7FFF00		DarkTurquoise	#00CED1	
Chocolate	#D2691E		DarkViolet	#9400D3	
Coral	#FF7F50		DeepPink	#FF1493	
CornflowerBlue	#6495ED		DeepSkyBlue	#00BFFF	
Cornsilk	#FFF8DC		DimGray	#696969	
Crimson	#DC143C		DimGrey	#696969	
Cyan	#00FFFF		DodgerBlue	#1E90FF	
DarkBlue	#00008B		FireBrick	#B22222	
DarkCyan	#008B8B		FloralWhite	#FFFAF0	
DarkGoldenRod	#B8860B		ForestGreen	#228B22	

色彩名稱	16 進位	色彩樣式	色彩名稱	16 進位	色彩樣式
Fuchsia	#FF00FF		LightGreen	#90EE90	
Gainsboro	#DCDCDC		LightPink	#FFB6C1	
GhostWhite	#F8F8FF		LightSalmon	#FFA07A	
Gold	#FFD700		LightSeaGreen	#20B2AA	
GoldenRod	#DAA520		LightSkyBlue	#87CEFA	
Gray	#808080		LightSlateGray	#778899	
Grey	#808080		LightSlateGrey	#778899	
Green	#008000		LightSteelBlue	#B0C4DE	
GreenYellow	#ADFF2F		LightYellow	#FFFFE0	
HoneyDew	#F0FFF0		Lime	#00FF00	
HotPink	#FF69B4		LimeGreen	#32CD32	
IndianRed	#CD5C5C		Linen	#FAF0E6	
Indigo	#4B0082		Magenta	#FF00FF	
Ivory	#FFFFF0		Maroon	#800000	
Khaki	#F0E68C		MediumAquaMarine	#66CDAA	
Lavender	#E6E6FA		MediumBlue	#0000CD	
LavenderBlush	#FFF0F5		MediumOrchid	#BA55D3	
LawnGreen	#7CFC00		MediumPurple	#9370DB	
LemonChiffon	#FFFACD		MediumSeaGreen	#3CB371	
LightBlue	#ADD8E6		MediumSlateBlue	#7B68EE	
LightCoral	#F08080		MediumSpringGreen	#00FA9A	
LightCyan	#E0FFFF		MediumTurquoise	#48D1CC	
LightGoldenRodYellow	#FAFAD2		MediumVioletRed	#C71585	
LightGray	#D3D3D3		MidnightBlue	#191970	
LightGrey	#D3D3D3		MintCream	#F5FFFA	

色彩名稱	16 進位	色彩樣式
MistyRose	#FFE4E1	
Moccasin	#FFE4B5	
NavajoWhite	#FFDEAD	
Navy	#000080	
OldLace	#FDF5E6	
Olive	#808000	
OliveDrab	#6B8E23	
Orange	#FFA500	
OrangeRed	#FF4500	
Orchid	#DA70D6	
PaleGoldenRod	#EEE8AA	
PaleGreen	#98FB98	
PaleTurquoise	#AFEEEE	
PaleVioletRed	#DB7093	
PapayaWhip	#FFEFD5	
PeachPuff	#FFDAB9	
Peru	#CD853F	
Pink	#FFC0CB	
Plum	#DDA0DD	
PowderBlue	#B0E0E6	
Purple	#800080	
RebeccaPurple	#663399	
Red	#FF0000	
RosyBrown	#BC8F8F	
RoyalBlue	#4169E1	

色彩名稱	16 進位	色彩樣式
SaddleBrown	#8B4513	
Salmon	#FA8072	
SandyBrown	#F4A460	
SeaGreen	#2E8B57	
SeaShell	#FFF5EE	
Sienna	#A0522D	
Silver	#C0C0C0	
SkyBlue	#87CEEB	
SlateBlue	#6A5ACD	
SlateGray	#708090	
SlateGrey	#708090	
Snow	#FFFAFA	
SpringGreen	#00FF7F	
SteelBlue	#4682B4	
Tan	#D2B48C	
Teal	#008080	
Thistle	#D8BFD8	
Tomato	#FF6347	
Turquoise	#40E0D0	
Violet	#EE82EE	
Wheat	#F5DEB3	
White	#FFFFFF	
WhiteSmoke	#F5F5F5	
Yellow	#FFFF00	
YellowGreen	#9ACD32	

Note